阻 燃 理 论

李建军　欧育湘　编著

科学出版社

北 京

内 容 简 介

阻燃理论是阻燃科学的重要组成部分,也是其核心和难点,近年来正快速发展和深化,但目前远未成熟。本书是作者结合多年的实践经验,根据十余年来作者发表的及国内外有代表性论著中的阻燃机理部分编著而成。全书共 8 章,第 1 章为高聚物燃烧的基本理论,第 2～6 章分别论述了卤系、磷系、膨胀系、其他系(主要是无机系)及高聚物纳米复合材料的阻燃机理,第 7 章为抑烟机理,第 8 章汇总了 14 种测定高聚物性能的技术手段,且与阻燃实例相结合。全书反映了近年国内外阻燃理论方面的进展及概貌。

本书可供大专院校高聚物阻燃相关专业的师生及科研、生产单位的研发人员使用。

图书在版编目(CIP)数据

阻燃理论 / 李建军,欧育湘编著.—北京:科学出版社,2013.1
ISBN 978-7-03-036406-7

Ⅰ.①阻… Ⅱ.①李… ②欧… Ⅲ.①阻燃剂-复合材料 Ⅳ.①TB33

中国版本图书馆 CIP 数据核字(2012)第 319064 号

责任编辑:张海娜 杨向萍 / 责任校对:桂伟利
责任印制:吴兆东 / 封面设计:陈 敬

斜 学 出 版 社 出版
北京东黄城根北街 16 号
邮政编码:100717
http://www.sciencep.com

北京九州迅驰传媒文化有限公司印刷
科学出版社发行 各地新华书店经销

＊

2013 年 1 月第 一 版 开本:B5(720×1000)
2025 年 1 月第十二次印刷 印张:15
字数:297 000

定价:128.00元
(如有印装质量问题,我社负责调换)

作 者 简 介

李建军,1963 年 4 月出生于四川蓬溪,1995 年毕业于北京理工大学,获工学博士学位,研究员,享受国务院特殊津贴专家,广州市第十三届人大代表。曾任金发科技股份有限公司副董事长、总经理,先后获"广东省劳动模范"、"广东省五一劳动奖章"和"广州市劳动模范"等称号,获国家科学技术进步奖二等奖两项,广东省、广州市科技进步奖多项及发明专利多项;曾任《中国工程科学》第二届理事会理事,《塑料》杂志编委,中国民营科技促进会副理事长;现任中国塑料加工工业协会副理事长,多功能母料专业委员会理事长,全国塑料标准化技术委员会委员,全国塑料标准化技术改性塑料分技术委员会常务副主任委员,北京理工大学、中山大学、西南科技大学兼职教授。编著及翻译专著《阻燃苯乙烯系塑料》、《阻燃剂——性能制造及应用》、《材料阻燃性能测试方法》、《阻燃塑料手册》、《阻燃聚合物纳米复合材料》、《塑料添加剂手册》等6 部,发表学术论文 28 篇。

欧育湘,1936 年 2 月出生于江西吉安,1959 年毕业于北京工业学院(现北京理工大学)化学工程系,1979~1982年在英、美两国从事物理有机化学研究。曾任北京理工大学材料学博士点首席教授、中国阻燃学会主任委员,是我国著名含能材料及阻燃材料专家。长期致力于含能材料和阻燃材料的研究,已出版著作 20 多部,发表论文 300 多篇,负责编写我国多部大型百科全书及词典中的含能材料和阻燃材料部分,七次主编有关国际会议论文集。代表作有《实用阻燃技术》、《阻燃高分子材料》、《材料阻燃性能测试方法》、《阻燃剂》等。作为第一获奖人或第一发明人获国防科技进步一等奖、石油化工优秀图书一等奖及其他奖多项,国家发明专利七项。作为博士生导师,已培养博士生近 30 名。从 1992 年起享受政府特殊津贴,2003 年及 2005 年两次被推荐为中国工程院院士有效候选人,2001 年被英国剑桥国际传记中心收录入《世界杰出科学家名录》。2007 年 6 月,《中国化工报》以"中国阻燃科学奠基人"为题,发表专文报道其对中国阻燃科学技术的杰出贡献。

前　言

阻燃是减灾防灾的基本策略之一,也是有关环保和提高人民生活质量的重大举措,近半个世纪的科学实验和实际经验证明,阻燃给社会带来的效益(特别是保证人身安全)是不容低估的。不断提高消费品的安全性能,是生产商对消费者应有的承诺,也是社会文明进步的标志。例如,欧盟已将"对火安全"作为商品在市场流通的六个必备条件之一。近年来我国也十分重视应用和发展阻燃技术,并颁布了多项由国家强制执行的阻燃法规,如《公共场所阻燃制品及其组件燃烧性能要求和标志》(GB 20286—2006)等。当前,严峻的火灾形势和严格的阻燃及环保法规,更是促进了阻燃科学的持续发展。

近十五年来,我国阻燃材料的研发、生产和应用,受到国际同行的关注。就产量的年平均增长率而言,在全球四大阻燃材料市场中一直遥遥领先;就阻燃剂总产量而言,2008 年已占全球的 10%。但我国阻燃行业在转变经济发展方式及更新产品结构方面临十分紧迫而艰巨的任务。在环保化要求日益高涨的今天,阻燃剂及阻燃材料应由以卤系为主向无(低)毒、低烟、低聚或高聚化的方向发展,因而需要设计新的绿色分子结构和新的材料配方,生产中需要调整工艺,更需要研究深层次的阻燃机理。而这些方面,都需要一定的理论借鉴和参考。这是作者编著本书的第一个出发点。

第二,十余年来,作者及团队已在阻燃方面出版了 12 部译著,发表论文逾 300 篇。另外,作者的很多学术同仁,也时有极富价值和前瞻性的著作问世。而国内期刊上能见到的有关阻燃的论文,更是汗牛充栋。上述论著中常涉及阻燃机理,但都分散在各资料中。进入 21 世纪以来,国际阻燃领域的学术专著及专论可谓应接不暇。2003 年至 2011 年间,美国 New York Polytechnic University 的 Weil 博士及美国 Supresta LLC-IP 公司的 Levchik 博士,共同署名撰写了至少 12 篇全面、系统、深入且具前瞻性的综述,内容涵盖了阻燃聚烯烃、阻燃 PS 和 HIPS、阻燃 PA、阻燃热塑性聚酯、阻燃 PC、阻燃 PU、阻燃不饱和聚酯、阻燃环氧树脂、PVC 的抑烟、阻燃纺织品及阻燃涂料等重要方面。至于阻燃方面的专著,仅 2009 年至 2011 年这三年国外出版的,作者手头即有 5 部,即 Hall 和 Kandola 主编的 *Retardancy of Polymeric Materials* (2010)、Wilkie 和 Morgan 主编的 *Fire Retardancy of Polymeric Materials* (2010)、Weil 和 Levchik 主编的 *Flame Retardants for Plastics and Textiles* (2009)、Merlani 主编的 *Flame Retardants：Functions, Properties and Safety* (2010) 以及 Mittal 主编的 *Thermally Stable and Flame Retard-*

ant Polymer Nanocomposites(2011)。这些论著不仅为阻燃界同仁了解全球阻燃剂及阻燃材料的生产和研发现状及未来前景提供了翔实的资料，而且包含了很多全球知名学者对阻燃理论的诸多最新贡献，但也是分散于各书中。国内外大量的文献资料为作者提供了新颖而丰富的信息，这使作者有可能、也很有兴趣将这些资料和作者在科研、教学、研发、生产及应用中积累的点滴经验，系统整理并深化成书，以与同仁共享，并使更多的读者受益。

第三，迄今为止，不仅在中国，甚至在国际上，作者还未曾读到全面、系统论述阻燃理论的专著，而作者在与工厂研发人员、生产工艺人员、高校博士生交流科研、生产及撰写学术论文的经验时，他们都认为，阻燃理论知识对开启他们的研发思路、改进生产工艺和提高论文质量是大有裨益的。所以作者多年有志于编著本书，可能有助于上述诸多方面，也有可能为国内外众多阻燃出版物补缺。

本书取材较新，内容全面，理论有一定深度，起点也较高，但简明、扼要，希望能雅俗共赏，并能为读者在研究阻燃反应历程、设计阻燃分子结构和阻燃材料配方中提供参考和借鉴。

值本书出版之际，首先感谢全书参考文献的所有作者，没有他们提供的翔实资料，本书不可能完成；其次，感谢欧育湘老师的多位博士生，他们的科研成果为本书增色；再次，感谢科学出版社的厚爱和帮助，尤其是责编和有关人员与作者和谐而无间的合作使本书得以顺利出版。

撰写本书，历经寒暑，数度易稿，反复审核，特别是不断补充新材料，旨在丰富和更新全书内容，尽量减少谬误和不妥，但限于作者水平和精力，书中瑕疵和疏漏之处在所难免，恳请读者批评指正。

李建军，欧育湘
于 2012 年 10 月

目　　录

第1章　高聚物的燃烧

广义而言,高聚物燃烧的全过程,在时间上可分为受热分解、点燃、燃烧传播及发展(燃烧加速)、充分及稳定燃烧、燃烧衰减等五个阶段(图 1.1)[1]。这五个阶段在空间上也是可以分开的,如表面加热区、凝聚相转换区(分解、交联、成炭)、气相可燃产物燃烧区等。图 1.2 所示为高聚物燃烧单元模型[2]。

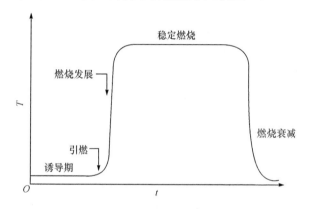

图 1.1　高聚物燃烧的五个阶段[1]

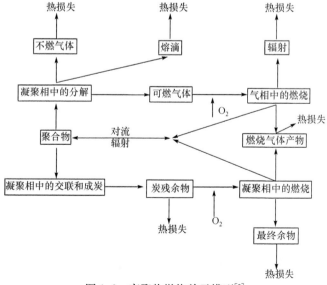

图 1.2　高聚物燃烧单元模型[2]

由于高聚物的特点,它们在受热燃烧过程中还会发生玻璃态转变、软化、熔融、膨胀、发泡、收缩等特殊热行为[3]。

本章将阐述高聚物燃烧的五个阶段,还将分析高聚物燃烧时生成的烟及有毒物和腐蚀性产物,为讨论高聚物的阻燃机理提供一些理论基础。

1.1 热 分 解

1.1.1 概述[4,5]

对热塑性高聚物,其受热时固相的蒸发和裂解常认为系局限于一薄层内,即凝聚相/气相界面。高聚物受热时一般先热降解为较低相对分子质量的碎片或单体,而后者的逸出速率又与传质过程十分相关。

高聚物的热分解是引发燃烧的第一步,对于预估材料对火的反应及合成耐热高聚物及回收废弃高聚物都是十分重要的。

当外部热源施加于材料时,材料温度逐渐升高。外部热源可以直接来自火焰(通过辐射及对流传热),也可能来自灼热气体(通过传导和对流传热),还可能来自热的固态物质(通过传导传热)。材料受热时的升温速率除取决于外部热流速率及温差外,还与材料的比热容、导热性及炭化、蒸发和其他变化的潜热有关。

在邻近灼热物的强辐射下,高聚物表面被迅速加热,其温度随热辐射时间的平方根而升高。以聚乙烯为例,当承受的辐射强度为 $36kW/m^2$(相当于黑体温度613℃)时,其表面温度随时间上升的情况见图 1.3[6,7]。

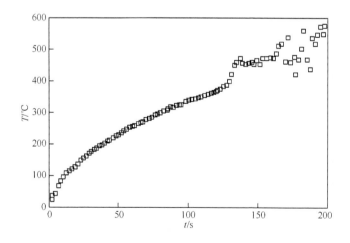

图 1.3　PE 在辐射强度为 $36kW/m^2$ 时表面温度与时间的关系[6,7]

如辐射强度较低,则高聚物表面最后所能达到的最高温度也不足以引燃高聚物,且这时由于热扩散性较低,热层相对薄,高聚物引燃困难(PMMA的引燃温度为250～350℃,而PE为330～370℃),而只能发生热分解[7]。

当高聚物升温至一定值时,开始降解,降解的起始温度通常是热稳定性最差的键断裂的温度。降解时,高聚物整体仍可能是完整的,但最薄弱键的断裂经常使高聚物的色泽发生变化。降解有两种形式,一种是非氧化降解,另一种是氧化降解。前一种降解没有氧的参与,后一种降解则同时受热和氧的作用。对热最不稳定的键的分解温度及这种不稳定键在高聚物中所占比例与高聚物的降解密切有关。

当高聚物分解而使其中的大多数键发生断裂时,能使含 $10^4 \sim 10^5$ 个碳原子的长链分解为低分子产物,这时高聚物的相对分子质量大为下降,高聚物本身也开始变化。这种变化可以是完全丧失其物理整体性,或是生成具有不同性质的新物质。这种物质很多是低相对分子质量的化合物,且有不少是可燃物,它们可挥发至气相中,致使高聚物的总质量也不断减少。例如,聚甲醛或聚甲基丙烯酸甲酯热分解时可解聚为单体甲醛或甲基丙烯酸甲酯。

只有当最弱键的断裂温度大大低于高聚物中大多数键的分解温度时,降解和分解过程才可以分开。当高聚物含有的多种键的分解温度几乎是连续时,这两个过程就成为一个过程。

下述高聚物的特性对其分解有重要的影响:①各化学键的起始分解温度,即发生分解的最低温度。对比热容和导热系数相同的两个高聚物,当其表面承受高热时,其分解程度在很大程度上与起始分解温度有关。②各化学键的分解潜热(分解热),即分解时是吸热还是放热。显然,放热能加剧分解,而吸热则可抑制分解。③分解模式,包括分解形成产物的物态及性能、各种产物的相对含量以及产物的相态等。

1.1.2 热分解温度及热分解速率

在实验室条件下测定高聚物的分解温度时,常测定其分解温度范围,或测定一个特定的分解温度(如质量损失5%、10%、50%的温度)。一些高聚物的分解温度范围见表1.1[4,5]。除了耐高温聚合物(如PTFE)外,常见高聚物的分解温度在250～400℃。

表1.1 一些高聚物的分解温度范围 (T_d) [4,5]

高聚物	$T_d/℃$	高聚物	$T_d/℃$
PE	335～450	PVC	200～300
PP	328～410	PVDC	225～275
PIB	288～425	PVAL	213～325

高聚物	$T_d/℃$	高聚物	$T_d/℃$
PVA	250	PA6 和 PA66	310～380
PVB	300～325	POM	222
PS	285～440	PTFE	508～538
SBP	327～430	PVF	372～480
PMMA	170～300	PVDF	400～475
SAR	250～280	CTFE	347～418
PET	283～306	CTA	250～310
PC	420～620	POE	324～363
PX(聚对二亚甲基苯)	420～465	POP	270～355
LCP(液晶聚合物)	560～567		

　　关于高聚物的热分解速率,可用其质量损失速率表示。表 1.2 列有一些高聚物在真空中加热 30min 使其质量损失 50%的温度($T_{50\%}$)及 350℃时的质量损失速率 $m_{350℃}$[8]。图 1.4 则是一些高聚物的热分解温度曲线[8],即试样挥发度与温度的关系曲线[8]。这类曲线的斜率与高聚物热裂解反应方式有关,以随机(无规)链断裂及链解聚方式热分解的高聚物(见 1.1.3 节),热分解温度曲线斜率很大;若热分解过程中,发生环化、交联、成炭等情况,则曲线斜率较小,甚至热分解后期(高温时)出现水平部分。

表 1.2　一些高聚物的热质量损失数据[8]

高聚物	$T_{50\%}/℃$	$m_{350℃}/(\%/min)$	高聚物	$T_{50\%}/℃$	$m_{350℃}/(\%/min)$
PTFE	509	$2×10^{-5}$	PS	320	0.24
PX(聚对二甲苯)	432	$2×10^{-3}$	POP(聚氧丙烯,有规立构)	313	20
PCTFE(聚三氟乙烯)	412	$1.7×10^{-2}$	POP(聚氧丙烯,无规立构)	295	5
PBD	407	$2.2×10^{-2}$	PMS(聚甲基苯乙烯)	286	—
PE(支化)	404	$8×10^{-3}$	PVAL(聚乙酸乙烯酯)	269	—
PP	387	$6.9×10^{-2}$	PVA	268	—
PMA(聚丙烯酸甲酯)	328	10	PVC	260	—
PMMA	327	5.2			

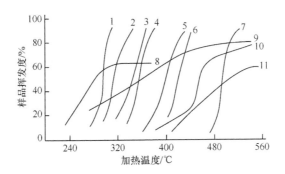

图 1.4　一些高聚物的热分解温度曲线[8]

1-PMS；2-PMMA；3-PIB(聚异丁烯)；4-PS；5-PB；6-PE；7-PTFE；8-PVF；

9-PAN；10-PVDC；11-聚三乙烯苯

高聚物的降解可分为一级、二级及三级反应。一级反应指原始高聚物的初级分解,低分子挥发性产物及中间体的形成。一级反应只与传热有关,而二级及三级反应则指一级反应产物的交联及再聚合,同时受传热及传质的影响。

1.1.3　热分解模式[3,9,10]

高聚物的热分解模式可有几种分类方法,其具体模式与高聚物性质及受热条件有关。

按热分解模式,高聚物的热分解可分为动力学模式、表面降解模式及传热和(或)传质控制模式等。

对热塑性高聚物及可成炭高聚物,当试样量很小及加热条件适度(如较低的加热温度和速率),其分解常以动力学模式进行。对厚层的热塑性高聚物,如凝聚相/气相界面的传热条件不会改变,则高聚物的降解可在准恒定条件下进行。当外部加热条件逐渐强化时,固相反应区的厚度降低,分解以内部传热控制的机理进行。但可成炭高聚物不能在准恒定条件下进行,因为炭层严重干扰传质和传热。这时,随降解的进行,通过固体高聚物反应前沿的传播速率降低,而内部及外部的传热显得十分重要。

如按链裂解方式,高聚物的热分解可分为无规裂解、拉链裂解、端链裂解、链消除裂解等,还有环化、成炭等反应。

1.　无规裂解[3,10]

无规(random)裂解断链常首先在较弱键处发生,也可在任意处发生,此时高聚物的相对分子质量下降,但高聚物的总质量基本恒定。当主链明显断裂时,生成大量低分子挥发可燃物(单体及低聚物),此时高聚物的总质量迅速降低。一些聚烯烃(如 PP、PE)及聚酯(如 PET)均可无规断链。

　　无规断链涉及高聚物主链上C～C键的断裂,并形成2个自由基。其中一个为伯自由基,另一个为仲(或叔)自由基,而伯自由基会从邻近位置抽提一个氢原子以形成更稳定的仲或叔自由基,后者再进一步降解。

　　聚烯烃(如PE及PP)的所有C原子上都含有H,故无规断链可能是其主要降解模式,降解产物同时含单体及低聚物。PE的无规断链热裂解可如反应式(1.1)所示[10],其中包括随机链断裂、解聚、分子内氢转移、β断裂等。PP的热分解则比PE更复杂。

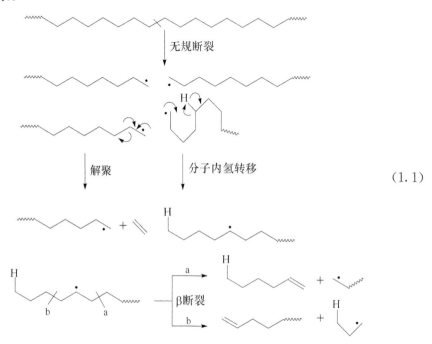

$$(1.1)$$

2. 拉链裂解和端链裂解[3,10]

　　当氢原子转移被限制时,高聚物不易发生上述的无规裂解,而易从高聚物链端或弱键处发生裂解,致使相连的单体链节逐个从链上脱除,形成可挥发性的低分子产物单体,并迅速挥发,使高聚物的相对分子质量及总质量均明显降低。

　　含甲基及羧基的PMMA、含氰基和甲基的聚甲基丙烯腈(PMAN)、含苯基及甲基的聚甲基苯乙烯(PMS)等均易发生这类裂解而生成大量单体。

　　以PMAN为例,它在C原子上有两个取代基,故能发生端链(end chain)裂解,而形成大量单体(而PAN热分解时由于交联而生成的单体量很少),但还生成多种挥发性产物,如氰化氢、丙烯、丁烯、乙腈、丙烯腈等。但PMAN热降解生成的单体量随温度增高而降低,而氰化氢则增多,这说明氰化氢可能是二级降解产物。

　　另外,PS热分解时,拉链(unzipping)裂解也是一个很重要的过程,它可用反应式(1.2)表示[3]。即先生成端碳自由基,再通过 β 位的 C~C 键断裂,生成苯乙烯单体。

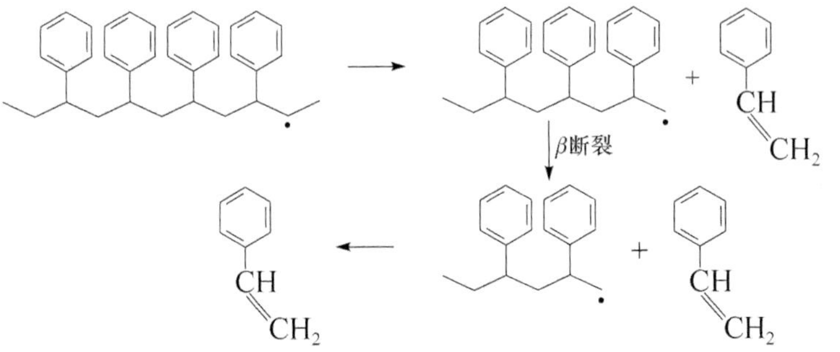

$$(1.2)$$

还有,PA6 及 PA66 等则是发生拉链裂解的杂链聚合物,如 PA6 按反应式(1.3)生成卡普纶单体[10]。

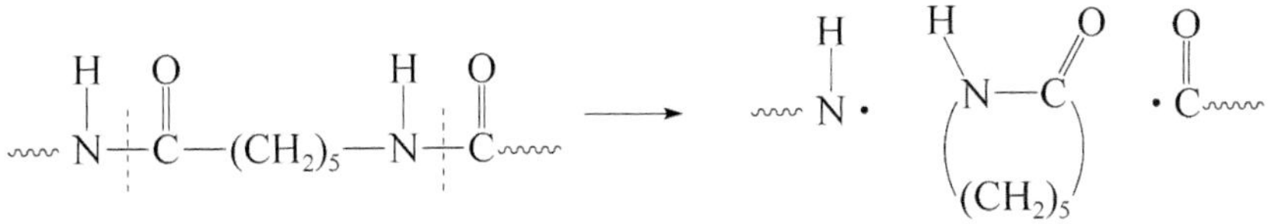

$$(1.3)$$

无规裂解与端链裂解及拉链裂解的区别之一是产物,前者的产物是单体及低聚物,而后者只是单体。

3. 链消除裂解

链消除(chain eliminating)裂解是一种链上侧基的断裂反应,消除的侧基形成小分子产物(不是单体)。随消除反应的进行,最后主链断裂,此时高聚物的相对分子质量及总质量均很快降低。PVC(脱 HCl)、PVA(脱水)、PMBA(聚甲基丙烯酸叔丁酯,脱异丁烯)等的热分解均为消除反应。

例如,最著名的 PVC 的脱 HCl 反应,可用反应式(1.4)表示[10],它是自加速反应[11],而生成的共轭双烯可进一步环化及芳构化。

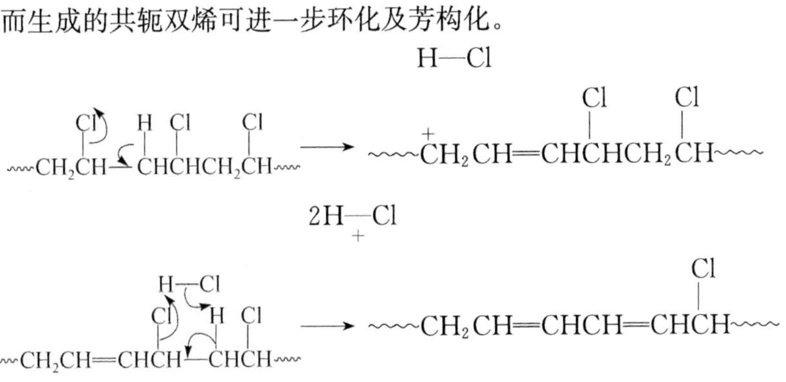

$$(1.4)$$

4. 环化反应

高聚物热分解过程中的环化(cyclization)常指线型聚合物转变成梯形聚合物。一个为人熟知的例子是反应式(1.5)表示的 PAN 的环化热分解[12]：

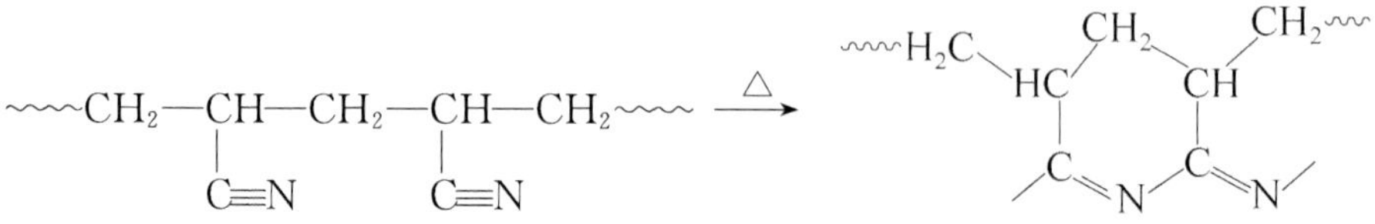

$$\tag{1.5}$$

还有的环化是热分解初级产物的次级反应,如 PVC 脱 HCl 后形成的具共轭双键的化合物的 Dids-Alder 环化,见反应式(1.6)[10]：

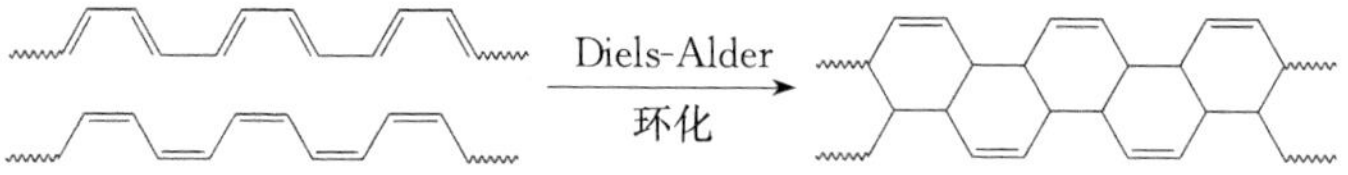

$$\tag{1.6}$$

5. 交联反应

高聚物热分解时,往往有大分子链相连,形成网状和体型结构,如反应式(1.7)表示的 PVC 热分解产物聚烯烃的交联(cross-linking)[3]：

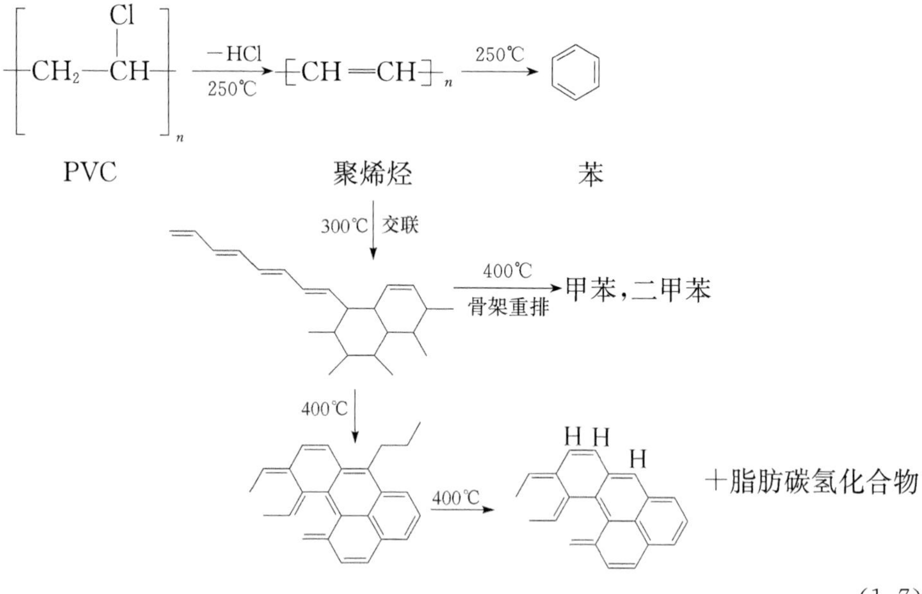

$$\tag{1.7}$$

环化及交联最后均能促进成炭,有利于抑烟及阻燃。

1.1.4　热分解的复杂性[13]

实际上,一些高聚物的热分解往往是一个很复杂的过程,有时几种热分解模式同时存在,用某一个单一的机理是很难描述热分解的所有方面的。例如,对于 PVC 的热分解机理就提出过下述几种模式,但有些结论和观点仍在研究、讨论和争议中。

1. 分子机理[13]

由于 HCl 与 PVC 链的结构单元反应而引发 PVC 的自动加速分解,见反应式(1.8):

$$\sim\!\!\!\sim\!CH\!-\!CH\!\sim\!\!\!\sim +HCl \longrightarrow \sim\!\!\!\sim CH\!-\!CH\!\sim\!\!\!\sim \longrightarrow \sim\!\!\!\sim CH\!=\!CH\!\sim\!\!\!\sim +2HCl$$

(1.8)

但此机理并不包括形成自由基或高分子基团,因此不涉及链转移,不能解释链反应传递而形成的多烯。

2. Amer-Shapiro 机理

Amer 及 Shapiro 提出了一个 PVC 热分解的三步机理[14],第一步是由自由基反应(a)或 1,2-双分子消去(b)形成顺式双键,见反应式(1.9):

$$(a)\ \sim\!\!\!\sim CH\!-\!CH\!\sim\!\!\!\sim \xrightarrow{-\dot{H}} \sim\!\!\!\sim CH_2\!-\!\dot{C}Cl\!\sim\!\!\!\sim \longrightarrow \sim\!\!\!\sim CH\!=\!CH\!\sim\!\!\!\sim +HCl$$

$$(b)\ \sim\!\!\!\sim CH\!-\!CH\!\sim\!\!\!\sim \xrightarrow{-HCl} \sim\!\!\!\sim CH\!=\!CH\!\sim\!\!\!\sim$$

(1.9)

第二步及第三步是所谓六分子协同机理,消去 HCl,见反应式(1.10):

$$\sim\!\!\!\sim CH\!-\!CH\!\sim\!\!\!\sim \longrightarrow \sim\!\!\!\sim CH\!-\!CH\!\sim\!\!\!\sim + HCl$$

$$\sim\!\!\!\sim CH\!-\!CHCH_2CHCl\!\sim\!\!\!\sim \longrightarrow \sim\!\!\!\sim CH\!=\!CH\!-\!CH \longrightarrow \sim\!\!\!\sim CH\!=\!CH + HCl$$

(1.10)

3. 自由基机理

Winker 提出过下述的 PVC 热分解的自由基机理[15]，见反应式(1.11)：

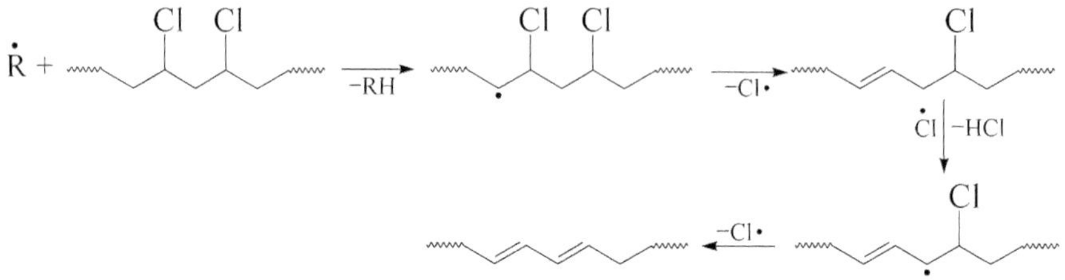

(1.11)

有人认为[16]，PVC 热分解的自由基机理可解释链传递过程，且此过程能导致热分解自动加速。

4. 离子机理

1) 离子对机理

Starnes 提出的 PVC 热分解离子对机理可用反应式(1.12)表示[16]：

$$\sim\sim CH{=}CH{-}CHCl{-}CH_2\sim\sim \rightleftharpoons \sim\sim CH{=}CH{-}\overset{\oplus}{C}H(\overset{\ominus}{Cl}){-}CH_2\sim\sim \xrightarrow{-HCl} \sim\sim(CH{=}CH)_2\sim\sim$$

(1.12)

离子对系在双键的 α 位形成的，此离子对可引起共轭双键链增长。

2) 准离子机理

准离子机理可用反应式(1.13)表示[17]：

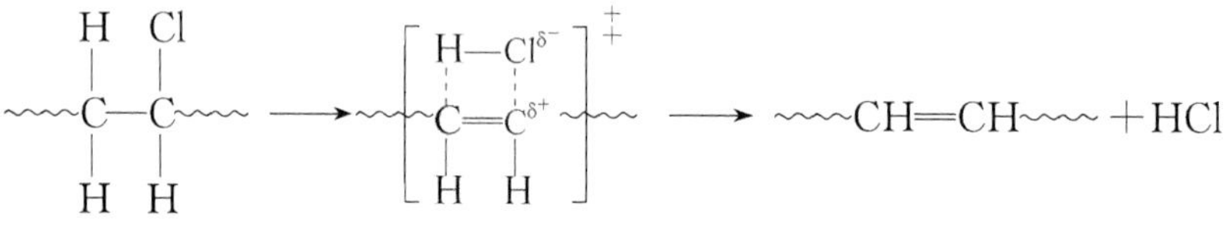

(1.13)

根据准离子机理，PVC 脱 HCl 是离子对催化或协同过程[16]。

离子对机理不能说明氧对 PVC 脱 HCl 的增速作用[17]，根据此机理预估的动力学数据也与试验结果不符[18]。

1.1.5 热分解模型

目前人们只对一些简单高聚物，如 PMMA、PE 及 PS 等，较详细地研究过它们热分解的机理[19]，但还没用于解决工程问题。现在，很多关于合成高聚物的热分解机理分析都是基于一步反应，这与高聚物实际中的裂解是有距离的；而且，少量高聚物在快速加热条件下的一维热裂解也不能应用于大量高聚物的情况。

通过建模来研究高聚物热分解中的化学反应及传递过程是相当困难的,即使进行一系列简化后得出的结果的应用也是有限的。有人模拟研究过高聚物热分解动力学、表面温度及反应区厚度与加热条件的关系,其结果曾用于阐明内部及外部传热机理和传递过程与化学反应的相互作用。还有人曾用一维模型预测,热塑性高聚物分解时,熔融高聚物层内的气泡对挥发性产物稳态传递过程的影响[20]。

为了将高聚物热分解结果应用于阻燃科学及焚烧废弃高聚物的反应器设计,必须了解热分解的可靠机理和动力学常数,再通过有关实验测定及建立综合处理传热及传质过程的模型,以深化人们对各类高聚物的热分解。

1.1.6　热分解产物[4,5]

高聚物分解生成的产物与高聚物组成、分解温度、升温速率、分解热效应(吸热或放热)及挥发性物质释出速率等一系列因素有关。

高聚物的分解可能生成两类物质,一类是高聚物链残渣,它们仍具有一定的结构整体性;另一类是高聚物碎片(包括小分子气态产物、液态及固态产物),它们极易被氧化。含碳残渣在氧气中强热,可使碳灼热发光;但燃烧则一般只有在靠近聚合物残渣的气相中才能发生,而且应有气态可燃物和极细的固体物质粉末参与。

高聚物热分解释出的可燃气体常见的有甲烷、乙烷、乙烯、甲醛、丙酮、一氧化碳等,常见的不燃气体有二氧化碳、氯化氢、溴化氢、水蒸气等,液态产物通常是部分分解的高聚物和较高相对分子质量的有机化合物,固态产物一般是含碳的残留物,为炭或灰。此外,还有一些固体颗粒或高聚物的其他碎片,它们可悬浮于空气中形成烟。

因为在大多数情况下,引燃和燃烧是在气相中发生的,所以如果高聚物分解时根本不产生可燃气体,则可有效地防止燃烧。但这几乎是不可能的,因为绝大多数高聚物分解时,除了生成固态的含碳残余物外,总会伴随释出一些可燃的挥发性产物。从抑制燃烧而言,生成不燃气体应当是有利的,但放出的任何气体都会使系统膨胀,改变系统的物理和化学结构,从而使系统有更多的表面暴露于高温下。而且,生成的不燃气体常具有腐蚀性和毒性。液体的可燃性有可能低于可燃气体,因为将液体蒸发至气相中需消耗潜热,但高聚物分解生成的固态残余物有助于保持原高聚物的结构整体性,而且可保护邻近的高聚物不再分解,阻碍可燃气体与空气混合。

某些高聚物在实验室装置中热分解时生成的有机低分子可挥发性产物见表 1.3[21]。

表 1.3　某些高聚物热分解时生成的低分子可挥发性产物[21]

高聚物	主要产物
PE	戊烯,己烯-1,n-己烷,庚烯-1,n-辛烷,壬烯-1,癸烯-1
PP	丙烯,异丁烯,甲基丁烯,戊烷,戊烯-2,2-甲基戊烯-1,环己烃,2,4-二甲基戊烯-1,2,4,6-三甲基壬烯-8,甲烷,乙烷,丙烷,丁烷,2-甲基丙烯,2-甲基戊烷,4-甲基庚烯,2,4-二甲基庚烯-1
PVC	氯甲烷,苯,甲苯,二噁烷,二甲苯,茚,萘,氯苯,二乙烯基苯,甲基乙基环戊烷
ABS	苯甲酮,丙烯腈,丙烯醛,苯甲醛,甲酚,二甲基苯,乙烷,乙基苯,乙基甲基苯,氰化氢,异丙基苯,α-甲基苯乙烯,β-甲基苯乙烯,酚,苯基环己烷,α-苯基-1-丙烯,n-丙基苯,苯乙烯
PMMA	甲基丙烯酸甲酯
PMBA	n-丁基丙烯酸甲酯
PET	乙醛,酸,酸酐
PA6,PA66	苯,乙腈,己内酰胺,含 5 个和少于 5 个碳的烃
PU	环己酮,含 5 个和少于 5 个碳的烃,乙腈,丙烯腈,苯,苄腈,萘,吡啶
PF	甲苯,甲烷,丙烯,丙酮,丙醇,甲醇,二甲酚

　　高聚物在流化床中于高温下的热分解产物曾有人研究过[22],一些加成高聚物（如聚烯烃、PS）的裂解产物为单体、液态和气态燃料及炭组成的混合物,但 PM-MA 热裂解时,则可生成达 97％的单体。

　　几种合成高聚物在 550℃时下于流化床中热裂解时生成的产物（定量数据）见表 1.4[23]。表 1.4 说明 PE 及 PP 热裂解生成的气态产物中主要有氢、甲烷、乙烷、乙烯、丙烷、丙烯、丁烷、丁烯等,而油状物及蜡状物则主要为脂肪族烷烃及烯烃。PVC、PS 及 PET 热裂解则生成芳香族油状物,由 PS 能得到约 60％的苯乙烯单体。

表 1.4　一些高聚物于 550℃时于流化床中热裂解的产物[23]　（单位:％）

产物	HDPE	LDPE	PP	PS	PVC	PET
氢含量	0.31	0.23	0.24	0.01	0.20	0.06
甲烷含量	0.86	1.52	0.44	0.08	0.79	0.41
乙烷含量	0.90	1.71	0.45	<0.01	0.55	0.02
乙烯含量	3.01	5.33	1.48	0.09	0.51	1.27
丙烷含量	0.79	0.84	0.67	<0.01	0.28	0.00
丙烯含量	2.26	4.80	1.08	0.02	0.92	0.00
丁烷含量	0.35	0.55	0.26	0.00	0.11	0.00
丁烯含量	2.34	6.40	1.95	0.02	0.92	0.00

续表

产物	HDPE	LDPE	PP	PS	PVC	PET
二氧化碳含量	0.00	0.00	0.00	0.00	0.00	24.28
一氧化碳含量	0.00	0.00	0.00	0.00	0.00	21.49
氯化氢含量	0.00	0.00	0.00	0.00	31.70	0.00
油状物含量	36.8	17.8	31.5	59.0	22.1	23.5
蜡状物含量	29.9	35.4	38.3	12.4	0.0	15.9
炭含量	0.0	0.0	0.0	0.0	13.5	12.8

1.2 点　　燃

1.2.1 点燃条件

高聚物点燃系指点燃邻近固体表面形成的可燃气与氧化剂的混合物。一般而言,点燃必须满足下述三个条件[24]:

（1）必须形成可燃物与氧化剂的混合物,且前者的浓度在燃烧极限内;

（2）气相温度必须足够高以引发和加速燃烧反应;

（3）加热区必须足够大以克服热损耗。

对于点燃,固相表面上的混合物的温度具有关键性的作用。由降解高聚物表面和(或)由气相中引燃源的传热可使该混合气的温度升高至点燃必需的温度。点燃也可由热气流引起。

材料被点燃时,其表面温度应达一临界值,且点燃有一个延迟期。如点燃的热源由辐射热供给,则辐射热流和受热面积降低,延迟期延长。但点燃的辐射热流强度不能低于一定值,最小应达 $160kW/(m^2 \cdot s)$。

1.2.2 引燃及自燃

高聚物的点燃可分为引燃及自燃。可燃气体在有足够氧或氧化剂及外部引燃源存在下可能被引燃,此时物质即开始燃烧。与此相应的高聚物的温度称为引燃温度,即高聚物分解形成的可燃性气体可被火焰或火花引燃的温度,通常高于起始分解温度。而在无外部引燃源时,由于高聚物本身的化学反应(热分解)可导致其自燃,与此相应的高聚物的温度称为自燃温度,它一般高于引燃温度(但也有例外),因为自身维持的热分解比依靠外力维持的热分解需要更多的能量。一些高聚物的引燃(在规定条件下)及自燃温度汇集于表 1.5[5,26]。

表 1.5　一些高聚物的引燃及自燃温度[5,26]

高聚物	引燃温度/℃	自燃温度/℃	高聚物	引燃温度/℃	自燃温度/℃
PE	341~357	349	PES	560	560
PP(纤维)	—	570	PTFE	—	530
PVC	391	454	CN	141	141
PVCA	320~340	435~557	CA	305	475
PVDC	532	532	CTA(纤维)	—	540
PS	345~360	488~496	EC	291	296
SAN	366	454	RPUF	310	416
ABS	—	466	PR(玻纤层压板)	520~540	571~580
SMMA	329	485	MF(玻纤层压板)	475~500	623~645
PMMA	280~300	450~462	聚酯(玻纤层压板)	346~399	483~488
丙烯酸类纤维	—	560	SI(玻纤层压板)	490~527	550~564
PC	375~467	477~580	羊毛	200	—
PA	421	424	木材	220~264	260~416
PA66(纤维)	—	532	棉花	230~266	254
PEI	520	535			

外部环境的氧气浓度增高时,高聚物的自燃点下降,见表 1.6[27]。

表 1.6　10.3MPa 氧气压力下高聚物的自燃温度[27]

高聚物	自燃温度/℃	高聚物	自燃温度/℃
PTFE	434	PET	181
TFE/PFPVE	424	POM	178
PCTFE	388	PE	176
PET	385	PP	174
HFP/TFE	378	ECTFE	171
PES	373	PVF	222
PPO/PS	348	TFE/PFMVE	355
PI(含 15%石墨纤维)	343	VF/HFP	302~322
PEEK	305	SIR	262
PC	286	GR-M	258
PPS	285	TFE/PL	254
PVDF	268	IB/IP	208
PA66	259	PUR	181
ABS	243	BD/AN	173
ETFE	243	EPDM	159
PVC	239		

对于自燃,要想得到重复的结果是很困难的(尽管一些火灾是由自燃导致的)。所以,研究燃烧的引发,用实验性小火引燃高聚物是比较可行的,但这种引燃与引燃源类型(火柴、香烟、热电丝)、试样大小(1～10cm)和环境温度有关。

对于敞开系统而言,自燃与人为引燃之间没有截然的分界。通常认为,人为引燃是由一些在气相能造成高温区的装置(火焰、火花、灼热丝)而引起的,而自燃则是由热辐射、热气流和热表面引起的。偶然的局部热源引起的火灾常属于人为引燃,热辐射是其主要的传热模式。

1.2.3 引燃性

引燃性不是高聚物固有的属性,而与引燃高聚物的条件有关。某些高聚物可燃性的顺序,可能随测试方法而改变。

存在引燃源时,由高聚物热裂生成的可燃物上升至高聚物表面,当可燃物的温度达某一临界值时,可燃物即被引燃。用试验性小火引燃高聚物也与引燃时的高聚物临界表面温度有关。高聚物一旦被引燃,部分燃烧热将反馈至邻近未燃的高聚物表面上,使高聚物继续裂解并重复引燃过程,于是使火焰沿高聚物表面传播。

引燃性表征高聚物被引燃的难易程度,特指被小火焰或火花引燃时的情况。引燃是燃烧的起始阶段。

引燃性也可看做是高聚物本身或其裂解产物在一定温度、压力、氧气浓度下被引燃的难易性。自燃温度越低的高聚物,越易使火灾发生和蔓延,而自燃温度越高的则相反。一些高聚物的引燃性示于表 1.7[4,5] 及表 1.8[4,5]。

表 1.7 以 USF 引燃实验测定的一些材料的引燃性(引燃所需时间/s)[4,5]

材 料	热流量/(kW/m²)			材 料	热流量/(kW/m²)		
	58	81	105		58	81	105
PMMA(3.2nm)	115	33	31	尼龙织物	22	16	7
PS(3.2nm)	108	35	31	棉织物	10	6	3
硬质聚异氰尿酸酯泡沫塑料(12.7nm)	不燃	不燃	56	尼龙地毯(泡沫橡胶衬里)	29	17	13
PVC(3.2nm)	269	95	78	阻燃羊毛织物	104	62	15
亚麻油毡(3.2nm)	59	54	12	阻燃羊毛/尼龙织物	20	16	8
羊毛地毯(泡沫橡胶衬里)	26	9	6	丙烯酸类地毯(纤维衬里)	38	15	9
聚酯地毯(树脂衬里)	79	42	28	阻燃黏胶织物	12	9	5

表 1.8　以锥形量热计法测得的一些材料的引燃性(引燃所需时间/s)[4,5]

材　料	热流量/(kW/m²)			材　料	热流量/(kW/m²)		
	25	50	75		25	50	75
阻燃 ABS	120	34	17	未阻燃 PC/ABS 合金	189	49	75
未阻燃 ABS	111	38	17	阻燃 UPT	未引燃	159	79
阻燃 HIPS	304	106	25	未阻燃 UPT	119	42	—
未阻燃 HIPS	205	52	24	阻燃 XLPE	162	63	37
阻燃 PC/ABS 合金	267	53	28	未阻燃 XLPE	86	37	—

　　高聚物在空气中受热分解并有明显质量损失时的温度可作为衡量引燃温度的指标,因为此时有足够量的小分子可燃物从高聚物中逸出。气相燃烧抑制剂及高聚物裂解所生成的某些气体产物可影响高聚物的引燃温度,因为它们能降低气相中的氧浓度及可燃物浓度。高聚物一旦被引燃,它在氮气中燃烧的质量损失更能表征高聚物生成可燃物的速率,因为这时火焰中的氧浓度趋于零。

　　高聚物在热作用下被引燃,是热流和时间共同作用的结果。对于给定的高聚物而言,热流量越大,则可在越短的时间内被引燃。热绝缘性良好的高聚物,由于其表面向内部流通的热量较小,因而其表面可较快地被点燃。

　　大多数大火是由小火引起的,在高聚物被引燃前存在一个诱导期(包括阴燃),接着是温度升高,直至发生燃烧(一般是 800~1000℃),最后燃料耗尽而使燃烧衰减。

1.2.4　影响引燃性的因素

1. 引燃源

　　引燃源的能量越大,所引起的燃烧传播和发展越快。小火花或燃着的香烟可引起阴燃,阴燃持续较长时间后才引起明燃,阴燃时释热速率较低。明火则可直接引起明燃,且燃烧很快传播、发展。

2. 热传递方向

　　对于引燃,热传递过程是至关重要的。高聚物被引燃时,在火场上方存在对流传热;在所有方向,均存在辐射传热,这时通过火焰传播使燃烧发展。而靠近裂解区及火焰区的高聚物表面被加热,并分解生成更多的可燃产物。试验性小火引燃的高聚物表面的火焰传播在燃烧区外,因此火焰传播本质上是一个重复引燃的过程。当高聚物燃烧的释热量大于损失热量时,可形成持续引燃。防止持续引燃,则能抑制火焰的传播。

3. 高聚物的热惰性

高聚物的热惰性(Q_i)是其导热性(k)、密度(ρ)及比热容(c)的乘积,即 $Q_i=k\rho c$。高聚物受热时,其表面达到引燃温度的时间与 Q_i 密切相关[1]。隔热高聚物的 Q_i 值低,而导热高聚物的 Q_i 值高。例如,用小火引燃木屑容易,而引燃木块则较难;含可燃组分的泡沫体(如 PU 泡沫塑料)比组成相同的固体燃烧更快,这都是因为高聚物的 Q_i 值越低时,热量越易于积聚在其表面,从而使其越易于被引燃,即达到引燃温度的时间越短。

4. 高聚物的组成

高聚物的化学组成及是否添加阻燃剂,对高聚物的热分解温度、高温下分解产生的可燃性产物的种类及数量都有重要的影响,因而也与高聚物的引燃温度密切相关。天然高聚物(木材、棉花、纸张)与合成高聚物(PP、PVC)相比,前者引燃温度较低,更易于放出可燃产物。但高聚物的物理状况对引燃温度也有不可忽略的影响,这种影响有时甚至大于高聚物的化学组成。

5. 动力学控制因素

高聚物的引燃过程涉及可燃物在高聚物表面的停留时间及气相燃烧反应的诱导时间。如后者短于前者,引燃的控制因素是固相分解速度及传热过程;如前者短于后者,则引燃不会发生,这时引燃的控制因素是气相燃烧反应速度。

高聚物的引燃是引发材料燃烧的最初阶段,也是燃烧发展的关键过程。引燃与很多因素有关,改变这些因素则有可能延缓或阻止引燃。不过,引燃性只是材料阻燃性的一个指标,材料引燃时间的缩短并不一定反映材料整体阻燃性的恶化。有些阻燃高聚物的引燃时间往往低于未阻燃高聚物,因为某些阻燃系统较易分解而释出可燃物。

1.2.5　引燃模型[28]

有人建模研究过由热辐射引起的引燃[29,30]。例如,对不成炭的高聚物且无放热的表面反应,固相的能量及气相的质量和能量的一维方程能模拟邻近气相层的固体表面辐射加热的传导机理,但也只适用于固体表面温度较高时预测引燃。而且,常会受到一些偶然因素的干扰。例如,某些气相中的引燃能很快形成扩散火焰,使辐射热流增大,表面温度及裂解物质流均提高,引燃会在更接近可燃物的表面发生,而引燃延迟期缩短。气相吸收辐射能对引燃和引燃延迟期有重大的作用。

对于热空气引发的引燃,也提出过简单的定量固相热模型[25,28],模型可证明引燃延迟期是引燃温度的函数,但引燃温度较低时有例外。一些基于边界层的模型指出,引燃是气相反应可控机理,气流速率降低,引燃延迟期增大[31],引燃延迟期为固相降解速率(低流速时)或气相燃烧(高流速时)所控制。

1.3　燃烧传播及燃烧发展

1.3.1　概述[4,5]

可燃物被点燃后,在固相及气相均发生放热反应,产生燃烧,加热未燃可燃物,为了传播燃烧,燃烧区应能向未燃可燃物提供足够的热量以使其降解。同时,气相也应具备适当的条件。实际上,燃烧传播不仅受固相可燃物降解机理的影响,也受其他很多因素的制约。

燃烧传播是指燃烧沿高聚物表面发展。因为燃烧传播是一个表面现象,所以决定它的关键因素是在高聚物表面有可燃性气体产生,或者在高聚物内部形成可燃气体但又能逸至高聚物表面。燃烧传播必须将高聚物表面的温度提高至引燃温度,这种升温是由向前传播火焰的热流量引起的。因此,高聚物的引燃也与火焰传播有直接的关系。绝缘材料的表面能更快地被引燃,因而具有更高的燃烧传播速度。

燃烧传播速度是在一定的燃烧条件下,燃烧前沿发展的速度。燃烧传播速度越快,越易使燃烧波及邻近的可燃物而使燃烧扩大。有时,传播燃烧的高聚物本身燃烧危险性并不高,但燃烧所能波及的高聚物造成的损失则十分严重。所以高聚物的燃烧传播速度在阻燃技术中是一个不可忽略的参数。

1.3.2　燃烧传播方向[28]

固态可燃物上的燃烧传播可分为同向及反向两种[32],氧化剂流方向与燃烧传播方向相同的,称为同向燃烧传播;氧化剂流方向与燃烧传播方向相反的,称为反向燃烧传播。对于同向传播,火焰位于已燃可燃物表面前,向未燃可燃物表面的传热较强,加速了燃烧的传播。在相当大的范围内,此过程似乎仅受传热控制,当燃速较低时,气流为层流,未燃可燃物的传热主要以对流方式进行;当燃烧增大时,湍流气流的传热则主要以辐射方式进行。对于反向燃烧传播,向未燃可燃物的传热更为困难,因为这时可燃物的裂解前沿及燃烧前沿处于同一区域;但这时通过固体或气相传导至未燃可燃物的热量甚低,燃烧一般易于控制。当反向气流的速率较低,而氧浓度较高时,燃烧主要由传热控制;而在较高流速和较低氧浓度下,燃烧则由化学动力学控制。

1.3.3　燃烧传播的热量转换模型[33]

高聚物被点燃后,如果点燃能持续,则燃烧会沿表面发展与传播,使燃烧扩大。燃烧传播的先决条件是必须有足够的热量反馈至火焰前边的高聚物,使后者裂解,并提供可燃产物。

图 1.5 表示高聚物点燃后维持燃烧的热量转换模型[33],当 $Q_C \geqslant Q_H + Q_P + Q_I + Q_D$ 时,高聚物的燃烧火焰将会蔓延。高聚物的比热容、导热系数、分解温度、分解热、燃点、闪点和燃烧熵等因素都会影响燃烧过程。高聚物的燃烧产物与其形状、性质和供氧量有关。通常形态下的高聚物燃烧时,常常因缺氧使燃烧产物中含有一氧化碳和炭化粒子,后者是导致燃烧物周围形成烟雾及能见度降低的主要原因之一。

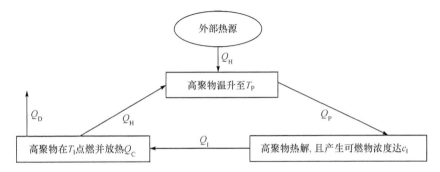

图 1.5　高聚物点燃后维持燃烧的热量转换模型[33]

Q_H-高聚物达到裂解温度 T_P 所需热;Q_P-裂解产生的可燃气体浓度达到燃烧极限浓度 c_I 时的分解热(吸热或放热);Q_I-可燃气体达到点燃温度 T_I 所需热;Q_C-燃烧热;Q_D-损失热

1.3.4　影响燃烧传播的因素

引燃阶段在系统内积聚的热,通过传导、对流和辐射升高聚合物的温度,使燃烧传播和发展。高聚物的下述性质与燃烧的发展有关。①高聚物被引燃的难易程度。越易引燃的高聚物对燃烧发展的贡献越大。②高聚物的燃烧热。高聚物燃烧时放出的热量越多,越会加速燃烧发展。③高聚物的暴露程度。大部分表面暴露于火焰中的高聚物,很易于使燃烧传播。④高聚物的量。只有当系统内存在有足够量的某种物质时,才会对燃烧发展造成威胁。⑤风向。⑥通风及供氧情况。⑦可燃物方向。其中的①、②是由可燃物的性质决定的,所以下文只讨论其他几种因素。

1. 可燃物的暴露程度[4,5]

为了使燃烧传播,必须供给邻近燃烧的物质以足够的能量,并使其达到燃烧阶段。当邻近物质处于最初燃烧物质的表面时,易于实现燃烧,而处于内部时,则难于实现燃烧。所以燃烧的传播经常视为一种表面现象。对于高聚物,当其大部分面积都暴露于高热下时,表面燃烧的传播速度可认为是燃烧传播的实际度量。

2. 可燃物的厚度[28]

如可燃物厚度相对于固体中热扩散层的厚度来说较小,则认为是薄层。薄层可燃物中各处的性质是比较均一的。对将热传至未燃可燃物表面而言,薄层时厚度的影响不大;但厚层时影响则十分明显。薄层时,燃烧传播为燃烧区固体可燃物的消耗表征。厚层时,对同向燃烧传播,其裂解及燃烧传播速度,均随氧浓度及气流速度提高而增加。

3. 风向[3]

燃烧传播有顺风传播及逆风传播两种情况,显然,前者的速度高于后者。因为逆风传播时,气流阻碍热向火焰前方高聚物的传递,使高聚物的裂解速率降低,表面上方混合可燃气的浓度不易达到燃烧下限,而顺风传播时的情况则相反。

4. 可燃物取向[28]

在通常的环境下,燃烧传播与固体可燃物的方向十分相关[32]。向上的燃烧传播比向下的要快,因为前者由热可燃气体向未燃可燃物的传热,由于自然对流而加强,且承受辐射、对流及传导三种热传递。而后者则由于自然对流而延缓火焰传播(将可燃产物由未燃可燃物上移走)。

另外,水平燃烧传播也较慢,因为处于火焰前的可燃物仅为气相热传导及向下的热辐射所加热[1]。图1.6及图1.7分别为水平燃烧传播及垂直传播示意图[1]。

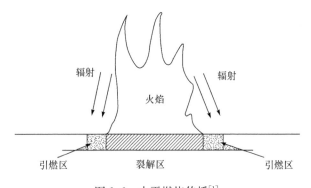

图 1.6　水平燃烧传播[1]

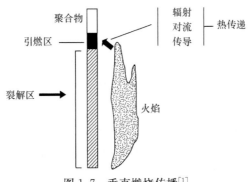

图 1.7　垂直燃烧传播[1]

5. 供氧情况[4,5]

一般说来,当热量高或氧气供应充足(如通风)时,燃烧能更快传播。但有时过度的通风则可能移走热量而减缓燃烧的传播。另外,高聚物燃烧时的熔化或成炭也能直接消耗热量而使形成火灾速度降低。

在燃烧发展的早期,燃烧通常只限于在点燃物体内传播,但当火焰高达 $1\sim2m$ 时,辐射热甚至可将数米外的高聚物引燃。当火灾殃及室内天花板时,对屋内其他物体的辐射热流急剧增高,因而导致闪燃,这时燃烧传播速度极快。在燃烧发展阶段,维持燃烧需要的外部热流 $20\sim60kW/m^2$,试样大小 $0.1\sim1m$,环境温度高于引燃温度,达 $400\sim600℃$,宜适当通风。

1.3.5　材料的燃烧传播系数

综上所述,材料的燃烧传播情况不仅取决于材料本身的性质,而且与一系列的外部条件有关,故燃烧传播指数的测定必须在严格规定的条件下进行,且所测得的指数值随测定方法而异。表 1.9[4]为以 ASTM E-84 标准测得的一些材料的燃烧传播指数(相对值,以未处理的红橡木指数为 100)。

表 1.9　以 ASTM E-84 试验测得的某些材料的燃烧传播指数[4]

材　料	传播指数	材　料	传播指数
红橡木(未处理)	100	椴木(经处理)	$25\sim35$
红橡木(经处理)	$20\sim50$	棉绒(经处理)	25
橡木(经处理)	35	黄松木(经处理)	25
山杨木(经处理)	30	白枞木(经处理)	20
黄杨木(经处理)	25	杉木(经处理)	$15\sim25$
桦木(经处理)	$15\sim30$	红木(经处理)	20
柳桉木(经处理)	$15\sim20$	塑料	$10\sim200$
软枫木(经处理)	$20\sim30$	增强塑料	$15\sim200$

1.3.6 燃烧传播模型

对燃烧传播已建立了多种模型[34,35],其中有些是描述燃烧传播速率及其与环境条件和可燃物性能的关系,且多系基于传热机理。有些较复杂的数学模型则能描述气体和固态可燃物的平衡。最近,还发表了一些关于气相的二维模型[28],描述气相动量、能量及质量的平衡方程。

燃烧过程的数学模型有助于人们了解控制燃烧传播的化学和物理机理,并可用于解释实验结果。数学模型虽然是预估材料对火反应的有力工具,但模型必须考虑到所有与燃烧有关的物理化学过程,当然能有所简化。

1.4   充分及稳定燃烧

1.4.1   概述[9]

当燃烧发展至某一临界点(图 1.1)时,高聚物燃烧时放出的热量可使高聚物分解生成的产物升至足够高的温度,并令气体膨胀,从而增大通过对流、传导及辐射的传热量。对一定的高聚物,此时进入充分及稳定燃烧阶段。一旦燃烧达到这一阶段,燃烧就不再是抑制的问题,而是能否自熄的问题。

能成炭的高聚物的燃烧(置于含氧气流中时)可以两种方式进行:明燃及阴燃。当所提供的热流足以引燃高聚物迅速裂解生成的可燃物并使火焰燃烧时,可发生明燃;而当热流及温度低于临界值时,则发生阴燃。

可燃物经点燃和燃烧发展后,形成稳定燃烧。根据可燃物及其定向(垂直表面还是水平表面),燃烧过程可分为内壁(wall)燃烧和环形(pool)燃烧。

燃烧是一个复杂的物理化学过程,燃烧时燃料流与周围环境的相互作用通常是非线性的和缺少规律可循的,且很难定量估计。封闭空间中,燃烧过程的关键问题之一是燃料与环境间的传热及传质。

对封闭空间的燃烧,有两个环境因素对可燃物的燃烧行为有决定性的影响,一个是火焰热流(来自燃烧可燃物的上部),另一个是外部热流(来自热气体、热表面和其他可燃物的火焰),前者与通风条件及供氧情况非常有关,而后者则受封闭空间的几何形状、通风条件及材料表面的明显影响[9]。

1.4.2   燃烧要点[4,5,33]

1. 传热及传质

高聚物的燃烧涉及传热、高聚物在凝聚相的热裂解、分解产物在固相及气相中的扩散、与空气混合形成氧化反应场及气相中的链式燃烧反应等一系列环节。

图 1.8[33] 是高聚物正常燃烧过程的要素状态模型。

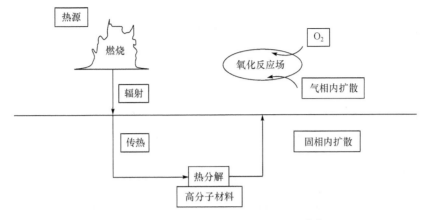

图 1.8　正常燃烧过程的要素状态模型[33]

高聚物燃烧时,一部分热能为高聚物本身所吸收,用于材料的热裂解,而裂解产生的可燃挥发性产物又进入气相,作为燃料以维持燃烧。显然,高聚物的燃烧速率系由所提供的热量、聚合物裂解及相转变决定。聚合物裂解速率随温度增高而增大,但更取决于高聚物的性质。

2. 特征

在充分燃烧阶段(也是燃烧的主要阶段),外部热流常大于 $50kW/m^2$,试样大小需达 $1\sim5m$,环境温度高于自燃温度,达 600℃以上,且只宜较低的通风。在小型燃烧试验中,一般不容易模拟上述条件。高聚物在小型燃烧试验中的行为可能与在大型燃烧试验中是大相径庭的。不过,近年燃烧测试技术的发展,已使人们在根据小型测试结果,通过物理及数学模型,预测大型火行为方面,迈进了一大步。

在充分燃烧阶段,环境温度已高于大多数高聚物的引燃温度,此时高聚物的所有暴露表面几乎同时达到引燃温度,燃烧在整个空间以极快的速度传播,且火焰近乎覆盖可燃物全部表面。即燃烧已波及所有可燃表面,材料表面已接近全部暴露于火中。

在充分燃烧阶段,除了一些特殊的高温聚合物外,高聚物引燃的难易性已经对燃烧没有什么实际意义,但高聚物的表面可燃性则对燃烧仍有一定的影响。燃烧的剧烈程度则与系统内材料的燃烧热、材料的暴露程度及材料的量有关。材料的燃烧热越高,材料的量越多,材料暴露的表面越大,燃烧越严重。

3. 化学反应

不同分子结构高聚物的燃烧情况有时是不同的,例 PS、PE、EPS 及环氧树脂热裂解时的表面温度随所提供热量的加大而增高,但 PMMA 的表面温度则几乎恒定,不过此时 PMMA 的表面结构发生变化,其比表面积增加。当 PMMA 在不同组成的氮-氧混合物中燃烧时,不同燃烧区的气体组成是不同的,但均有足够的氧存在,不过高温区参与反应的氧量较多。PMMA 和 PS 燃烧时,其凝聚相表面的温度和靠近表面(裂解区)的温度场的温度是相同的,这说明临界条件下的燃烧速率是不变的。

高聚物热裂解产物的燃烧按自由基链式反应进行,包括下述四步,见反应式(1. 14)~式(1. 17)[36]。

(1) 链引发

$$RH \longrightarrow RH * \text{ 或 } R \cdot + H \cdot \tag{1.14}$$

(2) 链传递

$$R \cdot + O_2 \longrightarrow ROO \cdot$$
$$RH + ROO \cdot \longrightarrow ROOH + R \cdot \tag{1.15}$$

(3) 链支化

$$ROOH \longrightarrow RO \cdot + \cdot OH$$
$$2ROOH \longrightarrow ROO \cdot + RO \cdot + H_2O \tag{1.16}$$

(4) 链终止

$$2R \cdot \longrightarrow R - R$$
$$R \cdot + \cdot OH \longrightarrow ROH$$
$$2RO \cdot \longrightarrow ROOR \tag{1.17}$$
$$2ROO \cdot \longrightarrow ROOR + O_2$$

1.4.3　阴燃[28]

阴燃是最具危害性的燃烧模式之一,因为阴燃能产生大量的 CO。当然,阴燃也生成炭和可燃挥发物。阴燃涉及固相裂解及固相和炭的氧化。而且,阴燃时某些组分的氧化,能提高释热速率,这种贡献在使阴燃转变为明燃过程中的作用是不可忽视的。

相对于氧气流方向传播的阴燃是可逆阴燃,这时同时存在氧化和裂解,且它们随温度增高而强化。相同于氧气流方向传播的阴燃称前行阴燃,这时固相的降解主要是裂解,氧则几乎完全为炭的氧化所消耗,这加速了阴燃过程,还影响对原始高聚物的传热及固相的裂解速率。

可逆阴燃与前行阴燃构型间的差别也导致不同的可控机理,前行阴燃为炭氧化所支持,而可逆阴燃为固体氧化降解所控制。此外,前行阴燃更易转变为持续燃烧。单一的可逆性阴燃或单一的前行性阴燃均较易实验研究或模拟研究,但多维结构的前行阴燃更能反映与真实火灾有关的危害性。

氧从材料表面向起始固体可燃物及残炭层两者的扩散,均能加速固体可燃物的放热反应和炭层的氧化,前者支持可逆阴燃,后者支持前行阴燃。

现在,几乎所有的点燃和阴燃模型都是在一维系统上建立的,但点燃和阴燃的研究应着重固相的放热反应过程,从阴燃向明燃的转变,人为引燃及多位模型。

1.4.4　闪燃[9]

由于燃速的增大,及燃烧传播至第二个可燃物,使热层温度迅速增高,热层辐射至封闭空间内其他可燃物的热也增加,于是可引起封闭空间内的所有可燃物均被引燃,瞬间释出大量的热,很快突跃至完全充分燃烧,此即闪燃(见图 1.9 实线)[9,37]。

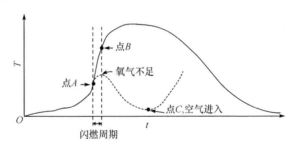

图 1.9　封闭空间内燃烧的发展时间与温度的关系[9,37]

实线表示发生闪燃,虚线表示缺氧燃烧,点 B 为闪燃点

缺氧时,热气层会迅速往燃烧区下沉,这时进入燃烧区的氧气很少,燃烧乃熄灭。图 1.9 中的虚线即表示此情况。即燃烧只能燃烧到点 A,而不能过渡至闪燃点 B。在缺氧时,可燃物的裂解仍将以较高速率进行,这时如果由于某种变化能使空气流入,则可提高释热速率,这时燃烧又有可能向闪燃发展。

某些高聚物以 USF 法测得的闪燃性能见表 1.10[4]。

表 1.10　以 USF 法测得的某些高聚物的闪燃性能[4]

高聚物	闪燃高度/cm	闪燃时间/s	高聚物	闪燃高度/cm	闪燃时间/s
PE	66±0	115±20	PA610	56±20	77±10
PS	20±10	160±37	RPUF	8±3	92±4
PMMA	46±0	61±18	FPUF	66±3	44±10
ABS	18±5	127±32	EPS	8±5	203±10

高聚物	闪燃高度/cm	闪燃时间/s	高聚物	闪燃高度/cm	闪燃时间/s
PC	15±8	97±13	PVC	不闪燃	不闪燃
PA6	66±0	55±7	MPPO	不闪燃	不闪燃
PA66	66±0	95±37	PPS(聚苯硫醚)	不闪燃	不闪燃

1.4.5　燃烧模型[9]

预测高聚物燃烧的发展是困难的,这不仅是因为燃烧的物理与化学过程相当复杂,且因为燃烧过程还与封闭空间的几何形状及其他很多因素有关,而这些因素的可变性又很大。另外,高聚物在封闭空间内燃烧时,会使该空间的环境条件改变,这种改变又会影响高聚物的燃烧,并从而使燃烧的发展更为复杂。

尽管人们尚难于预测封闭空间内燃烧发展的一般规律,但利用相关的实验数据及近似的工程模型对建筑物内燃烧的发展进行合理的工程评估则是可能的。

一些工程模型可用于模拟室内的燃烧,涉及燃烧物理-化学原理的确定性模型目前有三种:计算流体动力学模型(computation fluid dynamics model,CFD)、双区域模型(two-zone model,TZD)及手机算模型(hand-calculation model,HCD)。

(1) CFD。它广泛用于工程计算,系将所涉及的范围分成非常多个小体积,再将质量、动量及能量三者的守恒应用于每一小体积。将 CFD 应用于燃烧过程时(目前只有极少的 CFD 编码可用于燃烧过程),一般是输出可燃物供应速率,以计算释能速率,然后作多种假定,以估测燃烧所产生的物种。不过现在已发表了一些研究工作,将燃烧传播、可燃物裂解及燃烧发展等引入 CFD 编码中,以使燃烧过程及环境条件关联[38]。但这些工作仍在研究中。

使用 CFD 需要大容量的计算设备及多方面的专业人才,故目前 CFD 在安全工程中的实际应用尚不多,但建模对解决某些设计问题是非常有用的,有时甚至是唯一的方法。

(2) TZD。此法系将涉及的封闭空间分成上部的热区域及下部的冷区域,然后求解此两区域各时刻的质量及能量守恒。一般而言,区域模型能描述可燃物裂解时(质量损失时)的生成物,而释能速率则表示为可燃物质量损失速率与其燃烧物的乘积。但可燃物裂解时的生成物及燃烧时的释能速率均与通风条件密切相关。对于给定的可燃物,燃烧时如通风良好,其释能速率及裂解产物都是相对稳定的,但随时间而变化,特别是与有限通风条件十分有关。文献中已发表过一些TZD,其中的一些是模拟单一房间内的燃烧,还有一些是模拟在几个房间(彼此有门或机械通风相连)内的燃烧。

近年来,越来越多的人将 TZD 用于防火安全设计,但人们应充分认识 TZD 所作的假定及局限性,且应通晓封闭空间内的燃烧热力学及动力学。

(3) HCD。此法也可用于分析一些基本的燃烧过程,它包括一类用以计算火焰高度、质量流速率、火舌温度及速率、室内过压及其他一些火参数的简单经验方法,其中有适用于燃烧过程的,有适用于评估燃烧造成的环境后果的,还有适用于传热过程的。此法在文献[9]中有所描述,有兴趣的读者可参阅。

现在已有一系列不同的模型,用于预估封闭空间内燃烧所造成的环境后果,但大多数模型都需要输入可燃物的燃烧性能,主要是释能速率及燃烧产物,不过目前仅有很少的方法能预测这两者,且都在研发中,尚未在工程上获得应用。

1.5　燃烧衰减

当燃烧反馈给高聚物表面的热量减少,高聚物的热裂解速率降低,致使表面可燃物的浓度降低至一定极限,则燃烧不能再行维持,乃自行衰减直至熄灭。燃料耗尽或氧气供应不足,当然更是产生燃烧衰减及自熄的原因。

燃烧的衰减及自熄随被燃烧高聚物的性能而异,有些高聚物着火后易于自熄,而另一些则很难。自熄性的难易可用极限氧指数(LOI)大概衡量,氧指数越高者,越容易自熄,反之则越难。即氧指数低的高聚物燃烧时,火灾常能持续较长时间。

高聚物的 LOI 与其组成的芳构化程度及其成炭率十分有关,在一定程度上可量化计算[33]。

主链上含有大量芳基的高聚物,如酚醛树脂、聚苯醚、聚碳酸酯、聚芳酰胺、聚酰亚胺、聚砜等,其 LOI 比脂肪烃类高聚物高。这主要是因为这类高聚物燃烧时可缩合成芳构型碳,产生的气态可燃性产物较少,而炭不仅本身的 LOI 高达 65%,而且形成的炭层能覆盖于燃烧着的高聚物表面而使火焰窒息。一般来说,成炭率低的高聚物,其 LOI 不会超过 20%,而成炭率达 40%～50% 的高聚物,LOI 可高于 30%。一些高聚物的 LOI 见表 1.11[39～41]。

表 1.11　一些高聚物的 LOI[39～41]　　　　　　　　　　(单位:%)

高聚物	LOI	高聚物	LOI
PE	17	CTFE	83～95
PP	17	ETFE	30
PBD	18	ECTFE	60
CPE	21	CA	17
PVC	45	CB	19

续表

高聚物	LOI	高聚物	LOI
PVA	22	CAB	18
PVDC	60	PR	18
PS	18	EP	18
SAN	18	不饱和聚酯	20
ABS	18	ALK	29
PMMA	17	PP(纤维)	18
丙烯酸树脂	17	丙烯酸纤维	18
PET	21	改性丙烯酸纤维	26
PBT	22	羊毛(纤维)	23
PC	24	PA(纤维)	20
POM	17	CA(纤维)	18
PPO	30	CTA(纤维)	18
PA6	23	棉花(纤维)	18
PA6/6	21	黏胶纤维	19
PA6/10	25	聚酯纤维	21
PA6/12	25	PBD(橡胶)	18
PI	25	SBR	18
PAI	43	PCR	26
PEI	47	CSPER	25
PBI	40	SIR	26
PSU	30	NR	17
PES	37	木材	22
PTFE	95	硬纸板	24
PVF	23	纤维板	22
PDF	44	胶合板	25
EEP	95		

在高聚物中加入阻燃剂所引起的一些气相反应(捕获燃烧赖以进行的游离基,稀释可燃气等)及固相反应(形成传质、传热屏障的保护层,吸热等)均有助于使燃烧自熄。

1.6　燃烧时的生烟性[42,43]

"阻燃"和"抑烟"是对阻燃高分子材料同等重要的要求,但两者往往是矛盾的,热裂时能分解为单体且能燃烧较完全的高聚物,一般生烟量较少。同时实现"阻燃"和"抑烟",或者使两者达到和谐的统一,是阻燃高分子材料配方设计的主要内容之一。

烟是固体微粒分散于空气中形成的可见但不发光的悬浮体,而这种固体微粒则是由高聚物不完全燃烧或升华产生的。生烟是火灾中最严重的危险因素之一,因为可见度允许人们从火灾建筑物中疏散,有助于消防人员找到火灾地点并及时扑灭,而烟大大降低可见度,且令人窒息。

诚然,高聚物热裂或燃烧时的生烟量,不是高聚物固有的性质,而与燃烧条件(如燃烧焓、氧化剂供应、试样形状、明燃或阴燃等)及环境状况(如环境温度、通风情况等)十分有关,但高聚物的分子结构无疑是影响生烟量的重要因素之一。

具有多烯烃结构和侧键带苯环的高聚物,通常生烟量较多,这是因为燃烧时高聚物中的多烯碳链可通过环化和缩聚形成石墨状颗粒;而侧链上带苯环的高聚物(如 PS),则易生成带共轭双键不饱和烃,后者又可继续环化、缩聚成炭。主链为脂肪烃的高聚物,特别是主链上含氧和热裂时易于分解为单体的高聚物,如 POM、PMMA、PA6 等,它们可较充分燃烧,故生烟量较低。而主链为苯环的高聚物,则生烟量高得多[44]。

有些热稳定性高和成炭率也高的聚合物,由于它们在凝聚相中成炭而使挥发性产物减少,故通常生烟量也较低。例如,对 PC 及 PSF 两者,都是主链芳环含量很高的聚合物,但 PSF 的成炭率为 PC 的 2 倍,且 PSF 的热稳定性也高于 PC,而以烟箱法测定的最大比光密度,PSF 仅为 PC 的 30%。

含卤聚合物发烟量一般很高,PVC 是这方面的一个典型例子,它的生烟量在所有常用塑料中几乎是最高的,所以很多抑烟研究都是针对 PVC 进行的。但生烟量并不总与高聚物中的卤含量相关,有些卤含量很高的高聚物,由于其特殊的分子结构和热裂方式,生烟量并不高。例如,PVDC 的氯含量是 PVC 的 1.3 倍,但以烟箱法测得的前者的最大比光密度仅约为后者的 1/7。这是因为 PVC 热裂脱除 HCl 后形成多烯烃结构,而 PVDC 热裂脱除 HCl 后留下碳链[44]。

应当指出,一些经过阻燃处理的高聚物,其生烟量往往很高。例如,一些在气相发挥阻燃作用的阻燃剂,能抑制氧化而促进生烟,但某些填料型阻燃剂(如 ATH、MH 等)及膨胀型阻燃剂则同时具有阻燃和抑烟作用。以一定量的硼酸锌代替卤-锑体系中的 Sb_2O_3,也可在降低生烟量的同时不致恶化材料的阻燃性。

生烟性常以烟密度或光密度表示。烟密度表征在给定条件下高聚物分解或燃烧生成的烟对光线或视觉的遮蔽程度。高聚物阴燃和明燃的生烟量是不同的。烟密度越大以及烟密度增长较快的高聚物所能提供的疏散人员和灭火的时间越短。但是,以光密度计测定的比光密度(烟密度)并不一定反映视觉被遮掩的程度,因为烟尘颗粒的大小和它们在大气中的分布情况影响吸光量,而人们视线的降低则主要是由于烟的遮光和烟对人眼刺激两者作用的总结果。高聚物燃烧时的烟密度与燃烧速率和通风强度等一系列因素有关,一般与通风强度成反比。以 NBS 烟箱测定的一些高聚物的最大比光密度(D_m)及达到 D_{16} 所需时间见表 1.12[4,26]。

表 1.12　一些高聚物的 D_m 和达到 D_{16} 所需的时间(NBS 烟箱测定)[4,26]

高聚物	厚度/mm	D_m		达到 D_{16} 所需时间/min	
		阴燃	明燃	明燃	阴燃
PE	3.18	—	85	2.74	0.91
PP	6.35	—	119	3.00	4.18
PTFE	—	0	53	—	11
TFE-VDF	1.80	75	109	2.5	1.2
PVF	0.05	1	4	—	—
未填充硬 PVC	6.35	470	535	2.1	0.6
PVC 织物	0.66	261	198	1.4	0.3
PS	6.35	395	780	4.00	0.63
SA	6.35	389	249	4.13	1.11
ABS	6.35	780	780	2.98	0.57
PMMA	6.35	190	140	6.5	2.3
聚缩醛	3.18	—	6	—	—
PA 织物	1.27	6	16		15.0
PAA 片材	1.60	7	14	—	—
PSU	6.35	111	370	12.61	1.89
PC	6.35	48	324	10.88	1.95
PR	3.18	137	55	5	5.5
UP	3.18	780	780	2.66	0.59
硬质 PU 泡沫塑料(聚醚型)	50.8	221	113	0.35	0.22
硬质 PU 泡沫塑料(聚酯型)	—	161	70	0.43	0.20
PU 橡胶(聚醚型)	—	57	210	4.3	2.1
PU 橡胶(聚酯型)	—	131	230	4.0	1.5
红橡木	19.8	660	117	7.1	7.8
杉木	12.7	378	145	4.6	4.3

1.7　燃烧时生成的有毒产物[45,46]

有毒物是指能破坏人体组织和器官或能干扰器官功能的物质。高聚物燃烧时所放出的有毒气体能使人窒息甚至死亡,构成对生命安全的首要威胁。高聚物燃烧时生成的产物与一系列因素有关,包括高聚物的组成,供氧情况,温度及升温速度,反应的吸热性或放热性,可燃挥发物释出的速度等。含碳高聚物的燃烧气态产物主要是 CO 及 CO_2(CO_2 本身通常认为是无毒的,但它能降低空气中的氧浓度,使人吸入过多的其他气体而危害人身)。含碳、氢和氧的高聚物燃烧时,其气态产物中还含有脂肪族及芳香族碳氢化合物(如丁烷、苯)、酮(如丙酮)、醛(如甲醛、丙烯醛)、酸(如乙酸)、酯(如乙酸乙酯)等。很多含碳、氢、氧以外的其他元素的高聚物燃烧生成的气态产物还有 SO_2 和 H_2S(对含硫高聚物)、NH_3、HCN 和 NO_x(对含氮高聚物),HX(对含卤高聚物)等。上述产物中有一些还具严重的腐蚀性。高聚物在不同情况下燃烧时生成的有毒气体见图 1.10[1]。

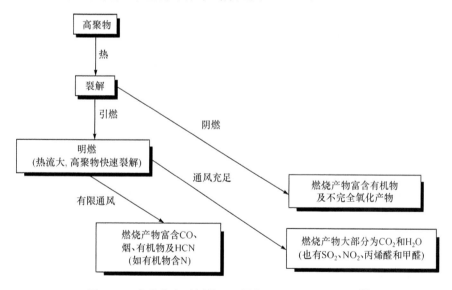

图 1.10　高聚物在不同情况下燃烧时生成的有毒气体[1]

CO 是火灾中最常见的有毒气体,它是由材料不完全燃烧产生的。在下列几种情况下易于生成 CO[1,47]:

(1) 气相中供热量不足时(如阴燃时)。

(2) 火焰被淬灭时(如高聚物中含卤系化合物或过度通风将火焰熄灭时)。

(3) 高聚物含热稳定的分子(如芳香族化合物)时。因为这类化合物在火焰区能停留较长时间,所以当通风良好时,CO 的生成量也高,而通风不良时更高[48]。

(4) 氧供应不足时。当火灾中通风不好时,大量的辐射热使高聚物裂解,而裂解产物又因缺氧而不能完全燃烧。

但在小型试验中,模拟通风不良的燃烧是相当困难的。阴燃时生成的有毒物量最高,但阴燃时燃烧速率则较明燃低得多。

大型火试验数据表明[1],在减小通风强度时,生成较多的两种有毒气体是 CO 和 HCN。

高聚物燃烧时生成的有毒物的浓度一般很难准确知道,在小型燃烧试验中及模拟真实火灾的大型试验中都是如此,更不必说真实火灾场所了。

鉴定和分析所有的有毒物是很困难的,而且,多种不同浓度的有毒物的混合物对人体的综合危害也不是目前科学水平所能预测的。通常是在实验室观察材料燃烧释出的有毒气体混合物对动物的整体效应,其结果可用产生一定效应的时间或浓度,如使动物半数致死所需的时间或有毒物的浓度(LC_{50})表示。

为了分析燃烧废气的危害性,必须知道材料的燃烧速率和有毒物的产量。采用稳态管式燃烧炉试验,可以测得特定高聚物燃烧时生成的有毒物量与燃烧条件的关系。目前已研发了有关火灾废气毒性的更完善的试验方案。一些高聚物在一定条件下于空气中燃烧时生成的主要有毒物见表 1.13[49]。

表 1.13　某些高聚物在空气中燃烧时生成的主要有毒产物(红外光谱测定)[49]

（单位：mg/g）

高聚物	燃烧产物组成聚合物								
	CO_2	CO	SO_2	N_2O	NH_3	HCN	CH_4	C_2H_4	C_2H_2
PE	502	195	—	—	—	—	65	187	10
PS	590	207	—	—	—	—	7	16	6
PA66	563	194	—	—	4	26	39	82	7
PAAM	783	173	—	—	32	21	20	13	4
PAN	630	132	—	—	—	59	8	—	—
丙烯酸类纤维	1400	170	—	—	—	95	—	—	—
聚亚苯基硫化物	892	219	451	—	—	—	—	—	—
PU	625	160	—	—	—	1	17	37	6
RPUF	1400	210	—	—	—	8	—	—	—
EPR	961	228	—	—	—	3	33	5	6
UFR	980	80	—	—	—	2	—	—	—
UFF	1350	41	—	—	—	15	—	—	—
MFR	702	190	—	27	136	59	—	—	—
雪松	1397	66	—	—	—	—	2	1	—
羊毛	1260	180	—	—	—	54	—	—	—

1.8　燃烧时生成的腐蚀性产物[4,5]

一般而言,所有有机高聚物热裂或燃烧时都会产生腐蚀性气态产物,即使是木屑、羊毛、棉花等的热裂或燃烧产物也对金属具腐蚀作用。而像 PVC 及含卤系阻燃剂的高聚物,它们热裂及燃烧时能产生腐蚀性很强的卤化氢。但材料的高卤含量并不等同高腐蚀性。某些高聚物燃烧产物的腐蚀性见表 1.14[50]。

表 1.14　用锥形量热仪(50kW/m²)测得的某些高聚物燃烧产物的腐蚀性[50]

材　料	24h金属的相对平均损耗/Å	材　料	24h金属的相对平均损耗/Å
XLPO 弹性体(金属氢氧化物填料)	3	XLPO 共聚物(含无机填料)	8
HDPE/CPE 弹性体的共混物	23	XLPO 共聚物(含三水合氧化铝填料)	1
CPE(含填料)	10	EVA(含无机填料)	6
EVA(含三水合氧化铝填料)	2	PO(含无机填料)	7
PPO/PS	2	XLPE 共聚物(含氯化物添加剂)	26
PI	1	聚偏二氟乙烯材料	31
PI/PSI	3	PVC	70
PP(膨胀型)	3	PA66	23
PO 共聚物(含无机填料)	3	XLPE 共聚物(含溴化物添加剂)	6

1.9　阻　燃　模　式

阻燃模式可以分为物理的和化学的,也可分为凝聚相的和气相的,但这些分类都是平行的。例如,凝聚相的成炭型及膨胀型均可认为是化学类。下面以物理模式及化学模式分类[1,36,51,52]。

1)物理模式

(1)冷却。如吸热反应,可冷却被燃高聚物。

(2)涂层。该层可作为传质、传热屏障,阻碍热与氧传递至高聚物,阻碍可燃物逸出气相。

(3)稀释。反应释出的水蒸气及 CO_2 等可稀释燃烧区的自由基及可燃物浓度。

2）化学模式

（1）气相反应。干扰燃烧区的自由基反应，使自由基浓度降至燃烧临界值以下。

（2）凝聚相反应。①形成炭层。高聚物的交联、接枝、芳构化、催化脱水等均有助于成炭。如脱除高聚物的侧键，形成双键，最后形成多芳香环的炭层。②形成膨胀保护层。高聚物中加入膨胀型阻燃剂或发泡剂，通过某些化学反应，可使表层高聚物形成膨胀型的传质、传热壁垒。

凝聚相和气相阻燃长期以来就被公认为两种主要的阻燃模式，前者主要是有助于材料炭化，后者则主要是减缓火焰中的链式氧化反应。不过还存在一些新的阻燃机理，特别是基于物理原理的新阻燃机理。这类机理使人们对阻燃有了更深入的理解。实际上，在很多情况下，阻燃的实现往往是几种阻燃模式同时作用的结果，而很难将其归于某个单一阻燃机理的功效。

阻燃是一个很复杂的过程，凝聚相阻燃与气相阻燃也是不可截然分开的。凝聚相阻燃剂一方面可通过减少挥发性裂解产物的量改变可燃物的反应平衡，另一方面可由于裂解形成的气体使材料流变性变化而在燃烧边界形成导热性很低的炭层。因此，凝聚相中的阻燃剂会直接影响气相中的燃烧过程。气相阻燃剂既可降低聚合物的气化程度和抑制聚合物裂解产物的燃烧，也可由于增加炭层的生成量而降低燃烧的释热量和增加辐射热损失。

阻燃高聚物的结果应当是使之难于引燃（如延长引燃时间），延缓燃烧传播，降低燃烧释热速率，较易使燃烧衰减或自熄。但现在的问题是阻燃高聚物上述阻燃性能的测试方法，仍以小型试验为主。目前，已经研发了一些预测模型，它们使科学家们在由小型或某些大型试验结果粗略预测阻燃高聚物在真实火灾中的行为方面前进了一大步。对某些特定的高聚物，进行上述相关分析已有可能，并取得了一定的成功，但比较不同燃烧试验中高聚物阻燃性能是困难的，准确地预测高聚物在不同火情况下的阻燃性能一般也是不可能的，因为不同的高聚物在不同的火情况下表现很不相同。而且，燃烧试验中被测试样的大小对试验结果也是至关重要的，特别是大量试样时更是如此。还有，高聚物本身与其中添加组分的相互作用极其多样且多变，不同组成高聚物的热裂方式也很不一样，这就使阻燃技术更为复杂，阻燃方法也不能由一个高聚物照搬至另一高聚物。

参 考 文 献

[1] Hull T R, Stec A A. Polymer and fire[A]//Hull T R, Kondola B K. Fire Retardancy of Polymer, New Strategies and Mechanisms[M]. Cambridge: Royal Society of Chemistry, 2009:1-4.

[2] 欧育湘. 阻燃塑料手册[M]. 北京:国防工业出版社,2008:5,6.

[3] 张军,纪奎江,夏延致. 聚合物燃烧与阻燃技术[M]. 北京:化学工业出版社,2005:1-28.

[4] Hilado C J. Flammability Handbook for Plastics. 5th Edition[M]. Lancaster:Technomic Publishing Co. Inc., 2000:1-63.

[5] 欧育湘. 实用阻燃技术[M]. 北京:化学工业出版社,2003:1-50.

[6] Hopkins D, Quintiere J G. Material fire properties and predictions for thermoplastics[J]. Fire Safety Journal, 1996,26(3):241-268.

[7] Milles N. Plastics[M]. Amsterdam:Elsevier Publisher, 2005:302-306.

[8] 林尚安,陆耘,梁兆熙. 高分子化学[M]. 北京:科学出版社,1987:703-706.

[9] Karlsson B. The burning process and enclosure fires[A]//Troitzsch J. Plastics Flammability Handbook. 3rd Edition[M]. Munich:Hanser Publishers, 2004:33-46.

[10] Wilkie C A, Mckinney M A. Thermal Properties of Thermoplastics[A]//Troitzsch J. Plastics Flammability Handbook. 3rd Edition[M]. Munich: Hanser Publishers, 2004:58-76.

[11] Jamieson J, McNeill J C. Degradation of polymer mixtures. IV. Blends of poly(vinyl acetate) with poly(vinyl chloride) and other chlorine-containing polymers[J]. Journal of Polymer Science, 1974, 12(2):387-400.

[12] Fried J. Polymer Science and Technology. 2nd Edition[M]. New York:Prentice Hall, 2003:268.

[13] Wypych G. PVC Degradation and Stabilization[M]. Toronto: Chemtee Publishers, 2008:98-103.

[14] Amer A R, Shapiro J S. Hydrogen halide catalyzed thermal decomposition of poly(vinyl chloride)[J]. Journal of Macromolecular Science, Part A. Pure and Applied Chemistry, 1980,14(2):185-200.

[15] Winkler D E. Mechanism of poly(vinyl chloride) degradation and stabilization[J]. Journal of Polymer Science, 1959,35(128):3-16.

[16] Starnes W H. Structural and mechanistic aspects of the thermal degradation of poly(vinyl chloride)[J]. Progress in Polymer Science, 2002,27(10):2133-2170.

[17] Hoang T V, Guyot A. Polaron mechanism in the thermal degradation of poly(vinyl chloride)[J]. Polymer Degradation and Stability, 1991,32(1):93-103.

[18] Troitskii B B, Troitskaya L S. Mathematical models of the initial stage of the thermal degradation of poly(vinyl chloride)[J]. European Polymer Journal, 1995,31(6):533-539.

[19] Kashiwagi T. Polymer combustion and flammability,role of the condensed phase[A]//Proceedings of the 25th Symposium (International) on Combustion [C]. Pitteburgh:The Combustion Institute, 1994, 25(1):1423-1437.

[20] Wichman I S. A model describing the steady-state gasification of bubble-forming thermoplastics in response to an incident heat flux[J]. Combustion and Flame, 1986,63(1,2):217-229.

[21] 李建军,黄险波,蔡彤旻. 阻燃苯乙烯系塑料[M]. 北京:科学出版社,2003:261.

[22] Scott D S, Czernik S R, Piskorz J, et al. Fast pyrolysis of plastic wastes[J]. Energy Fuels, 1990, 4(4):407-411.

[23] Williams P T, Williams E A. Recycling plastic waste by pyrolysis[J]. Journal of the Institute of Energy, 1998,71(487):81-93.

[24] Kashiwagi T. Radiative ignition mechanism of solid fuels[J]. Fire Safety Journal, 1981,3:185.

[25] Akita K. Ignition of polymers and flame propagation on polymer surfaces[A]//Jellinek H H G. Aspects of Degradation and Stabilization of Polymers[M]. Amsterdam:Elsevier Scientific Publication, 1978: 500-525.

[26] 王永强. 阻燃材料及应用技术[M]. 北京:化学工业出版社,2003:4-14.

[27] Hshieh F Y, Stoltzfus J M, Beeson H D. Autoignition temperature of selected polymers at elevated oxygen pressure and their heat of combustion[J]. Fire and Materials, 1996,20(6):301-303.

[28] Blasi C D. The combustion process[A]//Troitzsch J. Plastics Flammability Handbook . 3rd Edition[M]. Munich: Hanser Publishers, 2004:47-58.

[29] Kashiwagi T. A radiative ignition model of a solid fuel[J]. Combustion Science and Technology, 1974, 146(8):225.

[30] Kindelan M, Williams F A. Gas-phase ignition of a solid with in-depth absorption of radiation[J]. Combustion Science and Technology, 1977,16:47.

[31] Kashiwagi T, Kotia G G, Sunmmerfield M. Experimental study of ignition and subsequent flame spread of a solid fuel in a hot oxidizing gas stream[J]. Combustion and Flame, 1975,24:357-364.

[32] Fernandez-Pello A C, Hirano T. Controlling mechanism of flame spread[J]. Combustion Science and Technology, 1983,32:1.

[33] 欧育湘,陈宇,王筱梅. 阻燃高分子材料[M]. 北京:国防工业出版社,2001:12-35.

[34] Williams F A. Mechanisms of fire spread[A]//Proceedings of the 16th Symposium (International) on Combustion [C]. Pittsburgh:The Combustion Institute, 1976:1281-1294.

[35] Sirignano W A. A critical discussion of theories of flame spread across solid and liquid fuels[J]. Combustion Science and Technology, 1972,6:95-105.

[36] 欧育湘. 阻燃剂——性能、制造及应用[M]. 北京:化学工业出版社,2006:22-39.

[37] Karlsson B, Quintiere J G. Enclosure Fire Dynamics[M]. Boca Raton: CRC Press, 1999:81-138.

[38] Rubin P A. SOFIE-simulation of fires in enclosures[A]//Proceedings of the 5th International Symposium on Fire Safety Science [C]. Melbourne: International Associational for Fire Safety Science, 1997.

[39] 欧育湘,李建军. 材料阻燃性能测试方法[M]. 北京:化学工业出版社,2007:18-19.

[40] 董炎明. 高分子材料实用剖析技术[M]. 北京:中国石化出版社,1997:27.

[41] Lampman S. Characterization and Failure Analysis of Plastics[C]. Materials Park:ASM International, 2005:129.

[42] Innes J D, Cox A W. Smoke:Test standards, mechanism, suppressants[J]. Journal of Fire Sciences, 1997,15(3):227-239.

[43] Green J. Mechanism for flame retardancy and smoke suppressants. A review[J]. Journal of Fire Sciences, 1996,14(6):426-442.

[44] 欧育湘. 阻燃剂[M]. 北京:兵器工业出版社,1997:129-130.

[45] 胡源,宋磊,龙飞,等. 火灾化学导论[M]. 北京:化学工业出版社,2007:169-199.

[46] Troitzsch J. Fire gas toxicity and pollutants in fire[A]//The Role of Flame Retardants FRPM07, Proceedings of the 11th European Meeting on Fire Retardant Polymers [C]. Bolton,2007:3-6.

[47] Stec A A, Hull T R, Lebek K, et al. The effect of temperature and ventilation condition on the toxic product yields from burning polymers[J]. Fire and Materials, 2008,32(1):49-60.

[48] Nelson G L. Carbon monoxide and fire toxicity[J]. Fire Technology, 1998,34(1):39-58.

[49] 薛恩钰,曾敏修. 阻燃科学及应用[M]. 北京:国防工业出版社,1998:39.

[50] Bennett T G, Kessel S L, Rogess C E. Corrosivity test methods for polymeric materials. Part 4. Cone corrosimeter test methods[J]. Journal of Fire Sciences, 1994,12(2):175-195.

[51] Weil E D, Levchik S V. Flame Retardants for Plastics and Textiles[M]. Munich: Hanser Publishers, 2009:241-252.

[52] Lewin M, Weil E D. Mechanism and modes of action in flame retardancy of polymers[A]// Price D. Fire Retardant Materials[M]. Cambridge : Woodhead Publishing Ltd. ,2001:31-57.

第 2 章　卤系阻燃剂的阻燃机理

卤系(溴系及氯系)阻燃剂包括单一卤系阻燃剂及卤/锑协同阻燃系统,但实际使用的几乎都是协同系统。卤系阻燃剂已广泛使用几十年,人们对其详细的阻燃机理已进行过比较系统而深入的研究,发表过大量的论文,特别是在文献[1]~[4]中,有较详细的阐述;但即使是今天,此类机理可以说仍未为人们所充分了解,不过业内人士较一致的看法是,卤系阻燃剂主要在气相发挥功效,但凝聚相的阻燃行为也已取得越来越多的证据。

2.1　单一卤系阻燃剂的阻燃机理

卤系阻燃剂主要是通过气相阻燃发挥作用的,它们既能抑制气相链式反应,且其分解产物又可作为惰性物质稀释可燃物的浓度及降温,还具有覆盖作用(毯子效应)。当然,这类阻燃剂也具有一定的凝聚相阻燃作用。

2.1.1　气相阻燃机理

众所周知,材料热裂解时产生可与大气中氧反应的物质,形成 H_2-O_2 系统,并可通过链支化反应式(2.1)及式(2.2)使燃烧传播[1~5]:

$$H \cdot + O_2 \longrightarrow \cdot OH + \cdot O \tag{2.1}$$

$$O \cdot + H_2 \longrightarrow \cdot OH + \cdot H \tag{2.2}$$

但主要的放热反应是式(2.3)[5]:

$$OH \cdot + CO \longrightarrow CO_2 + H \cdot \tag{2.3}$$

为了减弱或终止燃烧,应阻止上述链支化反应。卤系阻燃剂的阻燃效应,首先就是通过在气相中抑制链支化反应实现的。如果卤系阻燃剂中不含氢,通常是在受热时先分解出卤原子;如果含有氢,则通常是先热分解出卤化氢,分别见反应式(2.4)及式(2.5)[1]:

$$MX \longrightarrow M \cdot + X \cdot \tag{2.4}$$

$$MX \longrightarrow HX + M' \cdot \tag{2.5}$$

上述两反应式中的 M·或 M′·表示阻燃剂分子释出 X 或 HX 后的剩余部分。另外,反应生成的卤原子也可与可燃物反应,生成卤化氢,见反应式(2.6):

$$RH + X \cdot \longrightarrow HX + R \cdot \tag{2.6}$$

真正影响链支化的阻燃剂是卤化氢,它能捕获高活性的 H·及·OH,而生成

活性较低的 X·,致使燃烧减缓或中止,见反应式(2.7)及式(2.8)[6]:

$$H· + HX \longrightarrow H_2 + X· \tag{2.7}$$

$$OH· + HX \longrightarrow H_2O + X· \tag{2.8}$$

H· 与 HX 反应的速度为 OH· 与 HX 反应的两倍[6],而且火焰前沿的 $H_2/·OH$ 很高,所以 H· 与 HX 的反应式(2.7)应当是主要的阻燃反应,且此反应和 H· 与 O_2 反应式(2.1)间的竞争,是决定阻燃效率的重要因素。对 H· 与 O_2 的反应,每消耗一个 H· 能生成两个自由基;而对 H· 与 HX 的反应,则消耗一个 H· 形成一个活性较低的 X·,且 X· 又能自身结合为稳定的卤素分子。

H· 与 HX 作用生成 H_2 和 X· 的反应式(2.7)是一个可逆反应,正反应与逆反应间存在平衡,HBr 和 HCl 的平衡常数见式(2.9)及式(2.10)[7]:

$$K_{HCl} = 0.583exp(1097/RT) \tag{2.9}$$

$$K_{HBr} = 0.374exp(16760/RT) \tag{2.10}$$

温度升高时,上述平衡常数大大降低,所以在大火中,卤素衍生物的阻燃效率下降,即温度严重影响含卤化合物的阻燃效率。在 $1200 \sim 1300℃$ 或更高的火灾区温度下,溴具有氧化性,且能催化气相中的链式反应,因而总的来说,此时并不存在阻燃效应。计算表明,在 $230 \sim 1230℃$,H· 与 HX 的反应以正反应为主,且 K_{HBr} 远大于 K_{HCl}。在聚合物的引燃温度下,溴化物及氯化物的阻燃效能均较高。

反应式(2.1)及式(2.2)增高气相中自由基浓度,而反应式(2.3)则放出大量的热,提高气相温度。

用质谱分析 CH_4/O_2 混合物低压火焰中的取样得出,往此混合物中加入卤化物,在燃烧早期即能检测出 HX,且能提高 H_2 的浓度[8]。这就证明在燃烧时,反应式(2.7)的速度很快,能在前火焰区有效地与链支化反应式(2.1)竞争,而且测得的阻燃效率高于按反应平衡所预期的。

另外,反应式(2.7)和式(2.8)生成的 X· 可与高聚物热分解生成的可燃气体及挥发性产物 RH 按反应式(2.11)反应,又生成 HX,于是阻燃作用以催化的方式进行[9]。

$$X· + RH \longrightarrow HX + R· \tag{2.11}$$

还有 OH 与 HX 的反应式(2.8),研究者尚未得出一致的结果[10]。但对苯乙烯/O_2 混合物的低压爆炸燃烧,当有 HBr 存在时,的确能延迟 OH· 的生成。

在高温火焰区,H·、OH· 及 O· 之间存在一个平衡,降低三者中任何一者的浓度,均能抑制支链反应。

氟化物之所以阻燃效率低,是因为 HF 与 H· 的反应[反应式(2.7)]活化能过高而难于发生。而碘化物之所以阻燃效率低,是因为 RH 与 I· 作用时不易生成HI,而 R· 则能与 I· 结合为 RI[反应式(2.12)][11]。所以碘化物的阻燃作用也较低。

$$R· + I· \longrightarrow RI \tag{2.12}$$

　　氯化物的阻燃效率低于溴化物,可能是由于 HCl 与 H· 的反应[反应式(2.7)]是接近热中性的,因此该反应也很有可能向反方向进行,即重新生成 H·。

　　卤素阻燃剂的阻燃作用机理是基于 C—X 键的断裂。此类键的热稳定性是 C—F>C—Cl>C—Br>C—I,各类 C—X 键的键能及键开始降解的温度示于表 2.1[3]。

表 2.1　各种 C—X 键的键能及键起始降解温度[3]

键	键能/(kJ/mol)	起始降解温度/℃
C_{aliph}—F	443～450	>500
C_{arom}—Cl	419	>500
C_{aliph}—Cl	339～352	370～380
$C_{benzilic}$—Br	214	150
C_{aliph}—Br	285～293	290
C_{arom}—Br	335	360
C_{aliph}—I	222～235	180
C_{aliph}—C_{aliph}	330～370	400
C_{aliph}—H	390～436	>500
C_{aliph}—H	469	>500

　　卤系阻燃剂的效率与 C—X 键的强度有关。C—I 键的强度过低,故碘化物不稳定,不能作为阻燃剂使用。而氟衍生物则十分稳定,因而不利于淬灭火焰中的自由基,也不适于用为阻燃剂,但有些氟化物适用于 X/Sb 协效系统[12]。此外,脂肪族卤素衍生物的键强度和稳定性均较低,较易分解,在较低温度下即可生成 HX 分子,故其阻燃作用比相应的芳香族衍生物高(见图 2.1)[4]。但芳香族溴化物的热稳定性高于脂肪族,而光稳定性逊于脂肪族。溴系阻燃剂的阻燃效率高于氯系的主要原因也是碳-溴键的键能较低,可在燃烧过程中更适时地生成溴自由基及溴化氢。同时,氯化氢虽可在更大温度范围内生成,但在火焰前沿的浓度则较低。对一些挥发性较高的阻燃剂,可能在它们分解前即气化而给火焰提供卤素。

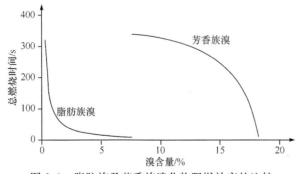

图 2.1　脂肪族及芳香族溴化物阻燃效率的比较

最近发现,用 NH_4Br 阻燃 PP 时,其阻燃效果特别好,单位溴产生的氧指数,即 LOI/Br(质量比)高达 1.24,而如采用脂肪族溴化物,此值仅 $0.6^{[13]}$。究其原因,可能是 NH_4Br 分解为 NH_3 及 HBr 的能量远低于 C—Br 键解离能。

卤化物的气相阻燃作用主要是由于它们能捕获在火焰中传播热氧化的自由基。在文献中,有时以正庚烷/空气火焰熄灭所需的 FR 体积分数来表征 FR 的效率[14]。

还有人提出过一种论点[15],不管采用何种卤化物(F、Cl、Br 及 I),使卤化物/燃料火焰熄灭所需要的最少卤素量都是一定的,均为 70% 左右,即

$$最少卤素量 = \frac{卤化物中含有的卤素量}{卤化物量+进入火焰的燃料量} \times 100 = (69.8 \pm 3.5)\% \quad (2.13)$$

如果根据式(2.13),则四种卤素的阻燃效率应与它们的相对原子质量成正比,而 F∶C∶Br∶I=1.0∶1.9∶4.2∶6.7。但实际应用中并不是这样的,这是因为只有当火焰的燃料能基本上转化为气态可燃物时(即外部热流量足够大时),式(2.13)才是可应用的,但阻燃塑料时往往并不如此。

不过,对用氯化物及溴化物,当它们用于阻燃某些高聚物时,Br 的效率可为 Cl 的 1.7~2.0 倍。例如,比较四卤邻苯二甲酸酐对聚酯的阻燃效率得知,13% 的溴相当于 22% 的氯。以此酸酐阻燃 PP、PS 和 PAN 时,也发现类似规律。另外,比较 NH_4Cl 及 NH_4Br 对纤维素的阻燃时可知,Br 也比 Cl 的阻燃效率高 70% 左右[16]。

含卤化物阻燃高聚物时,阻燃剂及高聚物两者的结构及性能均对阻燃效率有重要的影响。例如,当被阻燃高聚物中的氯与碳之比为 0.1(质量)时,含氯聚酯与含氯系阻燃剂的聚乙烯的氧指数有很大不同,前者为 29%,后者为 23%[1]。

对溴乙烯与甲基丙烯酸甲酯共聚物,溴乙烯对氧指数的影响不大;但对溴乙烯与丙烯腈或与苯乙烯的共聚物,溴乙烯对氧指数则具有很大的作用。且研究表明,材料中所含几乎所有的溴,在燃烧时均转入气相中。据统计,当火焰温度为850~1150℃时,卤系阻燃剂对燃烧时的链式反应具有很好的抑制效果,而且聚合物大分子中含卤的这种效果比机械掺入高聚物中的卤化物要强。

有研究指出,有时在高聚物中加入少量(百分之几)的卤系阻燃剂,即可使材料的火焰传播速度降低一个数量级,并可大大提高点燃材料所需的能量阈值[1]。

2.1.2　气相阻燃机理的发展

今天为人普遍接受的气相阻燃机理是燃烧链式反应的中断机理。例如,人们一般认为,卤系阻燃剂的阻燃作用主要在于其释出的卤化氢与燃烧中形成的自由基反应,以中止燃烧,即阻燃主要基于平衡反应式(2.14):

$$H \cdot + HX \Longleftrightarrow H_2 + X \cdot \quad (2.14)$$

但在 200~1200℃,上述平衡与温度十分相关。高于 700℃时,HBr 对自由基

的捕获作用大为下降,此时卤系阻燃剂的阻燃作用一般很低[17]。

　　但是,上述为人公认的结论并未得到实验证实,且是可以商榷的。首先,卤系阻燃剂的阻燃作用不应当只是清扫自由基的化学反应,还应当有物理作用。例如,阻燃剂的分解热和汽化热,卤系分子在火焰中的浓度等,都与阻燃效率有关,而这些因素的阻燃效能则与温度的关系较小[17]。所以,人们有必要从实验上证明,卤系阻燃剂的阻燃效能是否会随温度升高而下降,下降的幅度及与温度的定量关系等,与此有关的另一个问题是溴-氯协同效应。这方面有待了解的是,为什么在氧化锑存在下,阻燃系统中的 Br/Cl 为 1∶1(质量比)时可获得最佳的阻燃效率[18]。对此有人提出的一个解释是,在火焰中,溴自由基与氯自由基有可能结合成极性的活泼的 Br—Cl 分子,而后者能更快地与氢自由基反应,生成附加的 H—X 分子,因而提高了对氢自由基的捕获效能[19]。但这只是一个假说,仍有待实验证明。

　　还有人提出,除了上述的气相阻燃模式外,是否还存在溴系阻燃剂的另一种作用模式呢? 例如,用聚磷酸铵(APP)和六溴环十二烷(HBCD)混合物阻燃的聚丙烯腈,其中存在协同阻燃效应,但不存在气相阻燃模式[20]。以含溴磷酸酯为阻燃剂时,也存在这种现象。因而可以推测,在塑料裂解时放出的 HBr,有没有可能作为发泡剂使生成的炭层膨胀。这就产生了这样一个问题:在其他含溴阻燃系统中,是不是也有可能 HBr 是作为发泡剂,而不是自由基捕获剂呢? 或者是同时作为自由基捕获剂及发泡剂发挥阻燃作用呢?

　　还有一个尚待研究的问题是,塑料中含有的 NH_4Br 比其他脂肪族及芳香族溴系阻燃剂的阻燃效率要高,这是不是由于溴与氮间存在阻燃协同效应? 还是由于 NH_4Br 比其他溴衍生物的分解温度较低,因而可恰恰在塑料裂解前释出 HBr?[21]

2.1.3　凝聚相阻燃机理

　　区别一个阻燃剂或阻燃系统是气相阻燃或凝聚相阻燃的方法之一,是分别测定阻燃材料在 O_2/N_2 中及 N_2O/N_2 中的 LOI。如果是气相阻燃,则该材料在 N_2O/N_2 中的 LOI 几乎不随阻燃剂含量的增加而改变,但 O_2/N_2 中的 LOI 则随阻燃剂用量的变化而变化,且常有最大值。这方面的一个原因是,在气相阻燃时,O_2/N_2 系统中的 O_2 主要是用于支化反应 $O_2+H\cdot \longrightarrow OH\cdot +O\cdot$,但 N_2O/N_2 中的 N_2O 则主要是用于非支化反应 $N_2O+H\cdot \longrightarrow OH\cdot +N_2$,而气相中最大的阻燃效应是上述支化反应的被抑止,而 N_2O 进行的上述非支化反应,对气相阻燃的效果是不大的。

　　近期的研究指出,卤系阻燃剂还具有凝聚相阻燃作用[1]。一些含卤化合物在高温热解释出卤和卤化氢后,在凝聚相中形成的剩余物可环化和缩合为类焦炭残余物,后者可作为防火保护屏障,防止下层材料的氧化裂解。还有,某些含卤化合物还可能会改变前火焰区和火焰中的反应机理,促进成炭,增大辐射热损失等。

例如,某些卤系阻燃剂释出的卤素自由基可与某些高聚物链节形成双键,见反应式(2.15):

$$X \cdot + \text{—CH}_2\text{—CH}_2\text{—} \xrightarrow{-HX\cdot} \text{—HC—CH}_2 \xrightarrow{-H\cdot} \text{—CH}=\text{CH—}$$

(2.15)

双键可引发交联或芳构化成炭。卤化物也可与芳环上的氢反应,形成的芳环化合物又可与芳环进一步反应芳环化,这种多芳烃是石墨炭的前体。而通过成炭的阻燃是典型的凝聚相反应[1]。

溴代脂肪族阻燃剂还有一种不同于成炭机理的凝聚相阻燃作用,即聚合物熔体中的溴自由基可诱发碳链上叔碳原子处的键断裂,见反应式(2.16)[22,23]:

$$\sim\sim\text{CH—CH}_2\text{—CH—CH}_2\sim\sim \xrightarrow{Br\cdot} \sim\sim\overset{\bullet}{C}\text{—CH}_2\text{—CH—CH—}\sim\sim$$

(2.16)

这种键断裂可使聚合物熔体快速滴落,降低熔体的温度以使其自熄。卤系阻燃高聚物中复配极少量(0.01%~0.5%)的聚四氟乙烯(PTFE),可有效抑制熔融滴落。这是因为在聚合物加工温度(200~300℃)下,PTFE微粒会发生软化,而挤出成型时的螺杆剪切作用力可将该软化微粒拉长至为原来5倍的微纤维。聚合物燃烧时,熔体中的微纤维发生回缩,形成类网状结构而抑制熔融滴落。

聚乙烯/卤化石蜡(PE/CP)系统在O_2/N_2中及N_2O/O_2中分别测得的LOI,说明此系统的阻燃作用有可能主要在凝聚相中进行[24,25]。

另外,在O_2/N_2中加入大量的Cl_2或HCl,并不影响此系统的LOI。再有,有30%的CP阻燃的PE,在O_2/N_2中测得的LOI为22%;当将该CP在高温下处理,使之脱除HCl后,再用其阻燃PE时,阻燃系统的LOI不变,仍为22%[3]。这些都进一步证明PE/PC的凝聚相阻燃作用。但对于PP则不同,CP对PP的阻燃作用主要发生在气相。对PP/CP(30%)系统,其LOI为28%,但令CP脱出部分HCl后,LOI降至22%[3]。

PE/CP与PP/CP的阻燃机理不同的原因,系由于CP可引起PE在高温下交联,而在PP中则诱发其断链。例如,将PE/CP(30%)及PP/CP(30%)在N_2气中于260℃下处理一定时间,前者发生交联,而后者的相对分子质量由近10^5降低至

约 $10^{4[3]}$。另外,CP 也能改变 PE(PP)/CP 在高温下释出的挥发性产物的组成。

实际上,任何一个阻燃剂的阻燃效能往往是几种阻燃机理综合作用的结果。

2.2　卤/锑协效系统阻燃机理

2.2.1　概述

为了提高阻燃效率,卤素衍生物一般与协效剂并用。可用的协效剂很多,其中最重要的是 Sb_2O_3(Sb_2O_3 本身无阻燃效能)。各种协效剂的作用模式是很不相同的,其中包括自由基捕获机理,也包括凝聚相阻燃机理和膨胀效应,还包括物理作用。而且,不同协效剂的协效程度也有很大差别。

所谓"协效系统",是指由两种(其中一种为阻燃剂,另一种为协效剂)或两种以上组分构成阻燃系统,但阻燃作用优于由单一组分所测定的阻燃作用之和。为了比较不同的协效系统,在此引入"协同效率"(SE)一词。SE 定义为协效系统的阻燃效率(EFF)与协效系统中的阻燃剂(不含协效剂)阻燃效率之比(添加量相同)。而 EFF 定义为单位质量阻燃元素所增加的被阻燃基质的氧指数(LOI)值(添加量在一定范围内)。在大多数情况下,SE 值是根据具有最佳阻燃效率的协效系统所得结果计算得出的。

芳香族溴化物-Sb_2O_3 及脂肪族溴化物-Sb_2O_3 两个协效系统的 SE 值分别为 2.2 及 4.3。脂肪族氯化物-Sb_2O_3 阻燃聚苯乙烯的 SE 值也为 2.2(计算值)[1]。基于卤-锑协效的阻燃配方已广泛用于各种高聚物,如纤维素、聚酯、聚酰胺、聚烯烃、聚氨酯、聚丙烯腈及聚苯乙烯等。

X/Sb 协效系统也兼具气相及凝聚相阻燃作用,但一般认为以前者为主。

2.2.2　X/Sb 协同系统气相阻燃的化学机理

锑化物对卤化物的协同阻燃作用是用 CP/Sb_2O_2 处理纤维素时发现的,后来在阻燃一系列的高聚物中都证明了 X/Sb 的协同效应。X/Sb 系统的气相阻燃活性物,最初被认为是阻燃高聚物受热时释出的 SbOX,所以当时采用的 X/Sb 系统中的 X 与 Sb 的原子比为 1∶1,后来发现,此比例增至 2∶1 甚至 3∶1 时,阻燃效率更高[26]。

X/Sb 系统的气相化学阻燃机理是基于:①密度很高的 SbX_3 及 $Sb_nO_mX_p$ 蒸汽的抑氧效应;②抑制链氧化反应(X 的化学抑制及壁效应的物理抑制)[27];③$Sb_nO_mX_p$ 中间体增加 X· 的寿命,干扰传播燃烧的自由基反应[28]。

X/Sb 阻燃材料燃烧时,大部分的 Sb 蒸发或成炭。

卤/锑协效系统的作用模式主要是气相阻燃。概括言之,此系统阻燃的高聚物热裂解时,首先是由于含卤化合物自身分解或它与 Sb_2O_3 和(或)聚合物分解释出 HX,后者又与 Sb_2O_3 反应生成 SbOX。虽然在材料热裂的第一阶段生成了一定量的 SbX_3,但材料的质量损失情况说明也形成了挥发性较低的含锑化合物(卤氧化锑),它可能是由于 Sb_2O_3 卤化得到的。在此过程中,气态的 SbX_3 逸至气相中,而 SbOX(它是一强的 Lewis 酸)则保留在凝聚相中,促进 C-X 键的断裂。

进一步说,Sb_2O_3 的 X 化使其成为 X 含量逐步增大的 $Sb_nO_mX_p$,而后者又热歧化成 X 含量较低的 $Sb_nO_mX_p$ 和挥发性的 $SbCl_3$,此过程与温度及 $Sb_nO_mX_p$ 的相对稳定性及化学反应性有关。某些 Lewis 酸可作为这一过程脱卤的催化剂[29]。

SbX_3 的阻燃作用主要有两方面,一是燃烧早期提供 HX;二是在燃烧区中心形成由固体 SbO 细微质点组成的云雾。SbO 的阻燃作用与 HX 无关。例如,单一的 Ph_3Sb 对环氧树脂也具有很好的阻燃效能,这是因为 Ph_3Sb 挥发性低,但易被氧化而在气相中生成 SbO,故而发挥阻燃功效[30]。另外,SbO 在火焰中很稳定,能催化 H·、O· 及 HO· 等自由基化合。

1. 化学反应

结合文献[1]～[4],X/Sb 系统气相阻燃的化学反应可综述如式(2.17)～式(2.41)。在高温下,三氧化二锑能与卤(氯)系阻燃剂分解产生的卤(氯)化氢作用生成三卤(氯)化锑或卤(氯)氧化锑。见反应式(2.17)及式(2.18):

$$Sb_2O_3(s)+6HCl \longrightarrow 2SbCl_3+3H_2O \tag{2.17}$$

$$Sb_2O_3(s)+2HCl \xrightarrow{250℃} 2SbOCl(s)+H_2O \tag{2.18}$$

生成的卤(氯)氧化锑又可继续分解为三卤(氯)化锑,见反应式(2.19)～式(2.21):

$$5SbOCl(s) \xrightarrow{245～280℃} Sb_4O_5Cl_2(s)+SbCl_3(g) \tag{2.19}$$

$$4Sb_4O_5Cl_2(s) \xrightarrow{410～475℃} 5Sb_3O_4Cl(s)+SbCl_3(g) \tag{2.20}$$

$$3Sb_3O_4Cl(s) \xrightarrow{475～565℃} 4Sb_2O_3(s)+SbCl_3(g) \tag{2.21}$$

另外,在更高温度下,固态三氧化二锑可气化,见反应式(2.22):

$$Sb_2O_3(s) \xrightarrow{>650℃} Sb_2O_3(g) \tag{2.22}$$

上述反应生成的三卤化锑可捕获气相中的活泼自由基,改变气相中的反应模式,抑制燃烧反应的进行,见反应式(2.23)～式(2.29):

$$SbX_3+H· \longrightarrow HX+SbX_2· \tag{2.23}$$

$$SbX_3 \longrightarrow X·+SbX_2· \tag{2.24}$$

$$SbX_3+CH_3· \longrightarrow CH_3X+SbX_2· \tag{2.25}$$

$$SbX_2·+H· \longrightarrow SbX·+HX \tag{2.26}$$

$$SbX_2 \cdot + CH_3 \cdot \longrightarrow CH_3X + SbX \cdot \qquad (2.27)$$

$$SbX \cdot + H \cdot \longrightarrow Sb + HX \qquad (2.28)$$

$$SbX \cdot + CH_3 \cdot \longrightarrow Sb + CH_3X \qquad (2.29)$$

同时,三卤化锑的分解可缓慢地放出卤素自由基,后者可与气相中的活泼自由基(如 H·)结合,因而能在较长时间内维持淬灭火焰的作用,即相当于延长了自由基捕获剂在燃烧区的寿命,因而增大了燃烧反应被抑制的概率,见反应式(2.30)~式(2.35):

$$X \cdot + CH_3 \cdot \longrightarrow CH_3X \qquad (2.30)$$

$$X \cdot + H \cdot \longrightarrow HX \qquad (2.31)$$

$$X \cdot + HO_2 \cdot \longrightarrow HX + O_2 \qquad (2.32)$$

$$HX \cdot + H \cdot \longrightarrow H_2 + X \cdot \qquad (2.33)$$

$$X \cdot + X \cdot + M \longrightarrow X_2 + M(M \text{ 是吸收能量的物质}) \qquad (2.34)$$

$$X_2 + CH_3 \cdot \longrightarrow CH_3X + X \cdot \qquad (2.35)$$

最后,在燃烧反应区中,氧自由基可与锑反应生成氧化锑,后者也可捕获气相中的 H· 及 OH·,这也有助于使燃烧停止和使火焰自熄,见反应式(2.36)~式(2.41):

$$Sb + O \cdot + M \longrightarrow SbO \cdot + M \qquad (2.36)$$

$$Sb + O : \longrightarrow SbO \qquad (2.37)$$

$$SbO \cdot + 2H \cdot + M \longrightarrow SbO \cdot + H_2 + M \qquad (2.38)$$

$$SbO \cdot + H \cdot \longrightarrow SbOH \qquad (2.39)$$

$$SbOH + H \cdot \longrightarrow SbO + H_2 \qquad (2.40)$$

$$SbOH + OH \cdot \longrightarrow SbO \cdot + H_2O \qquad (2.41)$$

对 Br/Sb 系统,例如 DBDPO/Sb_2O_3 阻燃高聚物,受强热或燃烧时生成的主要溴氧化锑化合物是 $Sb_8O_{11}Br_2$,但在产物中未能检测到 $Sb_4O_5Br_2$。这可能是 $Sb_8O_{11}Br_2$ 被溴化为 $Sb_4O_5Br_2$ 时,后者由于热歧化,或与 DBPO 反应,快速从分子中消除 $SbBr_3$ 之故[31]。

SbX_3(包括 $SbCl_3$ 及 $SbBr_3$)在气相中的阻燃作用早已被公认,例如,将它们加入 CH_4/O_2 燃烧物中,在火焰中只发现 Sb 及 SbO,在前火焰区中则发现 Sb_2O_3,但在火焰中未能检测到 $SbX_3^{[3]}$。这是由于 SbX_3 在火焰中发生了上述反应。

对 Cl/Sb 系统,不管其在受热时是否释出 HCl,在接近聚合物燃烧条件下,首先都会生成 $Sb_8O_{11}Cl_2$,但在高温下继而转变为 $Sb_4O_5Cl_2$,故 $Sb_4O_5Cl_2$ 是主要的氯氧化物。随后,$Sb_4O_5Cl_2$ 以较低的速度通过热歧化或直接完全氧化生成 $SbCl_3$,但 SbOCl 在高温下极其活泼,极难证实其存在[3]。

图 2.2 是 PP/CP/Sb_2O_3 三元系在 O_2/N_2 中及 N_2O/N_2 中测得的 LOI 曲线[3],证明该三元系主要在气相阻燃。O_2/N_2 中的 LOI,在 Sb_2O_3 含量为一定

值时出现一最大值,而 N_2O/N_2 中的 LOI 则基本不随 Sb_2O_3 含量而变。

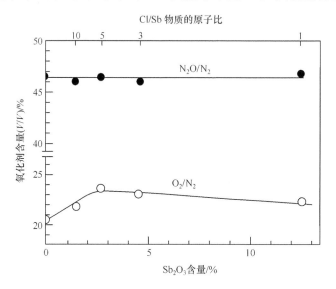

图 2.2　PP/CP/Sb_2O_3 三元系统的 LOI 曲线[3]

　　X/Sb 系统的协同阻燃作用应涉及锑化物(如 Sb_2O_3)与含卤化合物或后者的分解产物(如 HX)的相互作用,因此,该类系统的阻燃就与 X/Sb 原子比及卤化合物的分解难易有关。

　　2. 物理模式

　　卤-锑阻燃剂的气相灭火效能,除上述的化学作用外,还有物理方面的作用,且至少可包括下述几点[1]:

　　(1) 高密度的三卤化锑蒸气能较长时间停留在燃烧区,发挥稀释和覆盖作用("毯子"效应)。"毯子"效应的隔氧作用对抑制材料的热裂解和燃烧是非常有效的,因为气相引燃通常是在邻近凝聚相的可燃物-空气混合物中发生的,而氧气进入凝聚相速度可能会影响高聚物裂解速度,氧气进入材料和在材料中扩散的速度降低,材料裂解速度下降,燃烧的可能性减小。阻燃材料热裂时所放出的大量含卤化合物和不可燃气体,毫无疑问能阻碍氧向材料内部穿透和抑制材料的热裂解。例如,纤维素的等温裂解,在空气存在下的速度比真空下能高一个数量级。又如对黏胶纤维,在空气存在下的裂解速度随纤维定向程度的提高而线性下降。这也可能是因为聚合物的定向使链间距缩短,而链的排列更紧密,氧气进入高聚物和在高聚物中扩散的速度降低,从而使裂解速度下降。

　　(2) 卤氧化锑的分解为吸热反应,可有效地降低被阻燃材料的温度和分解速度。

　　(3) 液态及固态三卤化锑微粒的表面效应可降低火焰能量。

卤-锑阻燃系统气相作用的物理模式在某些情况下可估计抑制火焰所需的阻燃剂量。物理模式与自由基捕获理论两者可互相补充,但要确定这两种作用模式各自对阻燃的贡献则是相当困难的,这常取决于被阻燃材料和阻燃剂的结构和性能、火焰的参数和条件以及试样的大小等诸多因素。

2.2.3　X/M 协同系统的凝聚相阻燃机理

X/M 系统虽早已被广泛应用,但对其阻燃机理的了解仍充分。不过,有可能的是,X/Sb 系统除了气相阻燃作用外,还存在凝聚相阻燃作用[32]。现已知几个 Sb_2O_3 可在凝聚相中发挥阻燃功效的实例。例如,在用氯化物处理的纤维素织物中加入 Sb_2O_3,可降低成炭温度。用 X/Sb 系统阻燃纤维素时,系统受热原位形成的 $SbCl_3$ 能与纤维素反应,改变纤维素的热分解过程,还能形成含锑的固体或液体微粒,其表面能提供吸收能量的场所,这也可归属于凝聚相阻燃的范畴。在用脂肪族含氯化合物[Dechlorane(得克隆)]处理的聚烯烃中加入 Sb_2O_3,可显著提高成炭率[1]。还有,在 X/Sb 阻燃的某些高聚物中,随 Sb 化合物用量的增加,成炭量提高,凝聚相阻燃作用增大。但 X/Sb 协同系统凝聚相阻燃的机理直接证据,尚未见报道。下文叙述的 X/Bi 协同系统在凝聚相阻燃的一些机理证据[3],或可作为 X/Sb 系统的佐证。

对三元系统 PP/CP/碳酸铋(BC)在 O_2/N_2 及 N_2O/N_2 中分别测定 LOI,可得到如图 2.3 所示的两条曲线[32],而在两者上均表现出 LOI 的最大值,且与此两最

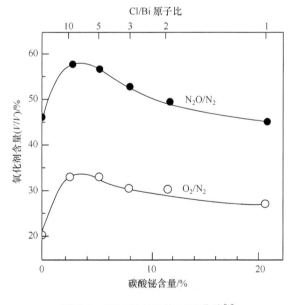

图 2.3　PP/CP/BC 的 LOI 曲线[3]

大值相应系统的 Cl/Bi 原子比及碳酸铋含量均相同。这说明,Cl/Bi 协同的阻燃作用可能主要在凝聚相中进行。另外,具有最大 LOI 的系统,PP 的热裂解速率也较低[33]。再有,在 PP 中直接加入 $BiCl_3$,其提高 LOI 的效能不如上述三元系统 PP/CP/BC,这也说明该系统存在凝聚相阻燃作用。

但将 $BiCl_3$ 或 BiOCl 加入 PP/CP 中,则与加入 BC 具有相似的阻燃效能[34]。由此可知,PP/CP/BC 的凝聚相阻燃作用有可能大于该系统释出的 $BiCl_3$ 在气相中的阻燃作用。实际上,$BiCl_3$ 在气相中阻燃效能仅略大于 HCl,而 PP/CP/BC 系统中 Cl-Bi 协同效应十分明显,这也说明其中肯定存在凝聚相阻燃作用。再有,对于 PP/CP 系统,BC 的协同效应比 Sb_2O_3 更佳[29],而据文献[35]报道,在气相中,$SbCl_3$ 的阻燃作用是优于 $BiCl_3$ 的,所以 PP/CP/BC 的高阻燃作用应部分源自凝聚相阻燃。

PP/CP/BC 的凝聚相阻燃机理可能是由于该系统 PP 的热裂速度降低了,因为该系统释出的 $BiCl_3$ 能催化 CP 与 PP(通过键端双键加成)的缩合,这样就降低了键端的不饱和度,从而降低了 PP 的蒸发速率。另外,金属铋也可能对 PP 的裂解稳定化[3]。

上述由 PP/CP/BC 得到的结果也可应用于其他能提高 PP 的 LOI 的其他金属及金属化合物。

2.3　卤/锑系统中适宜的 Sb/X

1930 年,人们发现了卤系阻燃剂(如氯化石蜡)与氧化锑的协同阻燃效应,这项重要的成果被誉为阻燃技术一个划时代的里程碑。它奠定了现代阻燃化学的基础。时至今日,卤-锑协同效应仍然是阻燃技术领域内一个活跃的研究课题,而适宜的 Sb/X 比更是人们关注的重点。

下面以阻燃 PP 为例,讨论 Sb/X 比与材料阻燃性能(氧指数、点燃时间等)的关系,并据此提出选择适宜 Sb/X 比的一些原则,同时阐明阻燃剂化学结构对适宜 Sb/X 比的影响。这方面的详细情况可见本章参考文献[36]、[37]。

2.3.1　氧指数与 Sb/X 的关系

当以不同溴阻燃剂与 Sb_2O_3 阻燃 PP 时,PP 氧指数与溴含量的关系见图 2.4,图中每一系统均具一个最佳的 Sb/X 比。带有含溴烷基的 2,3-二溴丙基五溴苯基醚能赋予 PP 以较高的氧指数(29%),而只含芳香族溴的四溴邻苯二甲酸酐阻燃的 PP 的氧指数至多只有 24%。就提高 PP 材料氧指数而言,2 份 2,3-二溴丙基五溴苯基醚/Sb_2O_3 系统中的溴可与 6 份四溴邻苯二甲酸酐/Sb_2O_3 系统中的溴相比。同时,阻燃剂的效能不总是与其添加量成正比的,在 Sb_2O_3 存在下,阻燃剂的效能与其化学结构相当有关。

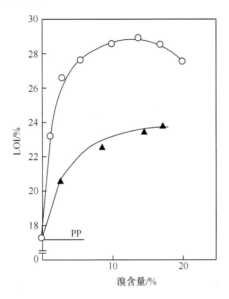

图 2.4　PP/溴阻燃剂/Sb$_2$O$_3$ 系统的氧指数与溴含量的关系[36]

〇-2,3-二溴丙基五溴苯基醚(Sb/Br 物质的量比为 0.23);

▲-四溴邻苯二甲酸酐(Sb/Br 物质的量比为 0.27)

对 PP/2,3-二溴丙基五溴苯基醚/Sb$_2$O$_3$ 系统,当 Sb/Br 比为 1∶4 时,阻燃 PP 具有最高的氧指数和最短的自熄时间(图 2.5)。对氧指数在一定范围内的材料,以自熄时间来判断材料的阻燃性是合理的。对于这类材料,当阻燃剂的添加量小于 3% 时,材料的自熄时间随阻燃剂添加量明显变化。氧指数对于评价高效阻燃系统的阻燃性是合适的,对于同样通过 UL94 V-0 试验的材料,氧指数不同者,其引燃性明显不同。

已有一些实验结果说明,用含混合型溴的 2,3-二溴丙基五溴苯基醚阻燃的 PP 在低热流强度下具有较高的氧指数,而用含单一芳香族溴的十溴二苯

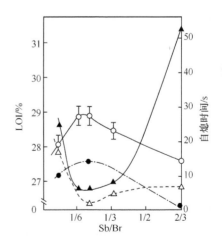

图 2.5　不同 Sb/Br 比(物质的量比)的 PP/2,3二溴丙基五溴苯基醚/Sb$_2$O$_3$ 系统的氧指数与自熄时间[37]

▲-阻燃剂总用量 2%;△-阻燃剂总用量 4.5%;

●-阻燃剂总用量 9%;〇-阻燃剂总用量 23%

醚阻燃的系统,在高热流强度下燃烧被抑制,但其氧指数则较低。因此,将上述两类阻燃剂(带含溴烷基和不带含溴烷基)同时用于阻燃 PP 可能是较佳的阻燃配方[36]。

2.3.2　引燃时间与 Sb/X 的关系

图 2.6 是以 9% 的各种溴系阻燃剂[五溴甲苯、五溴苯基丙基醚、三(2,3-二溴丙基)异三聚氰酸酯]与 Sb_2O_3 阻燃 PP 时,Sb/Br 比与材料引燃延滞时间的关系。往 PP 中加入含溴阻燃剂时,如它在受热时分解而与 Sb_2O_3 作用,这通常会缩短材料的引燃延滞期。例如,PP 的引燃延滞期为 28s,而上述阻燃系统阻燃的 PP 为 10~20s。对含脂肪族溴的阻燃剂,当 Sb/Br 比为 1∶4.5~1∶3 时,引燃延滞期出现最低值。此值接近 PP-八溴醚- Sb_2O_3 系统具有最佳氧指数的 Sb/Br 比(1∶4),但对不含脂肪族而只含芳香族溴的阻燃剂,其引燃延滞期与 Sb/Br 比的关系曲线上无最低点,且芳香族溴阻燃剂阻燃 PP 的氧指数也较脂肪族阻燃剂阻燃者较低(当 PP 中溴含量相同时)。因此,Sb_2O_3 与溴阻燃剂间的协效作用是与溴阻燃剂的结构有关的,含溴苯环上带有含溴脂肪基的溴系阻燃剂与 Sb_2O_3 间的协效作用较佳,这可能是生成了酸性的 $HSbBr_4$。

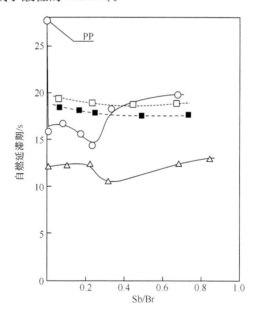

图 2.6　阻燃 PP 引燃延滞期与 Sb/Br 比(物质的量比)的关系(阻燃剂总含量为 9%)[36]
□-五溴苯;■-五溴苯基丙基醚;○-二溴丙基五溴苯基醚;△-三(2,3-二溴丙基)异三聚氰酸酯

2.3.3　释热速率与溴阻燃剂化学结构的关系

就释热速率而言,芳香族溴化物的阻燃作用优于脂肪族/芳香族混合溴化物(或脂肪族溴化物),前者与 Sb_2O_3 阻燃 PP 的释热速率(在 500℃下明燃时)远小于以后者与 Sb_2O_3 阻燃的 PP。当以后者为阻燃剂,PP 中溴含量约为 20％时,阻燃PP 的释热速率相当于未阻燃 PP 的一半;而以前者及 Sb_2O_3 为阻燃剂时,PP 中的溴含量只需约 10％即可获得同样效果。显然,对 PP/混合溴化物(或脂肪族溴化物)/Sb_2O_3 系统,就释热速率而言,阻燃效果欠佳;但就氧指数而言,阻燃效果良好。[37]

总之,类别和化学结构不同的卤系阻燃剂,与 Sb_2O_3 协同用于阻燃 PP 时,使材料阻燃性能较佳的 Sb/X 比是不同的,因为含芳香族溴、脂肪族溴或混合型溴的溴系阻燃剂与 Sb_2O_3 的协同效率不同。就提高氧指数而言,一般脂肪族溴(或混合型溴)与 Sb_2O_3 的协效作用较芳香族溴为佳。阻燃 PP 时,对 2,3-二溴丙基五溴苯基醚/Sb_2O_3 系统,Sb/Br 比为 1∶4 时,材料的氧指数最高,自熄时间最短;对脂肪族溴阻燃剂/Sb_2O_3 系统,Sb/Br 比为 1∶4.5～1∶3 时,材料的引燃延滞期最短。

2.4　卤系阻燃剂与纳米复合材料的协同

2.4.1　与 PP 纳米复合材料的协同

将马来酸酐 MA 接枝 PP(PP-g-MA)与纳米有机黏土、十溴二苯醚(DBDPO)及三氧化二锑(AO)熔融共混,可制得插层-剥离混合结构的纳米复合材料[X 射线衍射(XRD)及透射电镜(TEM)证实]。DBDPO 也可用氯化石蜡(CPW)代替。但如采用未经 MA 接枝的 PP,则由于 PP 与有机黏土的相容性太差,后者不能在含DBDPO-AO 的 PP 中良好分散。

上述制得的 PP-g-MA/MMT/DBDPO-AO 纳米复合材料的机械性能(屈服应力、断裂伸长率与储能模量)如表 2.2 所示[38,39]。含 5％MMT 的 PP-g-MA 与单一 PP-g-MA 相比,屈服应力提高 19％,储存模量提高 100％,断裂伸长率仅降低1％。PP-g-MA 中加入 DBDPO,也可提高存储模量,不过提高幅度不如加入MMT 大。向 PP-g-MA/MMT(5％)系统中再加入 DBDPO 及 AO,材料的机械性能不受影响,但屈服应力进一步提高,且提高的幅度与 MMT 相近。当然,DBDPO/AO 使材料的阻燃性明显改善。这就是说,在纳米复合材料中引入卤/锑协效阻燃剂,不仅大为提高阻燃性,而且能保持或优化机械性能,即两者是彼此兼容的。

表 2.2　PP-g-MA/MMT/DBDPO/AO 纳米复合材料的机械性能[39]

试 样	屈服应力/MPa	断裂伸长率/%	储存模量/MPa
PP-g-MA	16.9	5.4	462
PP-g-MA/MMT/DBDPO(22%)	15.1	4.2	628
PP-g-MA/MMT(5%)	20.1	4.2	955
PP-g-MA/MMT(5%)/DBDPO(22%)/AO(6%)	23.3	3.8	950

2.4.2　与 ABS 纳米复合材料的协同

图 2.7 是 ABS、ABS/MMT、ABS/DBDPO/AO、ABS/MMT/DBDPO/AO 四者的 HRR 曲线[38,40]。由图 2.7 可以看出,高聚物/有机黏土纳米复合材料的 PHRR 远低于原高聚物,如在复合材料中加入 DBDPO,PHRR 进一步降低,再加入 AO,PHRR 还能降低。这说明,有机黏土与卤系阻燃剂间存在协同效应。在卤系阻燃高聚物中,将部分阻燃剂用 MMT 取代,在降低卤系阻燃剂用量下,不仅使材料获得满意的阻燃性和优良的机械性能,而且可降低卤系阻燃剂带来的其他负面影响(生烟性、毒性、腐蚀性)。例如,就 PHRR 而言,ABS 为 1078kW/m²,ABS/MMT(5%)为 720kW/m²,ABS/MMT(5%)/DBDPO(18%)为 350kW/m²,ABS/MMT(5%)/DBDPO(15%)/AO(3%)为 235kW/m²。

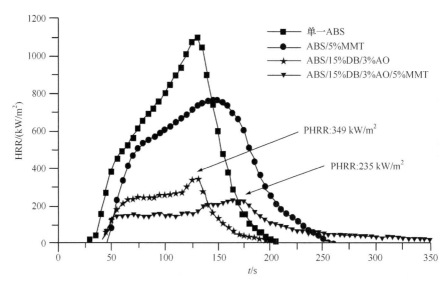

图 2.7　ABS、ABS/MMT(5%)、ABS/DBDPO(15%)/AO(3%)、ABS/MMT(5%)/DBDPO
(15%)/AO(3%)四者的 HRR 曲线[40]

锥形量热仪,热流量 50kW/m²

在 DBDPO 或 DBDPO/AO 系统阻燃的 ABS 中加入 5％的 MMT,材料 LOI 仅能提高 0.5％左右,但在 DBDPO 阻燃 ABS(不含锑等)中加入 MMT,则有助于通过 UL94 V-0 阻燃级,见表 2.3[40]。

表 2.3　MMT 对 ABS/Br 及 ABS/Br/Sb 系统阻燃性的影响[40]

试　样	LOI/％	UL94
ABS	18.7	燃烧
ABS/MMT(5％)	21.5	燃烧
ABS/DBDPO(18％)	22	燃烧
ABS/MMT(5％)/DBDPO(18％)	22.6	V-0
ABS/DBDPO(15％)/AO(3％)	27	V-0
ABS/MMT(5％)/DBDPO(15％)/AO(3％)	27.5	V-0

2.4.3　与 PBT 纳米复合材料的协同

在 Br/Sb 阻燃的增强 PBT 中,当 DBDPO 含量仅 9.0％,Sb_2O_3 含量仅 4.5％时,只需加入 1.0％的有机黏土(可多种改性剂改性)及(0.3～0.5)％的碱金属盐,所得材料即具有自熄性,不产生熔滴,阻燃性达 UL94 V-0 级,且材料冲击强度令人满意(表 2.4)[38,41]。这说明,PBT 的 Br/Sb 系统与有机黏土间存在良好的协同效应。此 PBT 中的有机黏土分散良好,呈剥离型。

表 2.4　含 Br/Sb 系统及有机黏土的增强 PBT 的配方及性能[41]

	试样号	1	2	3	4	5
组成/％	PBT	55.0	55.1	55.0	55.2	55.2
	玻纤	30.0	30.0	30.0	30.0	30.0
	DBDPO	9.0	9.0	9.0	9.0	9.0
	Sb_2O_3	4.5	4.5	4.5	4.5	4.5
	有机改性 MMT①	1.0	1.0	1.0	1.0	1.0
	油酸钾	0.5	0.4	0.5	0.3	0.3
性能	UL94	V-0(无熔滴)	V-0(无熔滴)	V-0(无熔滴)	V-0(无熔滴)	V-0(无熔滴)
	冲击强度/(kJ/m²)	25.9	25.8	22.5	32.2	29.0

① 各个试样加入的 MMT 为不同改性剂改性。

2.4.4　纳米复合材料与卤系阻燃剂复配的反应机理

如前所述,卤系阻燃剂在气相中通过自由基链式反应中断燃烧过程,而锑化物(如三氧化二锑 AO)可作为卤系阻燃剂的协效剂,形成三卤化锑以进一步减慢或阻止火焰中的自由基链式反应,提高卤系阻燃剂的阻燃效率。若溴化物/AO 与纳米材料复配,则 AO 与 NaBr[42](NaBr 是有机黏土中的杂质,因为在黏土改性过程中,铵离子取代钠离子不完全)反应生成 SbBr$_3$,如反应式(2.42)所示,而分散在高聚物基体中的黏土片层上的质子对该反应可能有催化作用[反应式(2.43)]:

$$3LS^-H^+ 6NaBr + Sb_2O_3 \xrightarrow{\triangle} 3L^-S^+Na + 2SbBr_3 + 3H_2O \qquad (2.42)$$

$$LS-N^+ \begin{matrix} CH_3 \\ CH_3 \\ CH_2(CH_2)_{14}CH_3 \\ CH_3 \end{matrix} \xrightarrow{\triangle} LS^- \ H^+ + H_3C-N \begin{matrix} CH_3 \\ \\ CH_3 \end{matrix} + H_2C = CH(CH_2)_{13}CH_3$$

$$(2.43)$$

　　将溴化物/AO 添加到 PA6 中,主要发生三个过程[43,44]:①形成自由基链终止剂,即 SbBr$_3$;②通过脱氢反应促进炭层形成;③形成 HBr,作为气相与凝聚相间的屏障。尽管溴化物/AO 是一种非常有效的阻燃剂,但仍能促进 PA 链降解,产生可燃性的单体及其类似物[44,45],如反应式(2.44)所示。而反应式(2.43)形成的质子对 PA 的热降解反应有催化作用,如反应式(2.45)所示。将溴化物/AO 与 PA6/MMT 纳米材料复配,AO 可能与 NH$_4$Br 反应,形成锑复合物,如反应式(2.46)所示。这也是 Br/Sb$_2$O$_3$ 阻燃剂在凝聚相中发挥阻燃作用的原因之一[42]:

$$\sim\!\!\sim\!\!NH-\underset{\underset{O}{\|}}{C}\!\!\sim\!\!\sim + HBr \longrightarrow \sim\!\!\sim\!\!NH_4^+Br^- + \sim\!\!\sim\!\!\underset{\underset{O}{\|}}{C}-OH \qquad (2.44)$$

$$LS^-H^+ + \sim\!\!\sim\!\!\underset{H}{N}-\underset{\underset{O}{\|}}{C}\!\!\sim\!\!\sim + NaBr \xrightarrow{\triangle} LS^- \ Na^+ + \sim\!\!\sim\!\!NH_4^+Br^- + \sim\!\!\sim\!\!\underset{\underset{O}{\|}}{C}-OH$$

$$(2.45)$$

$$xSbBr_3 + y\sim\!\!\sim\!\!NH_4^+Br^- \longrightarrow xSbBr_3 \cdot yNH_4^+Br^- \qquad (2.46)$$

　　PA6/MMT/溴化物/AO 纳米复合材料的热分解反应减慢,是纳米分散的黏土层所产生的阻隔效应所致。MMT 与溴化物/AO 间的协同效应可改变 PA6 的阻燃性能。通过传统的测定方法(如 UL94 垂直燃烧)对阻燃纳米复合材料的评价表明,溴化物/AO/MMT 与高聚物基体间存在相容性和协效性。例如,对于 PP 与 ABS 阻燃纳米复合材料来说,由于溴化物/AO/MMT 与基体间存在协同效应,因而阻燃性能提高。

参 考 文 献

[1] 欧育湘,李建军. 阻燃剂[M]. 北京:化学工业出版社,2006:3-26.
[2] Lewin M, Weil E D. Mechanisms and modes of action in flame retardancy of polymers[A]//Price D.

Fire Resistant Materials[M]. Cambridge：Woodhead Publishing Ltd. ，2000：1-40.

[3] Bocchini S, Camino G. Halogen-containing flame retardant[A]//Wilkie C A, Morgan A B. Fire Retardancy of Polymeric Materials. 2nd Edition[M]. Boca Raton：CRC Press, 2009：75-85.

[4] Levchik S V. Introduction to flame retardancy and polymer flammability[A]//Morgan A B, Wilkie C A. Flame Retardant Polymer Nanocomposites[M]. New York：John Wiley and Sons, Inc. ，2007：7-11.

[5] 胡源,宋磊,龙飞,等. 火灾化学导论[M]. 北京：化学工业出版社,2007：70.

[6] Bovynies S, Przygocki W. Polymer combustion processes. 3. flame retardants for polymeric materials[J] . Program Rubber Plastic Technology, 2001,17,127-148.

[7] Funt J, Magill J H. Estimation of the fire behavior of polymers[J]. Journal of Fire and Flammability, 1975,6：28-36.

[8] Wilson W E, O'Donovan J T, Fristro R M. Flame inhibition by halogen compounds[A]//Proceedings of the 12th Symposium (International) on Combustion [C]. Pittsburgh：The Combustion Institute, 1969：929-942.

[9] Day M J, Stamp D V, Thompson K, et al. Inhibition of Hydrogen-Air and Hydrogen-Nitrous Oxide flames by Halogen compounds[A]//Proceedings of the 13th Symposium (International) on Combustion [C]. Pittsburgh：The Combustion Institute, 1971：705-712.

[10] Pownall C, Simmons R F. Some observation on the near flame limit[A]//Proceedings of the 13th Symposium (International) on Combustion [C]. Pittsburgh：The Combustion Institute, 1971：585-592.

[11] Noto T, Babushok V, Burgess D R, et al. Effect of halogenated flame inhibitors on C_1-C_2 Organic flames[A]//Proceedings of the 26th Symposium (International) on Combustion [C]. Pittsburgh：The Combustion Institute, 1996：1377-1383.

[12] Roma P, Camino G, Luda M P. Mechanistic studies on fire retardant action of fluorinated additives in ABS[J]. Fire and Material, 1997,21(4)：199-204.

[13] Lewin M, Guttmann H, Sarsour N. A novel system for the application of bromine in flame-retarding polymers[A]//Nelson G L. Fire and Polymers [C]. Washington：ACS Symposium Series 425, 1990：130-134.

[14] Lyons J W. The Chemistry and Uses of Fire-Retardants[M]. New York：Wiley Interscience,1970：16.

[15] Larson E R. Some effects of various unsaturated polyester resin components upon FR-agent efficiency [J]. Journal of Fire and Flammability/Fire Retardant Chemistry, 1975,2：209-223.

[16] Lewin M, Flame retarding of fibers[A]//Lewin M, Sello S B. Handbook of Fiber Science and Technology. Chemical Processing of Fibers and Fabrics, Vol. 2,Part B[M]. New York：Marcel Dekker Inc. ，1984：1-141.

[17] 欧育湘. 实用阻燃技术[M]. 北京：化学工业出版社,2003：49-50.

[18] 李建军,黄险波,蔡彤旻. 阻燃苯乙烯系列塑料[M]. 北京：科学出版社,2003：140-141.

[19] Lewin M. Flame Retardance of Polymers：The Use of Intumescence[M]. London：The Royal Society of Chemistry, 1998：1.

[20] Ballisteri A, Montaudo G, Puglisi C, et al. Intumescent flame retardants for polymer. I. The poly (acrylonitrile)-ammonium polyphosphate-hexabromocyclododecane system [J]. Journal of Applied Polymer Science, 1983,28(5)：1743-1750.

[21] Lewin M. Unsolved problems and unanswered questions in flame retardance of polymers[J]. Polymer Degradation and Stability, 2005,88：13-19.

［22］Kaspersma J H. FR mechanism aspects of bromine and phosphorus compounds［A］//Proceedings of the 13th Conference on Recent Advances in Flame Retardancy of Polymeric Materials［C］. Stanford: Stanford CT, 2002.

［23］Prins A M, Doumer C, Kaspersma J G. Low wire and V-2 performance of brominated flame retardants in polypropylene［A］//Proceedings of the Flame Retardants 2000［C］. London : Interscience Communication, 2000:77-85.

［24］Fenimore C P, Martin F J. Flammability of polymers［J］. Combustion and Flame, 1966,10:135-139.

［25］Fenimore C P, Jones G W. Modes of inhibiting polymer flammability［J］. Combustion and Flame, 1966,10:295-301.

［26］Coppick S. Metallic oxide-chlorinated. fundamentals of process［A］//Little R W. Flameproofing Textile Fabrics［M］. New York:Reinhold Publishing Company, 1947:239-248.

［27］Thiery P. Fireproofing: Chemistry, Technology and Applications［M］. Amsterdam:Elsevier Pub. Co. , 1970.

［28］Lindemann R F. Flame retardants for polystyrenes［J］. Journal of Industrial and Engineering Chemistry, 1969,61(5):70-75.

［29］Camino G. Mechanism of fire retardancy in chloroparaffin-polymer mixtures［A］//Grassie N. Developments in Polymer Degradation, Vol. 7［M］. London:Elsevier Applied Sciences, 1987:221-269.

［30］Martin F J, Price K R. Flammability of epoxy resins［J］. Journal of Applied Polymer Science, 1968,12 (1):143-158.

［31］Bertelli G, Costa L, Fenza S, et al. Thermal behavior of bromine-metal fire retardant systems［J］. Polymer Degradation and Stability, 1988,20(3-4):295-314.

［32］王永强. 阻燃材料及应用技术［M］. 北京:化学工业出版社,2004:17-18.

［33］Costa L, Camino G, Luda M P. Effect of the metal on the mechanism of fire retardance in chloroparaffin-metal compound-polypropylene mixtures［J］. Polymer Degradation and Stability, 1986,14(2): 113-123.

［34］Costa L, Camino G, Luda M P. Mechanism of condensed phase action in fire retardant bismuth compound-chloroparaffin-polypropylene mixtures. Part I. The role of bismuth trichloride and oxychloride ［J］. Polymer Degradation and Stability, 1986,14(2):159-164.

［35］Learmonth G S, Thwaite D G. Flammability of plastics. IV. An apparatus for investigating the quenching action of metal halides and other materials on premixed flames［J］. British Polymer Journal, 1970, 2:249-253.

［36］欧育湘,李昕,崔云鹏. 阻燃 PP 系统中适宜的 Sb/X 比［J］. 化工新型材料,1999,27(12):26-29.

［37］欧育湘,陈宇,王筱梅. 阻燃高分子材料［M］. 北京:国防工业出版社,2001:38-42.

［38］Yuan H, Lei S. Nanocomposite with halogan and nonintumescent phosphorus flame retardants additives ［A］//Morgan A B, Wilkie C A. Flame Retardant Polymer Nanocomposites［M］. New York: John Wiley and Sons,Inc. ,2007:204-225.

［39］Zanetti M, Camino G, Canavese D, et al. Fire retardant halogen-antimony-clay synergism in polypropylene layered silicate nanocomposites［J］. Chemistry of Materials, 2002,14(1):189-193.

［40］Wang S F, Hu Y, Zong R W, et al. Preparation and characterization of flame retardant ABS/montmorillonite nanocomposite［J］. Applied Clay Science, 2004,25(1-2):49-55.

［41］Breitenfellner F, Kainmuelle T. Flame-retarding, reinforced moulding material based on thermoplastic polyesters and the use thereof [P]. US Patent: US4546126. 1985-10-08.

[42] Hu Y, Wang S F, Ling Z H, et al. Preparation and combustion properties of flame retardant ABS/montmorillonite nanocomposite [J]. Macromolecular Materials and Engineering, 2003, 288 (3): 272-276.

[43] Levchik S V, Weil E D, Lewin M. Thermal decomposition of aliphatic nylons[J]. Polymer International, 1999,48(7):532-557.

[44] Levchik S V, Weil E D. Combustion and fire retardancy of aliphatic nylons[J]. Polymer International, 2000,49(10):1033-1073.

[45] Babrauskas V, Peacock R D. Heat release rate. The single most important variable in fire hazard[J]. Fire Saf. J. , 1992,18(3):255-261.

第3章　有机磷系阻燃剂的阻燃机理

目前的大多数磷系阻燃剂主要是在凝聚相发挥阻燃功效,包括抑制火焰,熔流耗热,含磷酸形成的表面屏障,酸催化成炭,炭层的隔热、隔氧等。但也有很多磷系阻燃剂同时在凝聚相及气相阻燃[1]。对一个特定的磷系阻燃系统,其凝聚相阻燃效能与气相阻燃效能的比例,与一系列因素有关,如:①被阻燃聚合物的类型及结构;②单质磷还是化合物中的磷;③磷在化合物中的价态;④磷周围的元素及基团等。而且,不管是凝聚相阻燃还是气相阻燃,都存在化学作用和物理作用两相模式。当然,所有作用都会受系统中其他添加剂的干涉、协同或是对抗或是加成[2]。有机磷系阻燃剂的阻燃机理在一些专著中有过综述[2~4]。

3.1　凝聚相阻燃模式

无论是阻燃热塑性还是热固性高聚物,磷系阻燃剂的主要作用在于凝聚相而不是气相,单一的气相作用不能赋予磷阻燃剂高的阻燃效能。磷系阻燃剂的凝聚相阻燃作用主要来自两方面:一是减少可燃性产物的生成,二是促进成炭。在某些情况下,还能增强炭层的黏结性和强度。在磷阻燃系统中,大部分的磷残留于炭层中。在某些高聚物(PS)中,磷化合物能改变可燃气态产物的生成速率而改变高聚物的燃烧行为[5]。

磷系阻燃剂在不同高聚物中的阻燃效率,往往与其脱水和成炭有关,而这两者又与高聚物是否含氧有关。例如,对含氧的纤维素,2%的 P 即可赋予其相当的阻燃性[6];而一些不含氧的高聚物(如聚烯烃、聚苯乙烯),不易成炭,故磷阻燃剂对它们不是很有效的。但对不含反应性官能团的高聚物,磷阻燃剂与聚合物燃烧时可在其表面形成含氧基团或双键反应,形成杂环化合物,而后者则可成为膨胀炭层的一部分。为了有效地发挥磷阻燃剂的成炭作用,一个重要的途径是在不易成炭的聚合物中加入另外的成炭剂。有些高相对分子质量成炭剂不仅有助于改善材料的阻燃性,而且有助于提高材料的热机械性能,有些则只具有阻燃功效[4]。

含磷化合物与不含—OH 的高聚物的相互作用很慢,有时是磷化合物先被氧化,故用磷化物阻燃不含氧的高聚物时,系统中的磷可能大部分在含磷化合物热裂时以氧化物(如 P_2O_5 及其他)的形式蒸发[7]。

在涉及凝聚相阻燃机理时,必须注意改善阻燃剂与被阻燃高聚物间的相互反应。这种反应通常在低于阻燃剂及高聚物的分解温度时即可发生,而其主要模式是脱水和交联(促进成炭)。例如,纤维素及一些合成高聚物与阻燃剂之间都存在这类相互反应[8]。

磷阻燃剂在凝聚相阻燃的典型例子是磷酸和(或)有机磷酸酯及无机磷酸盐对纤维素的阻燃[9]。当存在这类阻燃剂(含 P—O—C 键)时,纤维素的羟基被磷酰化,进而改变纤维素的热降解路线,即能使纤维素脱水而不是解聚,这样就有利于成炭。

3.1.1　成炭作用模式

磷系阻燃剂能提高材料的成炭率,特别是对含氧高聚物。实际上,磷化合物是一种成炭促进剂。

用磷阻燃剂阻燃纤维素时,高温下阻燃剂会分解为含磷酸或酸酐,后者可使纤维素磷酰化并释出水,而磷酰化的纤维素可转变为炭。此时磷阻燃剂的作用来自:①生成不燃的水蒸气;②降低可燃物量;③炭层的保护作用。如果形成的炭层能抗氧化,则阻燃效率更高。但即使是过渡性的炭层也具有一定的阻燃作用。而且,即使炭层被氧化(一般通过阴燃发生),磷化合物的存在也能阻止碳被氧化为二氧化碳,因而可降低氧化释热量[4]。

磷化合物阻燃纤维素时,其凝聚相阻燃可能涉及两种脱水成炭机理,一种是纤维素与酸酯化随后酯分解以成炭[反应式(3.1)],另一种是正碳离子催化歧化纤维素脱水成炭[见反应式(3.2)][3]:

$$R_2CH—CHR'OH+ZOH(酸) \longrightarrow R_2CH—CHR'OZ+H_2O$$
$$\longrightarrow R_2C=\!\!=CHR'+ZOH(Z\text{ 为酰基自由基})$$

$$(3.1)$$

$$R_2CH—CHR'OH \longrightarrow R_2CH—CHR'OH_2^+ +H_2O \longrightarrow R_2C=\!\!=CHR'+H^+$$

$$(3.2)$$

但纤维素的阻燃主要是由于反应式(3.1)。磷化物的阻燃效率与高聚物(纤维素)的精细结构有关。例如,高聚物中低序排列区的分解温度较结晶区低,且前者有时在磷酸酯阻燃剂分解前发生,这就降低了磷阻燃剂的效率。强酸能使纤维素的结晶区水解,从而恶化阻燃功效[3]。

交联能促进纤维素热裂时的成炭性,所以交联在很多情况下降低高聚物的可燃性(但也有例外)。例如,交联 PS 热裂时成炭率可达 47%[10],而未交联 PS 几乎为零。某些有机金属化合物能促进某些高聚物交联成炭。交联能通过形成链段之间的附加共价键(强于氢键)而使纤维素结构稳定化,但低的交联度会降低纤维素的热稳定性,这是因为此时个别链段之间的距离增大,因而使氢键弱化和断裂。增加甲醛交联,可在一定程度上提高棉纤维的 LOI[3]。

由于纤维素中相邻链段的—OH 可形成氧桥键,故纤维素能快速自动交联而成炭,且由于释水而失重,但炭层能提高热裂温度。

磷酰化的聚乙烯醇及磷酰化的乙烯-乙烯醇共聚物的阻燃性比未磷酰化的这两种聚合物的阻燃性高得多,这主要是由于磷酰化系统在凝聚相中发生了脱水,交联和成炭,见反应式(3.3)[11]:

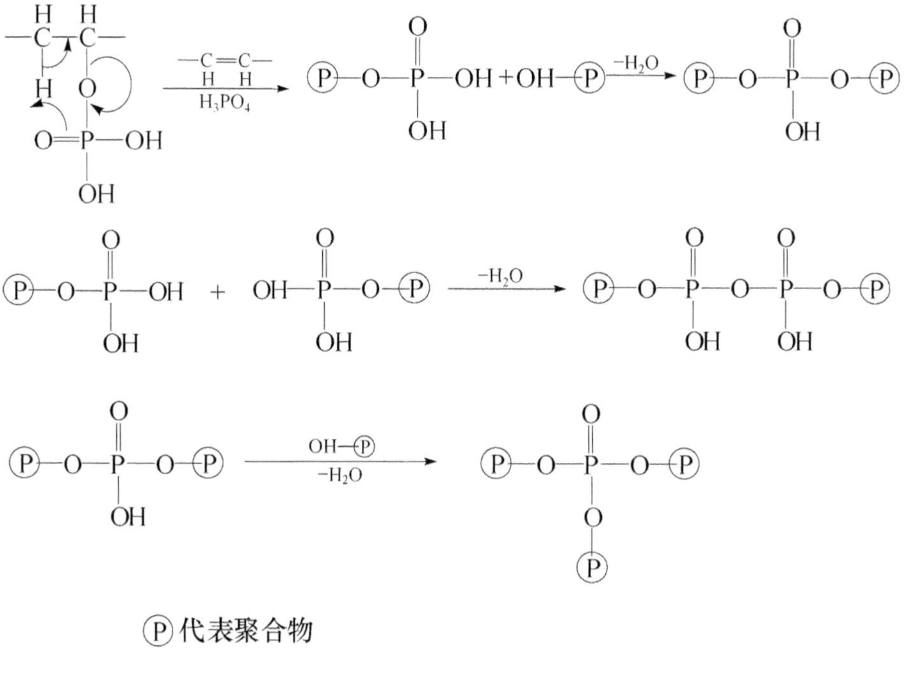

Ⓟ代表聚合物

$$(3.3)$$

通过与含磷单体共聚的方法,将磷引入高聚物中(如 PS 与 PMMA),能大幅度提高所得高聚物的阻燃性和成炭率[12],且磷大部分保留于炭层中,所以这种情况下主要是凝聚相阻燃。此外,丙烯腈与含磷单体形成的共聚物具有明显的 P-N 协同效应[13]。

PMMA 与反应型磷酸酯共聚所得的共聚物,同时具有气相阻燃及凝聚相阻燃(成炭),后者的阻燃机理可能是系统受热时生成磷酸,随后磷酸与丙烯酸甲酯反应生成甲基丙烯酸酐,后者再脱羧成炭,见反应式(3.4)[14]:

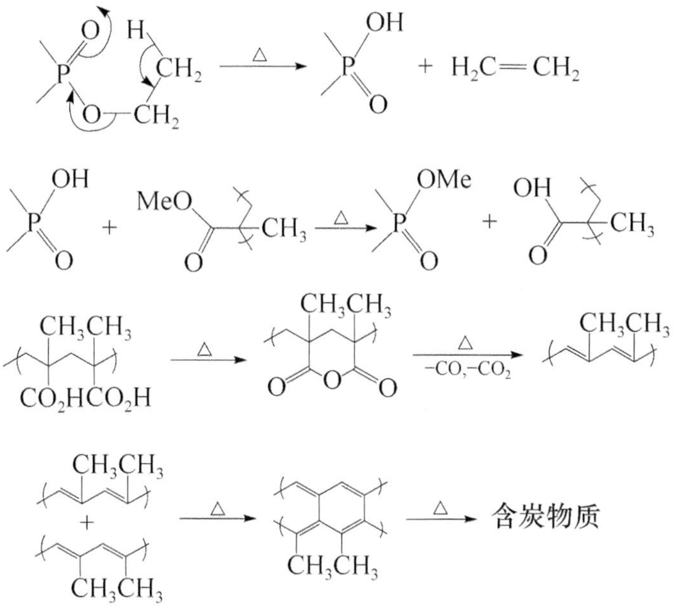

$$(3.4)$$

用含磷基团将 PAN 化学改性所得的产物也主要是凝聚相阻燃,此高聚物受热时已发生分子内环化(侧链含磷基团热裂生成的含磷酸作为亲核中心促进此环化),从而可减少挥发性产物(包括单体)的生成,并提高成炭率(见 3.5.1 节磷-氮协同)[15,16]。

在硬质聚氨酯泡沫塑料中,磷化合物也具有促进成炭的作用,且大部分的磷似乎保留于炭层中,并使炭层连贯而成为更好的阻燃壁垒。不过这种泡沫塑料中的磷阻燃剂,除了成炭外,也在火焰区中按气相阻燃机理发挥一定的作用。但在软质聚氨酯泡沫塑料中,情况则与硬质相反。软质泡沫中磷阻燃剂的主要作用似乎不是成炭,它只能形成很少量的炭,不足以成为防火的屏障[4]。

在 PET 及 PMMA 中,磷阻燃剂可增加材料燃烧后的残留量和延缓挥发性可燃物的逸出,这可能是材料发生了酸催化交联,因而促进了成炭[17,18]。

用红磷阻燃 PA6 时,材料 LOI 及 NOI(NOI 指在 N_2O 中测得的指数)与阻燃剂用量的关系曲线很相似,故红磷很可能是按凝聚相机理进行阻燃。红外图谱表明,用红磷阻燃的 PA6 受热或遇火时,红磷被氧化为含磷酸,而 PA6 分子则以烷基酯的形式与磷酸相连[3,19]。

PA 中磷阻燃剂的成炭率不高,但某些杂多酸能进一步提高成炭率而赋予材料以 UL94V-0 阻燃级。还有实验指出,如 PA6 中的聚磷酸铵浓度足够高,则能形成膨胀炭层。对这种阻燃 PA6,除了炭层的保护作用外,一种含 P—N 键的交联涂层也有助于提高材料的阻燃性[3,4]。

对成炭聚合物聚苯醚,可通过吸热重排为亚甲基交联的多酚,后者可被磷酸酯加速脱水和吸热脱氢成炭。酚类重排产物的磷酸化可能是成炭的第一步[4]。

3.1.2　涂层作用模式

磷也可抑制熏燃,即炭的阴燃,其作用机理可能是炭层表面覆盖有多磷酸(物理保护作用)和碳上可氧化活性中心的钝化。例如,即使在材料中加入低至 0.1% 的磷,也可抑制石墨碳被游离氧气氧化[3]。另外,含磷酸中亲水性的基团和含 P═O 键的结构单元可与材料表面的有氧化倾向的反应点键合[3]。例如,含 P═O 键的结构单元可与石墨碳上对氧化敏感的反应点成键[3]。最近的研究指出,磷阻燃剂可降低炭层的渗透性,从而改善其屏障作用。这是由表面涂层所致,还是由炭层结构改变所引起,则尚不明了[20]。还有人提出,材料表面的含磷酸涂层还可阻碍可燃物从 APP 所阻燃的烃类聚合物中挥发[21]。

3.1.3　凝聚相抑制自由基作用模式

已有一些证据表明,一些不挥发的磷阻燃剂在凝聚相具有抑制自由基作用,至少也是具抗氧化作用[22]。电子自旋共振谱也指出,芳基磷酸酯阻燃剂能清除聚合物表面的烷基过氧自由基,但其机理尚未为人所知。

3.1.4　基于填料表面效应的凝聚相作用模式[3]

阻燃系统中的表面效应主要有两类,一是具有表面活性剂特征的磷化合物(如烷基酸性磷酸酯)能改善固体阻燃剂(如三水合氧化铝)的分散,而这常能提高阻燃效率;二是成炭率的提高有时是源于表面活性剂的催化作用。例如,某些含烷基酸性焦磷酸酯阴离子的烷氧基钛酸酯和烷氧基锆酸酯偶联剂能提高含无机填料的聚丙烯的 UL94 阻燃性。但对不同的填料,适宜的表面活性剂浓度是不同的[3,4]。

3.2　气相阻燃模式

3.2.1　化学作用模式

挥发性的磷化合物是有效的火焰抑制剂。例如在火焰中,三苯基磷酸酯和三苯基氧化膦裂解成小分子或自由基,它们可使火焰区氢自由基浓度降低,而使火焰熄灭,见反应式(3.5)[2]:

$$
\begin{aligned}
R_3PO &\longrightarrow PO\cdot + P\cdot + P_2 \\
H\cdot + PO\cdot + M &\longrightarrow HPO + M \\
HO\cdot + PO\cdot &\longrightarrow HPO\cdot O\cdot \\
HPO + H\cdot &\longrightarrow H_2 + PO\cdot \\
P_2 + \cdot O\cdot &\longrightarrow P\cdot + PO\cdot \\
P\cdot + OH\cdot &\longrightarrow PO\cdot + H
\end{aligned} \tag{3.5}
$$

式(3.5)中磷系阻燃系统的气相阻燃作用机理,是根据三苯基磷酸酯及三苯基氧化磷的阻燃性能而提出的,这些反应的主要特征在于促进 H· 的结合及磷分子捕获 O·,以降低支持火焰传播的自由基的浓度。

上述小分子磷化物所抑制的是传播火焰的速控步骤,即链支化步骤,这与卤系阻燃剂的气相阻燃机理是类似的。挥发性的磷阻燃剂,如三烷基磷酸酯和三烷基氧化磷,也具有上述的降低火焰区自由基浓度的功能。已有一些实验证据可说明氧化磷的气相化学阻燃作用[3,4]。

3.2.2　物理作用模式

气相阻燃也可通过物理作用模式实现。例如,基于比热容、蒸发热、气相中的吸热解离等因素的气相阻燃都是物理作用模式。对磷系阻燃剂,至少可通过其蒸发热和比热容在气相阻燃方面有所贡献[4]。

含三甲基氧化磷的硬质聚氨酯泡沫塑料的 LOI 和 NOI 与阻燃剂用量的关系曲线很不相同[23]。对改性 PA,以氧化磷为反应型阻燃剂时,其阻燃作用主要通过气相阻燃机理进行,尽管它们也能稍稍提高材料的成炭率。

对阻燃羊毛织品及羊毛-聚酯混合织品,挥发性磷盐的阻燃作用优于挥发性较低的反应型氧化磷,说明此时气相阻燃更主要[24]。磷阻燃剂的气相与凝聚相阻燃的相对效率是与被阻燃基质有关的,很可能与放出挥发性可燃物及成炭的相对倾向有关。

对 PPO 与 HIPS 的共混体,三芳基磷酸酯的主要作用模式似乎也是气相的。在这种共混体中,PPO 形成保护炭层,虽然也有部分磷酸酯保留在炭层中,但三芳基磷酸酯也具有明显的抑制火焰的作用,即可在气相中抑制 PS 热裂生成的可燃产物的燃烧[25]。

以某些双磷(膦)酸酯和齐聚磷(膦)酸酯阻燃 PC/ABS 和 HIPS,被阻燃材料的 UL94 阻燃级别与磷阻燃剂挥发性之间存在关联。磷化合物的挥发性越高,阻燃材料的 UL94 阻燃级别越高。这说明阻燃主要来自气相[26]。

将 PE 溶于 PCl_3 中,然后令分子氧与之反应,能使 PE 膦酰化,从而获得阻燃性极佳的 PE,但如 PE 的膦酰化度高于 10%(摩尔分数),则 PE 的结晶度降低,物理和机械性能恶化。这种情况下 PE 的阻燃性能部分源于气相阻燃[2]。

3.3　影响磷阻燃剂效率的高聚物结构参数

除了键强度及分子间力,还有一些因素(如键刚性、共振稳定性、芳香性、结晶性及定向)也对高聚物的热裂及燃烧有重要的影响。根据与燃烧过程有关的一些参数,如可燃气体的生成量及成炭量,可得出高聚物裂解的通用动力学模型[3,27]。

聚合度与高聚物的热裂速率和成炭量也十分有关。例如,纯纤维在真空中的热裂速率与聚合度的平方根成反比,而交联程度度则与成炭量成正比。LOI 随成炭量的增加而提高(见 van Krevelen 方程[28]),不过也有的高聚物共混体例外。

此外,交联能提高燃烧区内熔态高聚物的黏度,因而可降低高聚物热裂生成的可燃性气态产物进入火焰的速率。

高聚物共混体的热裂及阻燃性随共混体的组分有所不同。例如,纯棉纤维在350℃有一个 DSC 放热峰,这是由于棉纤维热裂时形成的左旋葡聚糖单体分解所致。但在棉纤维中加入少量羊毛,此放热峰即消失,这是因为葡聚糖是由结晶纤维形成的,而羊毛热裂(225℃)时产生的氨基衍生物有溶胀去结晶作用[3]。

另外,棉纤维中加入 18% 的羊毛后,其热裂活化能由 220kJ·mol^{-1}(棉)降至103kJ·mol^{-1}(共混纤维)。不过羊毛加入棉纤维中可提高成炭量(比预期的高),这也是由于上述溶胀而使棉纤维低序区增加。但这种情况下炭量的增加并不意味阻燃性的改善[3]。实际上,棉/羊毛混纺纤维的阻燃性比棉花更低[29],这可能是在相同条件下可燃气态产物增加了。棉/涤纶混纺纤维也存在这种情况[30]。

一些物理因素,如增加比热容和蒸发热,气相中的吸热解离,也会对磷系阻燃剂的阻燃效能有所贡献。特别是对一些易于挥发的添加型磷系阻燃剂,上述因素(尤其是在气相中)更为重要。例如,用于聚氨酯软泡的三(二氯丙基)磷酸酯就是一个例子。

3.4　磷阻燃剂与其他阻燃剂的相互作用

3.4.1　磷-氮协同[2~4]

某些氮化合物能增强磷化合物对纤维素的阻燃作用,其原因是磷化合物与氮化合物反应生成了含 P-N 键的中间体,原位生成的 P-N 键能提高纤维素羧基反应活性和磷酰化速率,因而能进一步提高成炭率,所以某些磷氮化合物是比磷化合物更佳的磷酸化试剂[2]。另一个原因是氮化合物能延缓凝聚相中磷化合物的挥发损失。另外,磷-氮系统中的氮化合物能加强磷的氧化,且能放出包括氨在内的惰性气体。而氨的阻燃功能不仅有来自化学方面的因素,也有来自物理方面的因素。

磷-氮协同已有很多学者研究[2,31~33]。据认为,此协同不是一个普遍的现象,而与氮化合物及被阻燃聚合物的类型有关。例如,PA 中的磷胺并不比当量元素磷的阻燃效果好,但采用某些含氮磷酸盐和一种环状磷酸酯的混合物阻燃 EVA,当此混合物中两组分的比例适当时,EVA 的成炭速率增高,且炭中含有 P-NH 键化合物,这有助于更快地成炭和使更多的磷保留于炭层中。

1. 磷/氮阻燃系统在棉纤维中的协同效应

下文以磷系阻燃剂(三丁基磷酸酯,TBP)及氮系阻燃剂(碳酸胍,GC)阻燃的棉纤维(织物)为例说明 P/N 系统的可能阻燃机理[31]。

用 P/N 阻燃系统阻燃的棉纤维(织物)燃烧时,表面能形成保护炭层,它是由 P、N 及 O 组成的复合物,其中的 P/N/O 高聚物具有很高的耐热性。当以单一的磷酸酯(如 TBP)阻燃棉纤维时,TBP 在高温下热分解,即磷酸酯如同羧酸酯,通过顺式消去生成酸性磷酸酯和烯烃[34],前者可进一步转化为多聚磷酸。另外是在热分解过程中,TBP 可挥发为可燃物[见反应式(3.6)][31]。TBP 热分解生成的烯烃也是一种可燃物,但生成的酸性磷酸酯可使棉纤维磷酸化和催化棉纤维脱水及生成多聚磷酸,这是磷酸酯处理棉纤维的阻燃作用。不过,磷酸酯在生成多聚磷酸包覆棉纤维以降低后者可燃性方面则不是很有效的。但当磷酸酯与氮系阻燃剂并用时,情况就不同了,因为二者之间可产生协同效应。此时氮系阻燃剂分解生成 NH₃,NH₃ 能催化磷酸酯(如 TBP)热分解,生成酸性磷酸酯[见反应式(3.7)][31],后者可使棉纤维磷酸化,也可生成多聚磷酸。式(3.8)[31] 所示是 P/N 系统在高温下生成 P/N/O 高聚物(作为保护炭层)的反应途径,其中一步是有机酸和有机碱成盐,然后生成磷酰胺和水。这是一个吸热反应,同时生成的水也有助于阻燃,所以这一步能发挥很好的阻燃效能。另外两步是磷酸酯及酸性磷酸酯分别与 NH₃ 反应生成磷酰胺。上述三步生成的磷酰胺再转化成 P/N/O 高聚物,可能是多聚磷酰胺或多聚磷腈,它们包覆于棉纤维上来阻燃。

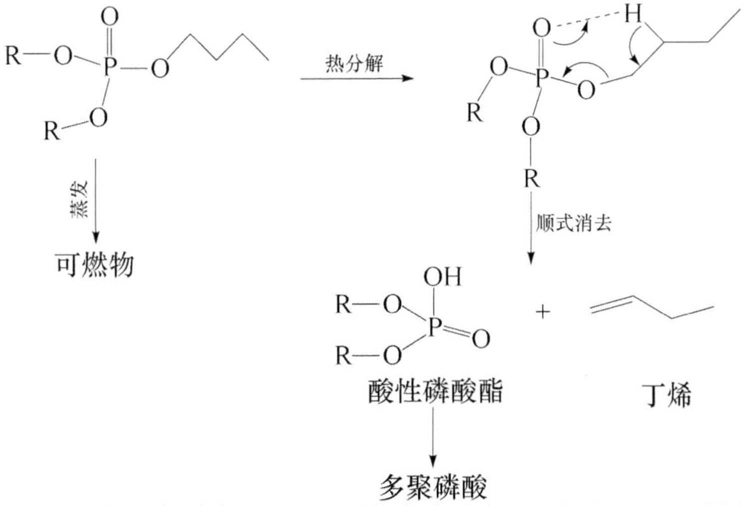

$$(3.6)$$

磷酸酯的热分解机理[31]

脲、碳酸胍、三聚氰胺甲醛树脂——→NH₃

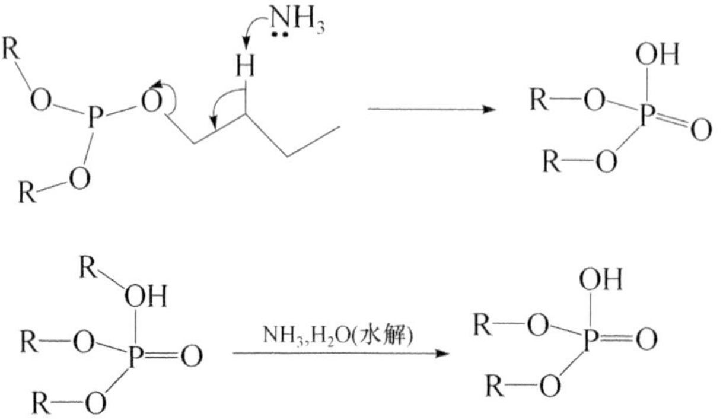

$$\text{(3.7)}$$

P/N 系统生成酸性磷酸酯机理[31]

已知几种含氮化合物(如脲、碳酸胍、三聚氰胺等)均能与磷酸酯(如 TBP、TAP 等)并用于棉纤维以产生协效阻燃功能,其要点是催化棉纤维的磷酸化和脱水以形成 P/N/O 高聚物保护层,这已为 ATR-FTIR 及 XPS 所证实。

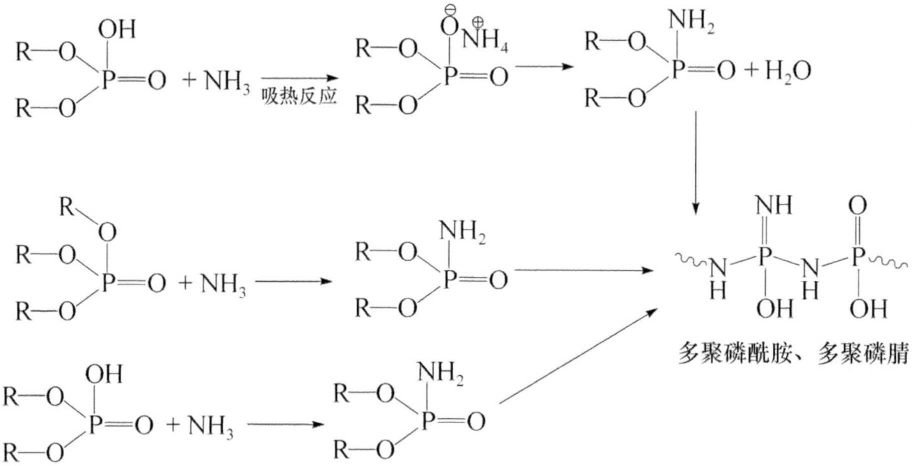

P/N/O 高聚物的生成机理[31]

$$\text{(3.8)}$$

2. P/N 阻燃系统在聚丙烯腈中的协同效应

将按反应式(3.9)合成的含 P 及 N 的阻燃剂 ADEP 与丙烯腈(AN)单体共聚,制得的共聚物含 P/N,由于两个阻燃元素的协同效应而具有较高的 LOI(见表 3.1)及成炭率[33]。

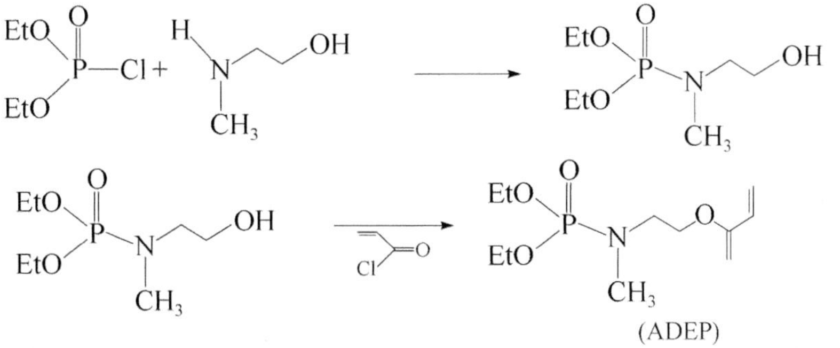

$$(3.9)$$

表 3.1 AN 与 ADEP 共聚物的 LOI[33]

共聚物中 AN 与 ADEP 物质的量比	共聚物中 P 含量/%	LOI/%
1.0 : 0.0	0.00	19.7
0.99 : 0.01	0.54	21.1
0.974 : 0.026	1.40	22.8
0.97 : 0.03	1.62	24.7
0.96 : 0.04	2.18	25.0
0.95 : 0.05	2.70	26.4

由表 3.1 可知,0.05mol ADPE 与 0.95mol AN 共聚所得共聚物,磷含量仅 2.7%,其 LOI 即可达 26.4%,比单一 PAN(19.7%)提高了 6.7%,即 1% 的 P 含量可提高 LOI 约 2.5%。共聚物中磷含量与 LOI 几乎呈线性关系。另外,对含磷量仅 0.54% 的共聚物,它在 700℃ 于 N_2 中的成炭率比单一 PAN 至少可提高 15%,空气中至少可提高 6%。这都与共聚物中的 P-N 协效阻燃有关,因为此时较易形成热稳定性高的 P/N/O 高聚物炭层(凝聚相阻燃)。因为在 AN/ADPE 共聚物中,磷酸酯基可按反应式(3.10)热解而形成酸性磷酸基,而后者则可引发 PAN 的环化,见反应式(3.11)[33,35]:

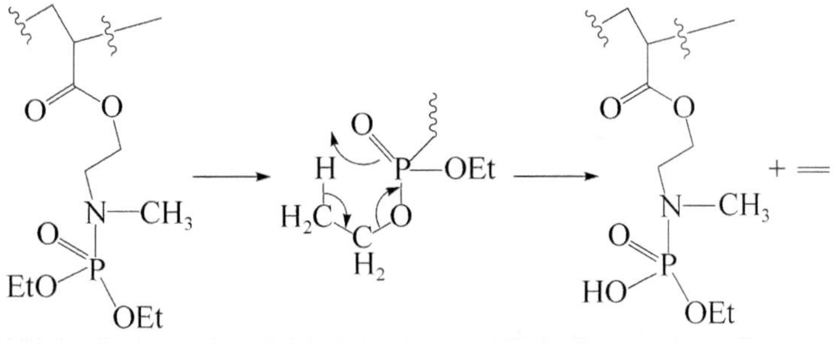

$$(3.10)$$

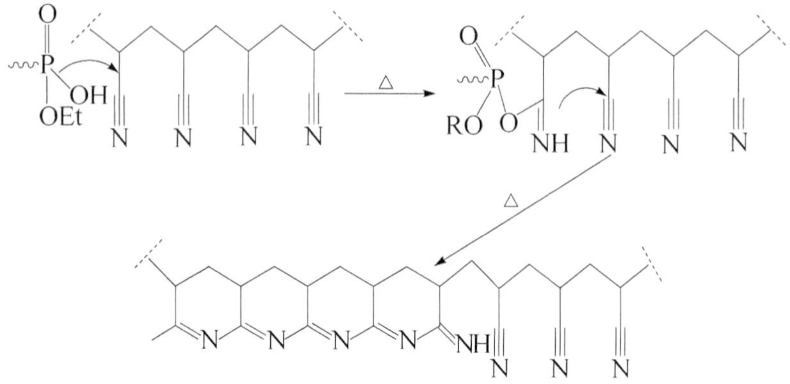

$$(3.11)$$

　　另外,AN/ADPE 共聚物还能产生由于 PO、PO₂、P₂O₄ 等捕获自由基的气相阻燃作用。

3.4.2　磷-卤协同[2~4]

　　与 P-N 协同系统相似,P-X 系统的协同机理也曾有人研究[36,37]。对含 X 有机磷化物,受热时有可能生成磷的卤化物及卤氧化物,X 也可能增强磷的气相阻燃作用,但都未取得可信的证据。还有一种可能,即使一个阻燃剂分子中同时含卤及磷,或者一个阻燃系统中含有卤化物及磷化物,在一定程度上磷和卤会各自发挥阻燃作用。

　　关于磷-卤协同效应,目前尚无定论。人们提出的卤-磷协同与卤-锑协同类似,但形成卤化磷或卤氧化磷的看法,从键能的角度来看是不大可能的。由磷酸酯和卤代烃生成卤化磷或卤氧化磷在键能上是不利的,而且目前也还未找到含磷阻燃材料燃烧时生成 PCl₃ 及 POCl₃ 的证据[4]。然而,同时使用含磷及含卤的阻燃剂,有时的确能产生协同效应[38]。例如,聚磷酸铵和六溴环十二烷混合物阻燃聚丙烯腈(PAN)时所产生的溴-磷协效,协同效率为 1.55。LOI 及 NOI 测定证明,系统中溴衍生物并不发挥作为气相中自由基捕获剂的功能,而是作为成炭的发泡剂[10]。另外,在含溴和磷的聚醚型软质聚氨酯泡沫塑料中,也发现溴能提高泡沫炭的生成率[39]。当溴原子和磷原子含在同一分子中时,溴-磷协同更为明显。例如,以溴原子与磷原子比(物质的量比)为 7:3 的含溴磷酸酯阻燃 PC-PET 时,其协同效率可达 1.58[40]。以溴原子与磷原子比(物质的量比)为 6:1 的含溴磷酸酯阻燃 PC 及其合金时,也观察到了较明显的协同效应。另外,以溴-磷系统阻燃的 PC-PET,热裂或燃烧时能生成多量的泡沫炭。这说明,此阻燃配方中的溴,至少有一部分是作为膨胀过程的发泡剂使用。也就是说,溴-磷阻燃配方不仅具有在气相中捕获自由基的功能,而且具有膨胀成炭能力[4]。

对一些含氧高聚物(如 PA6 和 PET),卤-磷协同效果明显。例如,对阻燃 PET,如采用溴-磷系统,阻燃剂的用量可比常规的溴-锑系统大幅度下降[3]。对阻燃 PBT、PS、HIPS 及 ABS,均存在溴-磷协同效应。例如,以二烷基-4-羟基-3,5-二溴苄基磷酸酯阻燃的 ABS,与以结构相似的溴化物或磷化物阻燃的 ABS 相比,溴-磷衍生物阻燃效果要好,这显然应归功于溴-磷协同效应[41]。另外,以三溴苯基丙烯酸酯和三苯基磷酸酯两者阻燃的聚氨酯,当阻燃剂中 Br/P(物质的量比)为 2.0 时,可获得最好的协同效应[42]。溴-磷协同还不能认为是一个普通的规律,目前已观察到的更多的情况是卤-磷加成,甚至磷-卤对抗。

当含卤、磷的阻燃剂与氧化锑并用时,卤-磷间及卤-锑间往往没有协同或加和作用,而可能呈现对抗作用。例如,以含卤及磷的阻燃剂处理聚乙烯,加入三氧化锑并不提高阻燃效率。实验发现,在这种情况下,锑在被阻燃材料燃烧时并不气化。这说明,由于磷阻碍锑的气化而抑制了卤-锑协同作用,致使阻燃效率恶化。有人提出,此时氧化锑系被转化为不挥发的磷酸锑。

阻燃体系中的卤-磷相互作用不仅取决于高聚物的类型,也取决于磷、卤阻燃剂的结构。

3.4.3　磷系阻燃系统与无机填料间的相互作用[2]

以三水合氧化铝与甲基二甲基磷酸酯两者阻燃的不饱和聚酯的火焰传播速度说明,两者间存在协同阻燃效应[43]。将二氧化钛加入由 APP 及含氮树脂(膨胀型阻燃剂)阻燃的 PP 中,不仅可提高成炭率,而且使炭层更致密和连续,因而可明显改善 PP 的阻燃性。与此相反,二氧化锡则导致炭层多孔和成片,并降低成炭率。上述二氧化钛的协同阻燃效应被认为是物理“桥联”效应的贡献[44]。

在磷化合物阻燃的材料中加入氢氧化铝生成的磷酸铝,可改善炭层质量和延长挥发性裂解产物在炭层中的滞留,从而提高材料的阻燃性。

3.4.4　磷阻燃剂间的相互作用

在同一阻燃系统中采用两种或多种磷阻燃剂,有时也能提高阻燃功效。例如,将溴化鏻(PH_4Br 或 R_4PBr)或氧化膦与聚磷酸铵合用于阻燃聚丙烯或聚苯乙烯,有时可收到“磷-磷”协同之利。据推测,这种协同可能是由一种气相有效的磷阻燃剂与一种凝聚相有效的磷阻燃剂共存时所产生的[45]。

3.5　芳香族磷酸酯阻燃 PC/ABS 的机理

文献[46]及[47]对此问题进行过综述。

某些新型磷系阻燃系统是阻燃领域的后起之秀,人们对其阻燃高聚物的机理尚涉足不深,有些提出的观点尚有异议,有些还缺乏足够的和令人信服的证据,但正在深入和完善[46,47]。下文综述了有机磷系阻燃剂阻燃 PC/ABS 的机理。但为了更好地阐明阻燃机理,首先讨论 PC 的热分解机理。

3.5.1　PC 的热分解机理

双酚 A 型 PC(下文皆指此类 PC)的热稳定性高,在 250℃ 以下基本不分解,其在空气中起始分解温度高于 310℃。

1. 碳酸酯基重排为羧基及其次级反应

在封闭管中加热 PC 时,PC 发生断键,大多数碳酸酯基在热解初期即遭破坏,热裂反应之一是碳酸酯基可重排为侧链羧基,后者位于 PC 主链醚键的邻位,生成2-苯氧基苯甲酸结构,而此结构中的侧链羧基可进一步分解释出二氧化碳及水,同时转变为重排的次级产物(如占吨酮环状结构或蒽醌类化合物),见反应式(3.12)[47]。不过,这时 PC 的线型结构仍保持完整。

尽管形成占吨酮环状结构不是 PC 热解的主要过程,但反应式(3.12)及随后的反应式(3.13)生成的水和羟基化合物对 PC 的进一步热解仍相当重要。裂解质谱图提供了碳酸酯基重排为羧基的证据,图谱中的某些峰也可归属于占吨酮环状结构或蒽醌类化合物。

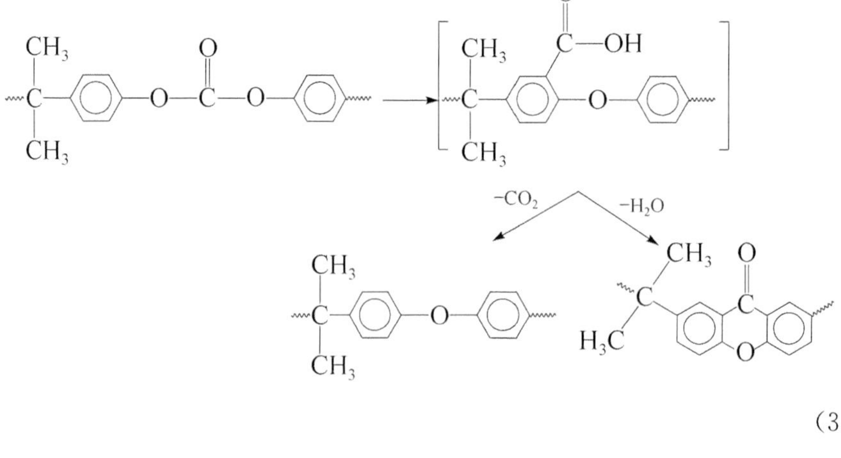

$$(3.12)$$

反应(3.12)生成的 2-苯氧基苯甲酸中间体结构也能进攻 PC 并使 PC 交联,再进一步分解时可释出羟基化合物,见反应式(3.13)[47]:

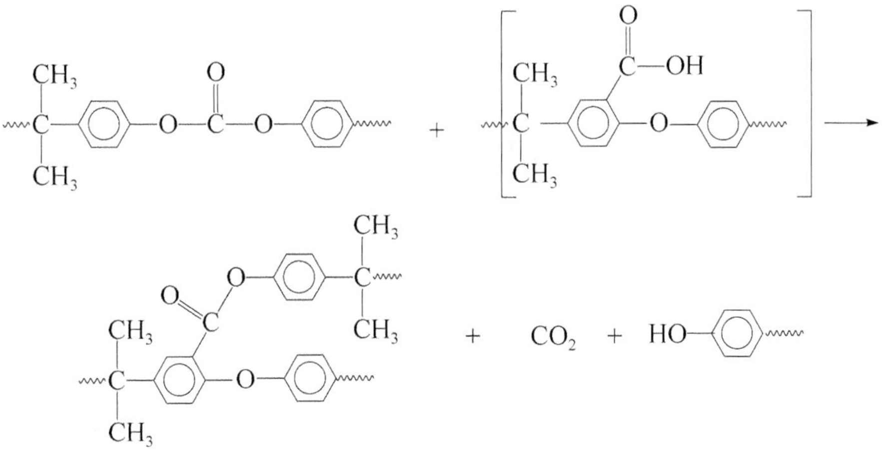

$$\tag{3.13}$$

反应式(3.12)及反应式(3.13)均生成挥发性产物,但不管挥发性产物是否从系统中排除,通过反应式(3.12)及反应式(3.13)均可引起 PC 支链化。如果从系统中排走含羟基的化合物(如水及苯酚),则能抑制发生键断裂的反应,而上述 PC 的支链化只会引起凝胶。但是,如果这类带羟基的挥发性产物留存于系统中,则 PC 键的断裂将是主要的,而凝胶则不会发生。动力学证明,密闭系统中 PC 链的断裂不符合无规自由基模式。

2. 羟基化合物与 PC 的作用

反应式(3.12)中释出的水和原存在于 PC 中的水蒸气,在 PC 受强热时可促进 PC 断键,生成二氧化碳和苯酚类化合物,这可见反应式(3.14)[47]。有人认为,反应式(3.14)是 PC 断键的主要原因之一。

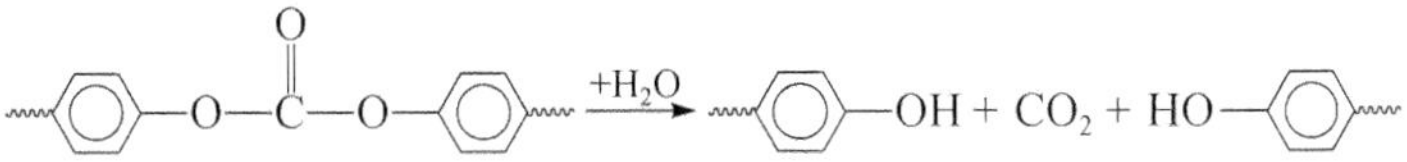

$$\tag{3.14}$$

PC 热裂时生成的游离苯酚、双酚 A 和带苯酚键端基的小碎片,对碳酸酯链的稳定也是不利的,因为它们会使碳酸酯键发生酯转移反应,而导致聚合物链断裂成小碎片,这可见反应式(3.15)[48]:

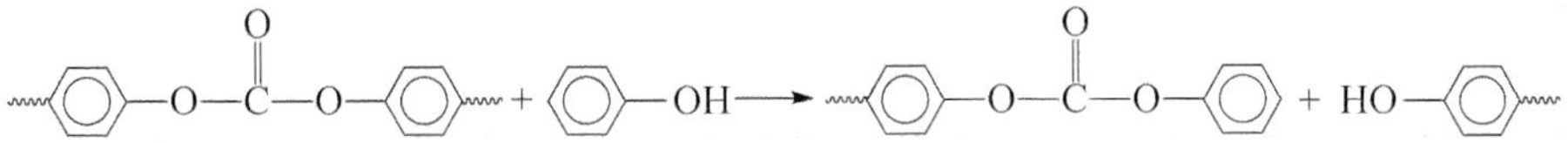

$$\tag{3.15}$$

PC 链断裂的反应活化能很低,仅 112kJ/mol,这说明此类链断裂是分子机理,而这只能是反应式(3.14)和反应式(3.15)的贡献[48]。

3. Fries 重排

PC 链可能进行的另一个重排是 Fries 重排,见反应式(3.16)[50,51]。尽管不少研究者在 PC 的分解产物中发现存在酚羟基和芳香族酯基,说明发生了重排,但最有说服力的证明是 PC 热裂时所放出的挥发性碎片的裂解质谱图。

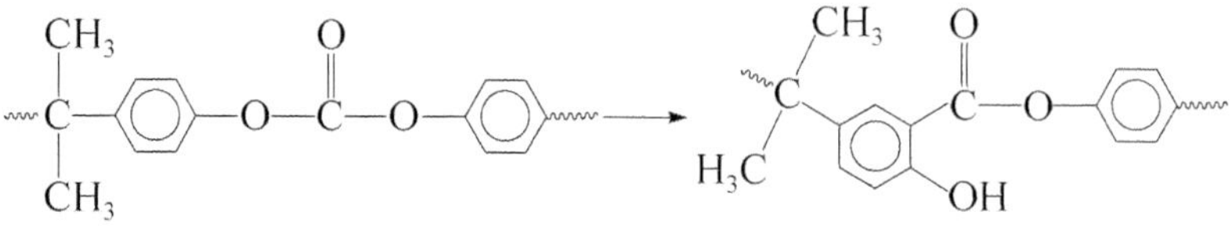

$$(3.16)$$

4. 异亚丙基键的断裂

PC 热解时,开始时放出的甲烷量甚少,但随温度的升高,放出的甲烷量增多。此甲烷是导致异亚丙基键断裂的自由基反应形成的,见反应式(3.17)及反应式(3.18)[52]:

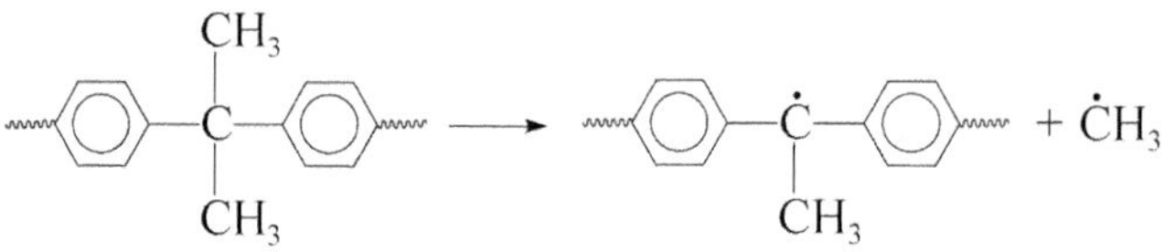

$$(3.17)$$

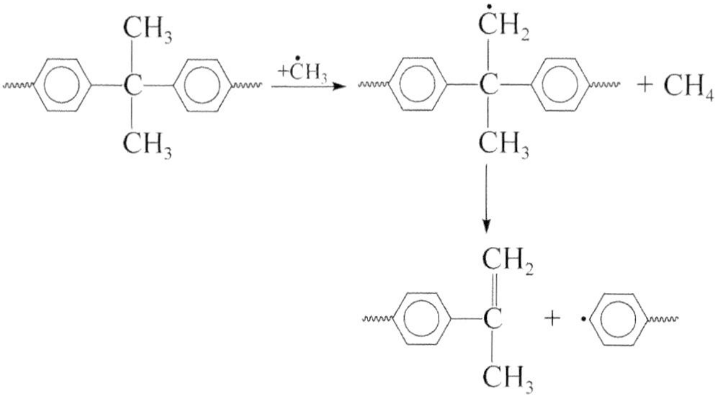

$$(3.18)$$

5. PC 的热氧化

PC 在空气中热分解时,氧进攻 PC 的最初位置还没有明确的定论,但有可能是异亚丙基键。当甲基中的氢被抽提后,形成不稳定自由基Ⅰ,但Ⅰ会立即重排为稳定的自由基Ⅱ。氧迅速进攻Ⅱ并生成过氧化物。当温度高于 300℃时,此过氧化物会均裂为一个活性的羟基自由基和一个烷氧自由基。通过抽提氢,羟基自由基能产生分子水,而烷氧自由基可生成带羟基的化合物[47]。这样形成的水和带羟基的化合物又将导致 PC 进一步降解[反应式(3.14)和反应式(3.15)]。

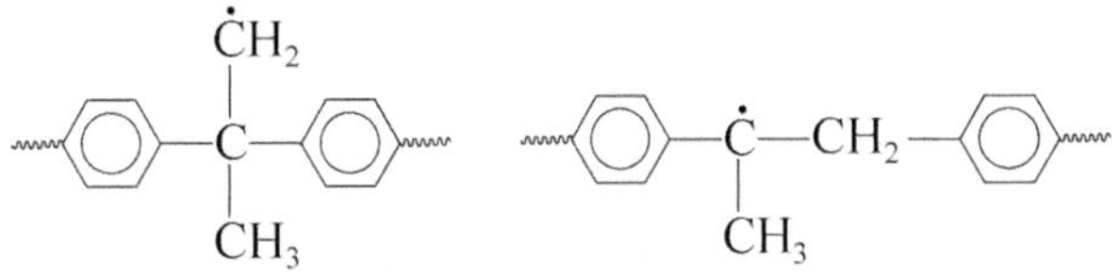

$$\overset{\dot{C}H_2}{\underset{CH_3}{|}} \quad \quad \quad \dot{C}-CH_2 \quad \overset{|}{CH_3}$$

I　　　　　　　　　　Ⅱ

　　还有人提出了另一种 PC 热解的氧化机理,此机理系先形成亚甲基自由基,后者再重排为较稳定的苄基化自由基。另外,苯酚端基与 PC 链的氧化偶联可导致联苯交联[反应式(3.19)],于是形成不溶的凝胶碎片,这也已为实验所证实[53]。

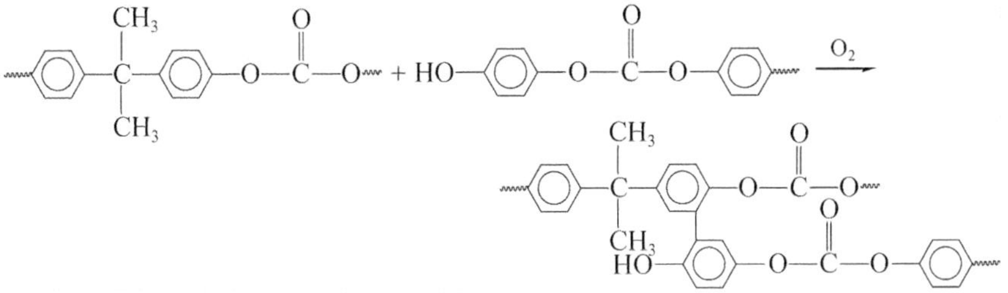

$$(3.19)$$

　　6. 其他热分解模式

　　PC 及其模型化合物在温和离子化条件下的质谱研究显示,PC 碎裂的主要产物是环状低聚物。有人提出,离子酯交换是 PC 热分解的主导过程。此过程的产物释出亚甲基和二氧化碳形成一系列的次级热分解产物。但也有人对上述离子机理持有异议[54,55],他们在真空下进行的实验表明,根据 PC 热解释出产物的性质,有可能是 PC 键均裂,而不是水解或酯交换。但文献上关于这两点的争论还没有得出令人信服的离子或自由基机理的证据。

　　7. PC 热分解的主要产物

　　PC 最主要的热分解产物是二氧化碳、双酚 A 及水,其他形成量较大的分解产物还有一氧化碳、甲烷、苯酚、二苯基碳酸酯、2-(4-羟苯基)-2-苯基丙烷。另外,PC 热分解产物中还有少量的乙基苯酚、异丙烯基苯酚、甲酚,它们是主要分解产物双酚 A 继续破裂生成的。另外,PC 链的均裂或碳酸酯基的 1,3-迁移也能产生二氧化碳。PC 热裂时生成的可燃性气体只有一氧化碳和甲烷,对引燃 PC 而言,这两种气体可能是最重要的,但因为两者的浓度均较低,所以 PC 较难引燃。

　　所有上面讨论 PC 热分解和热氧化分解的机理,均为 PC 分解的挥发性产物所支持。尽管 PC 是一个成炭性很强的高聚物,但人们对它的固体残炭研究较少,只有个别研究者指出[56],当高于 440℃时,PC 热解形成的炭具有高度交联的结构,含有二芳基酯和不饱和的碳桥键。

3.5.2　阻燃 PC/ABS 的机理

1. 凝聚相阻燃[46,47]

人们一般认为,芳香族磷酸酯阻燃 PC/ABS 的机理主要是磷酸酯能促进 PC/ABS 中的 PC 成炭,即凝聚相阻燃机理[57]。因为其阻燃效率与 PC/ABS 中两组分的含量十分相关。也已发现,当含磷酸酯的 PC/ABS 热分解或燃烧时,磷在凝聚相中聚集。TGA 也证明,RDP 能在高温下保护炭层免遭氧化,而凝聚相阻燃的协效剂可提高 PC/ABS 的成炭率[58]。另外,PC 在热分解时可发生 Fries 重排[反应式(3.16)],而芳香族磷酸酯能催化此重排。再有,RDP 可能通过酯基转移作用与 PC Fries 重排的产物反应[反应式(3.20)][47]。而这可导致磷的富集和 PC 的交联,这些都应归属于凝聚相阻燃作用。

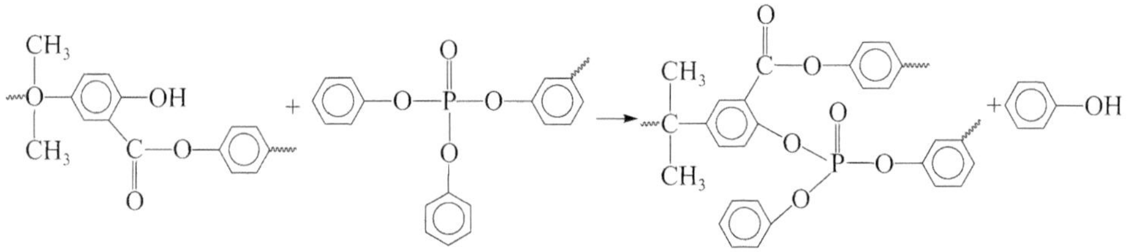

$$(3.20)$$

2. 气相阻燃[47]

实验也证明,磷酸酯阻燃 PC/ABS 的 LOI 与 PC/ABS 中的 PC 与 ABS 的比例有关,而且其变化规律比较复杂。另外,PC/ABS 中芳香族磷酸酯使材料燃烧产物中的一氧化碳量增加,这说明存在气相阻燃作用。不过,芳香族磷酸酯的气相阻燃作用还是一个有争议的问题。例如,有报道指出,随着相对分子质量的增加(齐聚化),芳香族磷酸酯的阻燃效率下降,说明气相中不大存在磷酸酯组分[59]。但也有人证明,芳香族多磷酸酯的阻燃效率随其相对分子质量的增加而提高。

关于磷酸酯阻燃 PC/ABS 的效能,一般同时存在凝聚相及气相作用机理,至于两者的比例,则显然与磷酸酯的结构和性能有关。

3. 磷酸酯间的相互影响(协同或对抗)[46]

以 TPP、RDP 或 BDP 阻燃 PC 与 ABS 比例不同的 PC/ABS,当磷含量相同,以 LOI 衡量时,三者的阻燃性相仿。但如以 UL94 阻燃级衡量,则 TPP 比 RDP 和 BDP 的阻燃效率逊色。以锥形量热仪测定上述阻燃 PC/ABS 的阻燃性时,芳香族磷酸酯只对材料的释热速率峰值(PHRR)有适度的降低,但能有效增长引燃时间(TTI)[60]。不过整体而言,RDP 对 PC/ABS 的阻燃作用要大于挥发性的 TPP。

曾有人以锥形量热仪在热流量为 35kW/m² 及 75kW/m² 下,研究过分别以 RDP 及 RDP/TPP(3%)阻燃的 PC/ABS 的释热情况。实验表明,当热流量为 35kW/m² 时,含 RDP/TPP 复配物的 PC/ABS 的 PHRR 小于含单一 RDP 的,这可能是因为 TPP 在气相中阻燃的贡献;而当热流量为 75kW/m² 时,情况正好相反,即含单一 RDP 材料的 PHRR 值较低。显然,这时不仅 TPP 的气相阻燃作用不再重要,甚至 TPP 也有可能在高温火焰中对 PHRR 的降低存在负面影响[61]。对这种现象一个可能的解释是有些阻燃剂的气相阻燃作用的可逆性。含磷物系一般是能抑制火焰传播的[62],但它们在高温火焰中则可变成燃烧的催化剂。而 TPP 的气相阻燃显然具有这种可逆性,至少是在高温下,其气相阻燃变得无效。上述解释也能说明较低挥发性的 RDP 或 BDP 与较高挥发性 TPP 间的协效作用。因为基本上是在凝聚相发挥阻燃作用的 RDP 或 BDP 有助于使 PC 成炭而减少向材料区的燃料供应,故得以使火焰温度降低;而随着火焰温度的降低,TPP 的气相阻燃作用则得以有效地发挥,于是它们之间的协效阻燃得以实现。

另外,RDP 与其他协效剂的协同显示,以气相阻燃机理作用的某些添加剂,对 RDP 不仅没有协效作用,而且有时甚至表现出对抗作用。但一些在凝聚相发挥作用的添加剂,则因能促进 PC/ABS 的成炭和改善炭层结构而具有协同效应。特别是 Novolac,在防止熔滴和改善成炭性方面作用十分明显[58]。

综上所述,芳香族磷酸酯的阻燃作用主要是在材料燃烧时,磷能在凝聚相富集,并保护炭层使之免遭高温氧化。另外,芳香族磷酸酯能催化 PC 的 Fries 重排及异构化,而这有助于形成炭层和阻碍聚合物的挥发。

参 考 文 献

[1] Ebdon J R, Jones M S. Flame retardants: An overview[A]//Salamone J C. Polymeric Materials Encyclopedia[M]. Boca Raton:CRC Press, 1995:2397-2411.

[2] Joseph P, Ebdon J R. Phosphorous-based flame retardants[A]//Wilkie C A, Morgan A B. Fire Retardancy of Polymeric Materials. 2nd Edition[M]. Boca Raton: CRC Press, 2009:119-123.

[3] Lewin M, Weil E D. Mechanisms and modes of action in flame retardancy of polymers[A]//Horrocks A R, Price D. Fire Retardant Materials[M]. Cambridge: Woodhead Publishing Ltd. , 2000:31-68.

[4] 欧育湘,李建军. 阻燃剂[M]. 北京:化学工业出版社,2006:32-36.

[5] Price D, Cunliffe L K, bullett K J, et al. Thermal behavior of covalently bonded phosphate and phosphonate flame retardant polystyrene systems[J]. Polymer Degradation and Stability, 2007,92:1101-1114.

[6] Lyons J W. The Chemistry and Uses of Fire Retardants[M]. New York: Wiley-Interscience, 1970:290.

[7] Brauman S K. Phosphorus fire retardants in polymers. I. General mode of action[J]. Journal of Fire Retardant Chemistry, 1977,4:18-37.

[8] Lewin M, Basch A. Structure, pyrolysis and flammability of cellulose[A]//Lewin M, Atlas S M, Pearce E M. Flame Retardant Polymeric Materials. Vol 2[M]. New York:Plenum Press,1978:1-41.

[9] Kandola B, Horrocks A R, Price D, et al. Flame retardant treatment of cellulose and their influence on

the mechanism of cellulose pyrolysis[J]. Journal of Macromolecular Science-Reviews in Macromolecular Chemistry and Physics, 1996,C36:721-794.

[10] Khanna Y P, Pearce E M. Synergism and flame retardancy[A]//Lewin M, Atlas S, Pearce E M. Flame Retardant Polymeric Materials. Vol 2[M]. New York:Plenum Press, 1978:43-61.

[11] Banks M, Ebdon J, Johnson M. Influence of covalently bound phosphorus-containing groups on the flammability of poly (vinyl alcohol), poly (ethylene-co-vinyl) and low-density polyethylene [J]. Polymer, 1993,34:4547-4556.

[12] Ebdon J R, Price D, Hunt B J, et al. Flame retardance in some polystyrenes and poly(methyl methacrylate)s with covalently bound phosphorus-containing groups. Initial screening experiments and some laser pyrolysis mechanistic studies[J]. Polymer Degradation and Stability, 2000,69:267-277.

[13] Banks M, Ebdon J R, Johnson M. The flame-retardant effect of diethylvinyl phosphonate in copolymers with styrene, methyl methacrylate, acrylonitrile and acrylamide[J]. Polymer, 1994,35:3470-3473.

[14] Ebdon J R, Hunt B J, Joseph P, et al. Thermal degradation and flame retardance in copolymers of methyl methacrylate with diethyl(methacryloyloxymethyl) phosphonate[J]. Polymer Degradation and Stability, 2000,70:425-436.

[15] Wyman P, Crook V, Ebdon J, et al. Flame-retarding effects of dialkyl-p-vinylbenzyl phosphonates in copolymers with acrylonitrile[J]. Polymer International, 2006,55:764-771.

[16] Ebdon J R, Hunt B J, Joseph P, et al. Flame retardance of polyacrylonitriles covalently modified with phosphorus and nitrogen-containing groups[A]//Hull T R, Kandola B K. Fire Retardancy of Polymers: New Startegies and Mechanisms[M]. Cambridge:Royal Society of Chemistry, 2009:331-340.

[17] Brauman S K. Phosphorus fire retardance in polymers. IV. Poly(ethylene terephtalate)-ammonium polyposphate, a model system[J]. Journal of Fire Retardant Chemistry, 1980,7:61-68.

[18] Brown C E, Wilkie C A, Smukalla J, et al. Inhibition by red phosphorus of unimolecular thermal chain-scission in poly(methyl methacrylate), investigation by NMR, FT-IR and laser desorption/fourier transform mass spectroscopy[J]. Journal of Polymer Science, Part A. Polymer Chemistry, 1986, 24: 1297-1311.

[19] Levchik G F, Levchik S V, Camino G, et al. Fire retardant action of red phosphorus in nylon 6[A]// Paper at 6th European Meeting on Fire Retardancy of Polymeric Materials [C] Lille,1997.

[20] Gibov K M, Shapovalova L N, Zhubanov B A. Movement of destruction products through the carbonized layer upon combustion of polymers[J]. Fire & Materials, 1986,10:133-135.

[21] Brauman S. Phosphorus fire retardance in polymers. II. Retardant-polymer substrate interactions [J]. Journal of Fire Retardant Chemistry, 1977,4:38-58.

[22] Serenkova I A, Shlyapnikove Yu A. Phosphorus containing flame retardants as high temperature antioxidants[A]//Proc. Intl. Symposium on Flame Retardants [C]. Beijing, 1989:156-161.

[23] Weil E D, Jung A K, Aaronson A M, et al. Recent basic and applied research on phosphorus flame retardants[A]//Bhatnagar V M. Proc. 3rd Eur. Conf. on Flamm. and Fire Ret[C]. Westpot:Technomic Publ. , 1979.

[24] Basch A , Zwilichowski B, Hirschman B, et al. The chemistry of THPC-urea polymers and relationship to flame retardancy in wool and wool-polyester blends, I. Chemistry of THPC-urea polymers[J]. Journal of Polymer Science, Part A. Polymer Chemistry, 1979,17:27-38.

[25] Carnahan J, Haaf W, Nelson G, et al. Investigations into the mechanism for phosphorus flame retar-

dancy in engineering plastics[A]//Proc. 4th Intl. Conf. Fire Safety [C]. San Fancisco:Product Safety Corp,1979.

[26] Bright D A, Dashevshy S, Moy P Y, et al. Aromatic oligomeric phosphates: Effect of structure on resin properties[A]//Paper at SPE ANTEC [C]. Atlanta,1998.

[27] Pearce E M. Some polymer flammability structure relationships[A]//Lewin M, Kirshenbaum G. Recent Advances in Flame Retardancy of Polymeric Materials, Vol. 1[M]. Norwalk: BCC, 1990: 36-40.

[28] 欧育湘,陈宇,王筱梅. 阻燃高分子材料[M]. 北京:国防工业出版社,2001:16-17.

[29] Lewin M, Basch A, Shaffer B. Pyrolysis of polymer blends[J]. Cellulose Chemistry and Technology, 1990,24:477.

[30] Lewin M. Flame retarding of fibers[A]//Lewin M, Sello S B. Handbook of Fiber Science and Technology. Chemical Processing of Fibers and Fabrics (Vol. 2,Part B)[M]. New York:Marcel Dekker Inc. , 1984:1-141.

[31] Gaan S, Sun G, Hutches K, et al. Flame retardancy of cellulosic fabrics. Interactions between nitrogen-additives and phosphorus-containing flame retardants[A]//Hull T R, Kandola B K. Fire Retardancy of Polymers, New Strategies and Mechanisms [M]. Cambridge: RSC Publishing, 2009:294-306.

[32] Horrcks A R, Hicks J, Davies P J, et al. Synergistic flame retardant copolymeric polyacrylonitrile fibres containing dispersed phyllosilicate clays and ammonium polyphosphate[A]//Hull T R, Kandola B K. Fire Retardancy of Polymers, New Strategies and Mechanisms[M]. Cambridge:RSC Publishing, 2009:307-330.

[33] Ebdon J R, Hunt B J, Joseph P et al. Flame retardance of polyacrylonitriles covalently modified with phosphorus- and nitrogen-containing groups[A]//Hull T R, Kandola B K. Fire Retardancy of Polymers, New Strategies and Mechanisms[M]. Cambridge:RSC Publishing, 2009:331-340.

[34] Higgns C E, Baldwin W H. Interactions between tributyl phosphate, phosphoric acid and water[J]. Journal of Inorganic and Nuclear Chemistry, 1962,24(4):415-427.

[35] Wyman P, Crook V, Ebdon J R, et al. Flame-retarding effects of dialkyl-p-vinylbenzyl phosphonates in copolymers with acrylonitrile[J]. Polymer International, 2006,55(7):764-771.

[36] Green J. A phosphorus-bromine flame retardant for engineering thermoplastics. A review[J]. Journal of Fire Sciences, 1994,12(4):388-408.

[37] Ballistreri A, Montanudo G, Puglisi C, et al. Intumescent flame retardants for polymers. I. The poly (acrylonitrile)-ammonium polyphosphate-hexabromocyclododecane system [J]. Journal of Applied Polymer Science, 1983,28(5):1743-1750.

[38] Dombrowski R, Huggard M. Antimony free fire retardants based on halogens. Phosphorus substitution of antimony [A]//Proceedings of the 4th International Symposium Additives [C]. Clear Water Beach:1996.

[39] Papa A J, Proops W R. Influence of structural effects of halogen and phosphorus polyol mixtures on flame retardant synergy in polyurethane foam[J]. Journal of Applied Polymer Science, 1972,16(9): 2361-2373.

[40] Green J. Phosphorus/bromine flame retardant synergy in polycarbonate blends[A]//Lewin M. Recent Advances in Flame Retardancy of Polymeric Materials, Vol. 4[M]. Norwalk:BCC, 1993.

[41] Yang C P, Lee T M. Synthesis and properties of 4-hydroxy-3,5-dibromobenzyl phosphonates and their flame-retarding effects on ABS copolymer[J]. Journal of Polymer Science, Part A. Polymer Chemistry, 1989,27:2239-2251.

[42] Guo W. Flame-retardant modification of UV-curable resins with monomers containing bromine and phosphorus[J]. Journal of Polymer Science, Part A. Polymer Chemistry, 1992,30:819-827.

[43] Bonsignore P V, Manhart J H. Alumina trihydrate as a flame retardant and smoke suppressive filler in reinforced polyester plastics [A]//Proceedings of the 29th Annual Conference Reinforced Plastics Composition Institute SPE [C]. 1984,23C:1-8.

[44] Scharf D, Nalepa R, Heflin R, et al. Studies on flame retardant intumescent char, part I[A]// Proceedings of the International Conference on Fire Safty [C],1990,15:306-315.

[45] Savides C, Granzow A, Cannelonngo J F. Phosphine-based flame retardants for polypropylene[J]. Journal of Applied Polymer Science, 1979,23:2639-2652.

[46] 欧育湘,赵毅,韩廷解. PC 热分解机理及 PC、PC/ABS 阻燃机理[J]. 合成树脂及塑料, 2008, 25(4):74-79.

[47] Levchik S V, Weil E D. Overview of recent development in the flame retardancy of polycarbonates[J]. Polymer International, 2005,54(7):981-998.

[48] Tagaya H, Katoh K, Kadokawa J, et al. Decompositon of polycarbonate in subcritical and supercritical water[J]. Polymer Degradation and Stability, 1999,64(2):289-292.

[49] Abbas K B. Thermal degradation of bisphenol a polycarbonate[J]. Polymer, 1980,21(8):936-940.

[50] Puglisi C, Sturiale L, Montaudo C. Thermal decomposition processes in aromatic polycarbonates investigated by mass spectrometry[J]. Macromolecules, 1999,32(7):2194-2203.

[51] Oba K, Ishida Y, Ito Y, et al. Characterization of branching and/ or cross-linking structures in polycarbonate investigated by reactive pyrolysis-gas chromatography in the presence of organic alkali[J]. Macromolecules,2000,33 (32):8173-8183.

[52] Kuroda S I, Terauchi K, Nogami K, et al. Degradation of aromatic polymers. I. Rates of crosslinking and chain scission during thermal degradation of several soluble aromatic polymers[J]. European Polymer Journal, 1989,25(1):1-7.

[53] Carroccio S, Puglisi C, Montaudo G. Mechanism of thermal oxidation of poly(bisphenol a carbonate) [J]. Macromolecules, 2002,35(11):4297-4305.

[54] Mcneill I C, Rincon A. Degradation studies of some polyesters and polycarbonates. 8. Bisphenol a polycarbonate[J]. Polymer Degradation and Stability, 1991,31(1):163-180.

[55] Mcneill I C, Rincon A. Thermal degradation of polycarbonate. Reaction condition and reaction mechanisms[J]. Polymer Degradation and Stability, 1993,39(1):13-19.

[56] Jang B N, Wilkie C A. A TGA/FTIR and mass spectral study on the thermal degradation of bisphenol a polycarbonate[J]. Polymer Degradation and Stability, 2004,86(3):419-430.

[57] Levchik S V, Bright D A, Alessio G R, et al. New halogen-free fire retardant for engineering plastic applications[J]. Joural of Vinyl Additive Technology, 2001,7(2):98-103.

[58] Murashko E A, Levchik G F, Levchik S V, et al. Fire-retardant action of resorcinol bis(diphenyl phosphate) in PC-ABS blend. II. Reactions in the condensed phase[J]. Journal of Applied Polymer Science, 1999,71(11):1863-1872.

[59] Bright D A, Dashevsky S, Moy P Y, et al. Aromatic oligomeric phosphates. Effect of structure on

resin properties[A]//Proceedings of the 1998 56th Annual Technical Conference, ANTEC [C]. CT:
Soc. Plast Eng. ,Brookfield, 1998:3,2875-2879.

[60] Levchik S V, Bright D A, Moy P Y, et al. New developments in fire retardant non-halogen aromatic
phosphates[J]. Journal of Vinyl and Additive Technology, 2000,6(3):123-128.

[61] Levchik S V, Bright D A, Dashevsky S. Specialty Polymer Additives Principles and Application[M].
Oxford:Blackwell Science, 2001:259-269.

[62] Babushok V, Tsang G W. Inhibitor rankings for alkane combustion[J]. Combustion and Flame, 2000,
123(4):488-506.

第4章 膨胀型阻燃剂的阻燃机理

膨胀型阻燃剂(IFR)主要是通过凝聚相阻燃发挥作用的。凝聚相阻燃是指在凝聚相中延缓或中断燃烧的阻燃作用,重要的是成炭机理。下述几种情况的阻燃均属于凝聚相阻燃:①阻燃剂在固相中延缓或阻止材料的热分解,减少或中断可燃物的来源。②阻燃材料燃烧时在其表面生成多孔炭层,此层隔热、隔氧,又可阻止可燃气进入气相。膨胀型阻燃剂(IFR)即按此机理阻燃。③含大量无机填料的阻燃材料,填料既能稀释被阻燃的可燃材料,又有较大热容,既可蓄热,又可导热,因而被阻燃材料不易达到热分解温度。④阻燃剂受热分解吸热,阻止被阻燃材料温度升高。工业上大量使用的氢氧化铝及氢氧化镁均属此类阻燃剂。

膨胀型阻燃系统是以凝聚相阻燃机理发挥阻燃作用的典型阻燃剂,可在燃烧早期将燃烧中止,其原因是膨胀型阻燃系统在高热作用下能在被阻燃材料表面形成很厚的膨胀炭层,且后者有很高的阻燃性。例如,聚乙烯醇及环氧树脂在空气中于500℃(相当燃烧聚合物的表面温度)下燃烧时,几乎完全分解,但往聚合物中加入有膨胀阻燃性的磷系阻燃剂时,可形成抗热炭层,聚合物的可燃性下降,可使环氧树脂的氧指数提高至30%[1]。

近年来,阻燃界对IFR十分重视,认为它是实现阻燃材料无卤化的重要途径之一。根据CA统计,2007年发表的有关文献有160多篇,其中专利100多篇[2]。关于IFR的阻燃机理,特别是成炭机理,也已广泛被研究,但至今未能对其充分了解,在文献[1]~[7]中均有较为详细的综述。

4.1 IFR 的组成

4.1.1 IFR 的三组分[1,2,5]

产生膨胀作用需要三种主要成分:①无机酸或能在加热至 $100\sim250℃$ 时产生酸的化合物(酸源),如聚磷酸铵(APP);②富含碳原子的多羟基化合物,在酸的作用下脱水而作为碳源,如季戊四醇(PER);③受热释放出挥发性产物的胺类或酰胺化合物作为气源,如三聚氰胺(MA)。水蒸气也会产生起泡效应。此外,估计胺或酰胺还对形成炭的反应起催化作用。

能作为 IFR 三源物质如下[5]:

(1)酸源:磷酸,硫酸,硼酸;磷酸铵,聚磷酸铵,硫酸铵,卤化铵;磷酸脲,磷酸胍基脲,磷酸三聚氰胺,氨与 P_2O_5 的反应产物。

（2）碳源：三(甲苯基)磷酸酯,烷基磷酸酯,卤烷基磷酸酯;淀粉,糊精,甘露醇,季戊四醇(含二聚体及三聚体)PF,PA6,PA6/纳米陶土,TPU,PPO。

（3）气源：脲,脲-甲醛树脂,双氰胺,三聚氰胺,聚醇胺卤化物。

在文献中,"成炭剂"和"膨胀阻燃系统"有时混用,也缺乏严格的意义,因为它们的详细阻燃机理还未被充分了解。现在,人们对多孔膨胀结构及其绝缘作用还只限于用膨胀炭层作定性的描述。只有深入研究炭层的膨胀特征,才能定量解释 IFR。

4.1.2　IFR 三组分应满足的条件[1,5]

（1）IFR 中组分的热稳定性必须足够高,在高聚物的加工温度(高于 200℃)下不致分解。

（2）高聚物的热降解过程应对膨胀过程无有害影响。一般说来,高聚物热降解时,会生成相当量的挥发性产物,还有可能形成炭残留物(与高聚物的结构有关),这些都会干扰膨胀炭层的形成。

（3）IFR 应在高聚物表面形成能全部覆盖的保护炭层[5]。

（4）IFR 应不致恶化高聚物的物理及化学性能。特别是,IFR 应不与填料及其他添加剂(如稳定剂)发生不利的相互作用[5]。

IFR 中的酸组分起脱水作用前,碳组分必须不分解,也不挥发。在形成多孔炭层及炭层胶化和固化过程中,气源应不断释出小气泡。这就要求气源释放气体的速率与被阻燃物系的黏度相匹配,而这两者又与温度有关。膨胀发泡炭层中的气孔多为闭孔,直径 20~50μm,壁厚 6~8μm[6]。在被阻燃物系中加入良好分散的惰性填料超细粉体,如二氧化钛、硅胶等,可作为成核剂以控制发泡过程中释出的气泡体积。

上述所列 IFR 中的组分,只有少数可实际应用,且目前多根据经验选择。可用的无机酸(酸源)必须沸点高,且氧化性不能太强,因而最常用的无机酸前体是磷酸的铵盐和酰胺盐或有机磷酸酯和有机磷酰胺;可用的炭源是季戊四醇,聚氨酯及某些环氧树脂;可用的气源是胺和酰胺,如脲、三聚氰胺、双氰胺及它们的衍生物。用卤化物作为气源是因为它们在加热时能放出 HX,但现在考虑到卤化物负面的次级火灾效应(烟、腐蚀性及毒性),已不常使用。因为 HX 被认为是气相阻燃剂,所以含卤化物的 IFR 兼具凝聚相及气相阻燃功效。

为了满足高的阻燃级别,IFR 的用量通常很大,同时,在形成膨胀炭层过程中,高聚物可能与 IFR 中的组分发生不利的化学反应。此外,现用的 IFR 在水溶性、耐候性、热稳定性、覆盖能力及外观上,均有令人不满意之处。

4.1.3　典型的 IFR

虽然 IFR 已广泛用于高聚物的阻燃,但用得最多的是 PE、PP 及 PS。这三者都因加热时生成大量的可燃碳氢化物而很难阻燃。

二季戊四醇与聚磷酸铵(或焦磷酸三聚氰胺)的混合物是一典型的 IFR,常用于阻燃 PP,但这种 IFR 在 PP 的加工温度下不太稳定。可用于 PP 的更合适的 IFR 是 P_2O_5 与季戊四醇及三聚氰胺的反应产物[8],此产物的化学结构还不十分清楚。在含 30% 此 IFR 的 PP 中,外加 1% 的炭黑,可大大降低 PP 的阻燃性。IFR 在 PE 中的阻燃效率远低于 PP,这可能是 IFR 的热性能与 PE 的热降解温度不甚匹配。

聚磷酸铵为基的 IFR 已用于 PA6,其机理也有人研究过[9]。聚磷酸铵与含氮化合物(如甲醛取代尿素的缩合产物、芳香族二异氰酸酯与季戊四醇或三聚氰胺的反应产物)的混合物也已用为高聚物(特别是 PO 和 PS)的 IFR[10]。

4.1.4　单体 IFR[1,5]

所谓单体 IFR 是指同一分子结构内含有三源化合物的 IFR,它们比混合(二组分或三组分)IFR 可能具有某些优点。对混合型 IFR,其中多组分必须相互作用,才能产生膨胀炭层。实验证明,IFR 应与被阻燃高聚物的性能(如热性能及加热时形成的产物)相匹配,因此,当 IFR 中有不同化学结构的组分参与阻燃作用时,对于不同聚合物及不同 IFR 用量时各组分间的最佳比例,常可能是不同的。而单体 IFR 在这方面的问题则比较简单,不过分子内的三源合理匹配则是必要的,否则仍应加入其他组分。

熟知的 2 个单体 IFR 是下述的化合物 I 及化合物 II[5]。

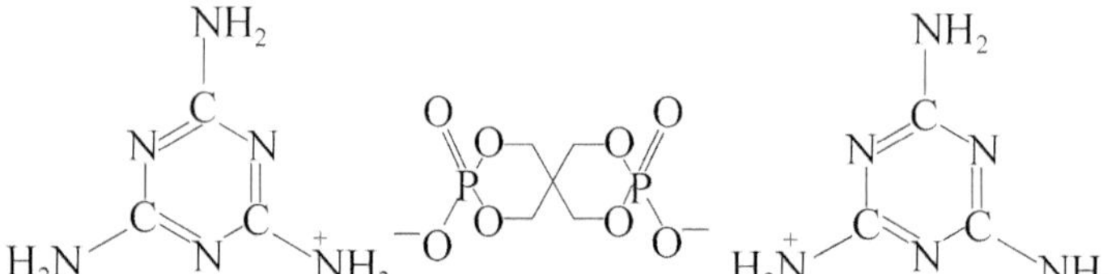

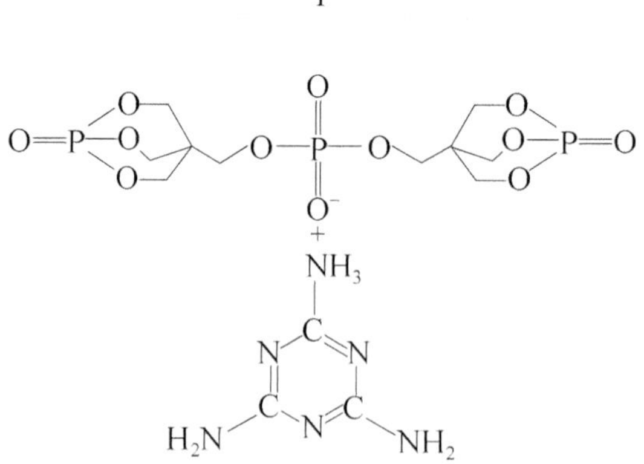

化合物Ⅰ(3,9-二羟基-2,4,8,10-四氧杂-3,9-二磷杂[5]十一烷-3,9-二氧化物的二三聚氰胺盐)在同一分子中含有 IFR 所需的三个化学组分(酸源、碳源及气源分别为磷酸、季戊四醇和三聚氰胺),所以具有 IFR 的性能,且能有效阻燃 PP 及其他 PO[11],而当它与三季戊四醇合用于阻燃 PP 时,阻燃效率更高。这说明,Ⅰ中的碳源及气源并未达到最佳平衡。实际上,Ⅰ中的碳源含量不足[12]。化合物Ⅱ(双(2,6,7-三氧杂-1-磷杂双环[2,2,2]辛烷-4-甲羟基)磷酸酯的单三聚氰胺盐)中的碳源(季戊四醇单元)比Ⅰ丰富,所以它对 PP 的阻燃效能可媲美Ⅰ与三季戊四醇的混合物[12]。

4.1.5　IFR 中三源的比例

为了进一步阐述化合物Ⅰ及Ⅱ分子内三源的比例与其阻燃性的关系,先观察用聚磷酸铵(APP)、季戊四醇(PFR)和三聚氰胺(M)混合型 IFR 阻燃 PP,且 IFR用量在 30% 以下时,被阻燃 PP 的组成与其 LOI 的关系(图 4.1)[5]。

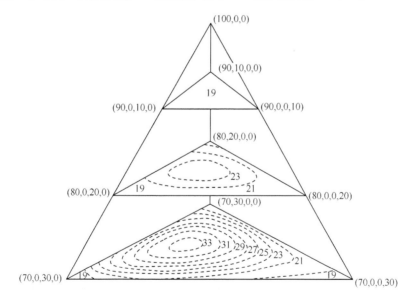

图 4.1　PP/APP/PER/M 的组成与其 LOI 的关系
IFR 在 PP 中的总用量为 10%、20% 或 30%,括号内的数字为上述四组分的质量分数(%)
(按上述顺序表示),曲线上的数字为 LOI[5]

由图 4.1 可看出,与最大 LOI 对应的被阻燃 PP 的组成并不取决于 IFR 的总用量是否在 20% 至 30% 之间,但用 IFR 阻燃 PP 时,最可能采用的实际用量却在此范围内。根据图 4.1 中的数据,可推测上述三元 IFR 在 PP 中加热时,很有可能生成上述化合物Ⅰ或Ⅱ的结构[5]。实验数据指出[12],如以化合物Ⅱ(其中磷原子:季戊四醇结构分子:三聚氰胺分子,即 P:PER:M 为 1:0.7:0.3)代替Ⅰ

(其中的上述比例为 1∶0.5∶1)作为 PP 的 IFR,PP 的 LOI 增加。这与图 4.1 中的数据是吻合的,因为图中与 PP 最大 LOI 相应的 P∶PER∶M 为 1∶0.5∶0.3,而化合物 II 中此三者的比例比化合物 I 更接近 1∶0.5∶0.3。显然,与最大 LOI 相应的 IFR 的组成与被阻燃高聚物化学结构有关[5]。

4.1.6　无机 IFR

有机类 IFR 一般有几个缺点,如燃烧时生成有害物[13]。特别是,膨胀时发生的反应是放热的,致使该 IFR 的传热性有限,而且形成的炭层结构缺乏整体性,热阻较低。表 4.1 所示的低熔点玻璃或玻璃陶瓷(熔点或软化点低于 600℃),能形成无机玻璃的系统,故将它们作为聚合物的 IFR 或抑烟剂可能是有希望的[14]。

表 4.1　无机膨胀玻璃或可形成玻璃的系统[14]

系统	组成	摩尔分数/%
硫酸盐	K_2SO_4	25
	Na_2SO_4	25
	$ZnSO_4$	50
磷酸盐/硫酸盐	P_2O_5	36.6
	$ZnSO_4$	19.5
	Na_2O	18.3
	Na_2SO_4	9.7
	K_2SO_4	9.7
	ZnO	6.2
硼酸盐/碳酸盐	B_2O_3	86.2
	$LiCO_2$	11.2
	$CaCO_3$	3.6

表 4.1 中的系统作为 IFR 时,有的本身在加热时可分解为气态产物,或其中某些组分可被另外组分氧化而形成气态产物,就可作为发泡源,否则还应加入发泡组分。另外,被阻燃高聚物的气态热分解产物也可起发泡作用。在 PVC 中,低熔点的硫酸盐玻璃和玻璃陶瓷即可形成有效的隔热膨胀炭层[15]。五硼酸铵与常规FR 联用时,也是 TPU 一个很好的 IFR[14]。

4.2　IFR 组分的热分解

4.2.1　APP 的热分解[1,5]

现在工业上采用的 IFR 的主要成分之一是 APP,它在阻燃系统中受热时,按下述三步分解。第一步是热分解放出氨气和生成聚磷酸,释出的氨所含氮约为 APP 总氮量的 50%。第二步是聚磷酸在 $280\sim420℃$ 下失水形成交联结构。最后一步是在 $420\sim520℃$ 下交联结构降解。这可表示为反应式(4.1)[1]:

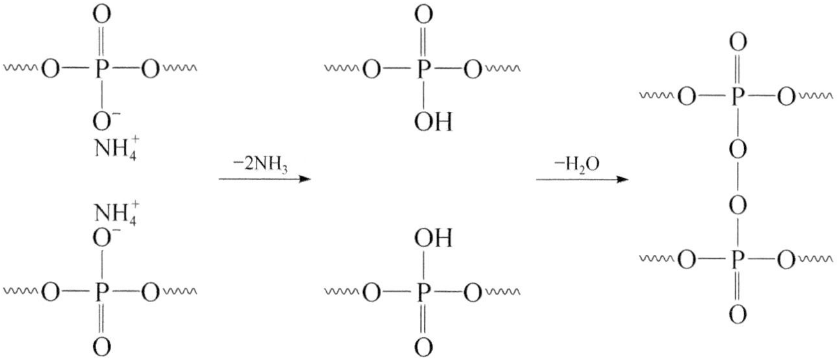

$$\text{(4.1)}$$

而如上反应所释出的氨,可阻止聚磷酸彻底降解为 P_2O_5,则在分解的第二阶段可进一步脱水,见反应式(4.2)[1]:

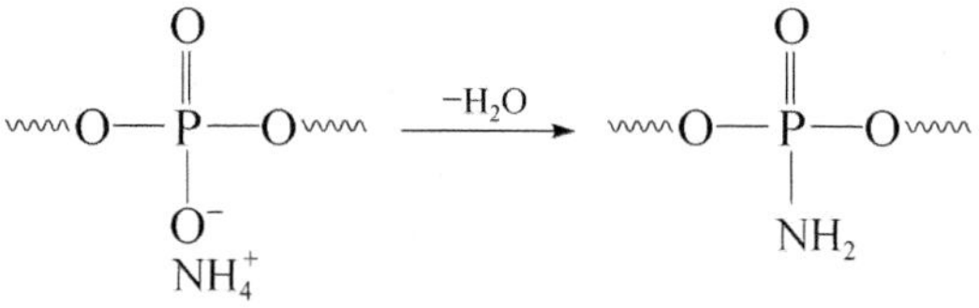

$$\text{(4.2)}$$

4.2.2 APP/PER 的热分解[5]

大多数典型的 IFR 被加热时,由于无机酸与多羟基化合物反应而成炭[6]。纤维素与无机酸反应的成炭过程有人广泛研究过,其成炭机理涉及无机酸的脱水作用。但成炭过程与成炭剂及被阻燃高聚物的结构有关。

现在工业上广泛应用的 IFR 是 APP/PER/M 的混合物。文献[6]指出,二季戊四醇与 APP 的混合物被连续加热时,在 $215℃$ 软化和熔化,APP 开始分解;至 $238℃$,羟基发生酯化,生成水,开始放出气体,此时物料的颜色发暗($238℃$ 前物料保持清亮);至 $360℃$,物料发生胶化和固化。

当物料中最初的 $-CH_2OH:P=6:1$(物质的量比)时,在 $500℃$,炭层的含碳量最大。

文献[5]指出,曾采用热重分析及核磁技术(^{31}P)研究 APP/PER 混合物被加热时,释出水及氨的速率和反应产物的特征。连续加热时,APP/PER 的反应分几步进行。第一步发生于 $210℃$,为磷酸盐链的断裂及 $=P(O)OCH_2$ 的形成,这可能是 PER 使 APP 醇解或 APP 使 PER 膦酰化造成的,但这并不产生气态产物。第二步是形成环状磷酸酯,并释出氨及水。这可见反应式(4.3)[5]:

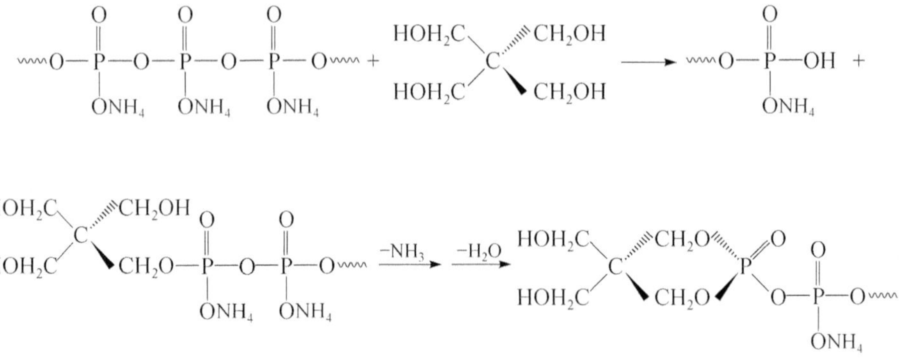

$$(4.3)$$

当 APP/PER 混合物中的—CH_2OH/P<2（物质的量比）时，反应式（4.3）可导致生成下述 PER 的二磷酸酯[5]：

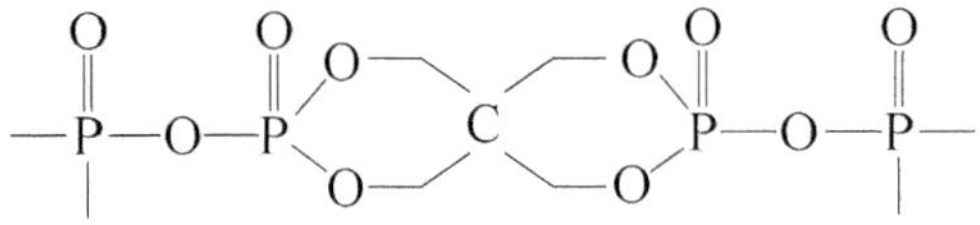

文献[1]指出，对 APP/PER 混合物，在 200℃下进行等温反应，当混合物质量不变时，说明反应进行完毕。在同一条件下，单独加 APP，质量损失极为有限（释放出水和氨），而单独加热 PER，则 PER 仅挥发。混合物释出的挥发物由氨、水及 PER 组成。APP 及 PER 进行释放氨和水的反应，此反应与 PER 的挥发相竞争，当反应完毕后，PER 的挥发即终止。

在 156℃加热 APP 与 PER 混合物得到的红外光谱图表明，在 1650cm^{-1}、1220～1230cm^{-1} 及 1030～1140cm^{-1} 相应于（P—OH）、（P=O）及（P—O—C）酯基团的新频带。

APP/PER 热分解反应第一阶段产物的 ^{31}P NMR（核磁共振）谱图与 APP 不同，缺乏相应于聚磷酸链上的"中间"及终端基团信号，取代它们的是-2.7δ 为中心的多重线，这表明是季戊四醇磷酸酯的结构。

从 APP/PER 混合物及 APP 中脱氨、脱水存在两个阶段。第一阶段（210℃）氨从 APP 中释放的速度随 PER 的量增加而增加。当 PER 的浓度低时，释放出的水与氨几乎在同一时间达到恒定值。当 PER 量增大后，即使氨已释放完，还会有大量的水释出。水释放量的增加，表明氨的释出仅是由于 APP 的热解，而这两种组分都会释出水分。将第一阶段完成后样品加热至 290℃时，又生成另外的氨和水，而只有不足 15%的磷损失了。

APP/PER 混合物最可能发生的反应是醇解。在 210℃时，大多数的磷原子已包含在酯键中。APP 醇解后，下一步的分子内酯化可形成环状的季戊四醇磷酸酯结构，但产物的结构仍难以准确地确定。在 PER/APP 之比较低时，可能是二环的季戊四醇磷酸酯嵌入 APP 中。

富含 PER 的 IFR 所放出的水比其羟基完全酯化所生成的水还多,这可能是 PER 发生了分子间脱水并生成了醚键之故[5]。APP 与 PER 之间的第一步反应形成的季戊四醇磷酸酯类或醚类产物,进一步加热时可具膨胀行为。

4.2.3　季戊四醇二磷酸酯的热分解[5]

曾采用下述的季戊四醇二磷酸酯(PEDP)作为模型化合物(其结构可能在 APP 与 PER 的第一步反应中形成)研究了 IFR 膨胀过程可能发生的反应[5]:

$$
\begin{array}{c}
\mathrm{O} \quad \mathrm{O} \qquad\qquad \mathrm{O} \quad \mathrm{O} \\
\mathrm{HO-P} \qquad \mathrm{C} \qquad \mathrm{P-OH} \\
\mathrm{O} \qquad\qquad\qquad \mathrm{O}
\end{array}
$$

Ⅲ

上述模型化合物的热降解是分步进行的,各步均释出一定量的气态产物,还可能形成高沸点的 P_2O_5,而物系的膨胀在约 300℃ 才开始[5],325℃ 膨胀最激烈,温度再高时,膨胀倾向消失,这主要是因为热降解时产生的挥发性产物总量有限。另外,高于 250℃ 时,模型化合物与 APP/PER 两者的热行为是类似的,因为在此温度下 APP/PER 混合物中生成了磷酸酯[16]。

以上述模型化合物或 APP/PER 混合物为 IFR 时,应再加入发泡剂,且后者应在磷酸酯结构膨胀的温度范围(300~350℃)内提供气态产物,胺很符合这一要求。

4.2.4　IFR 多组分间及其与高聚物的反应[17~21]

IFR 内多组分的相互反应以及它们与被阻燃高聚物的反应,也是人们十分关注的问题(详见下文)。文献[17]指出,APP/PER 混合物加入 PP 时,并不会明显改变 IFR 酯化及膨胀成炭的温度(<400℃),也不改变 PP 热降解时所释出的碳氢化合物的组成。但 APP 对一些酸敏感高聚物(如聚酯、聚氨酯)的热降解通常具有较明显的影响,并增高成炭量[5]。

在 IFR 系统中,APP 可能与其他添加剂反应而生成带端基的活性物种,而后者有可能通过与烯烃双键或降解 PP 分子的反应成炭[18,19]。

如上所述,IFR 在高温下的变化包括了一系列的反应,这些反应必须在适当的时候、以适当的速率发生,而且随聚合物类型及热条件的不同,这些反应发生的时间和速率也是有所改变的。

IFR 与其被阻燃高聚物的成炭反应,则比上述 APP 及 APP/PER 的分解反应复杂得多,且随高聚物而异。以 PA6/APP 系统为例,尽管 APP 的热分解温度比 PA6 约低 70℃,但由于膨胀炭层能有效地保护其下层的基质,所以 PA6/40%APP

系统的热分解速度比纯 PA6 低,此系统中的 PA6 能与 APP 的分解产物成酯,后者再释出环状己内酰胺并最后形成泡沫炭层,见反应式(4.4)[20]:

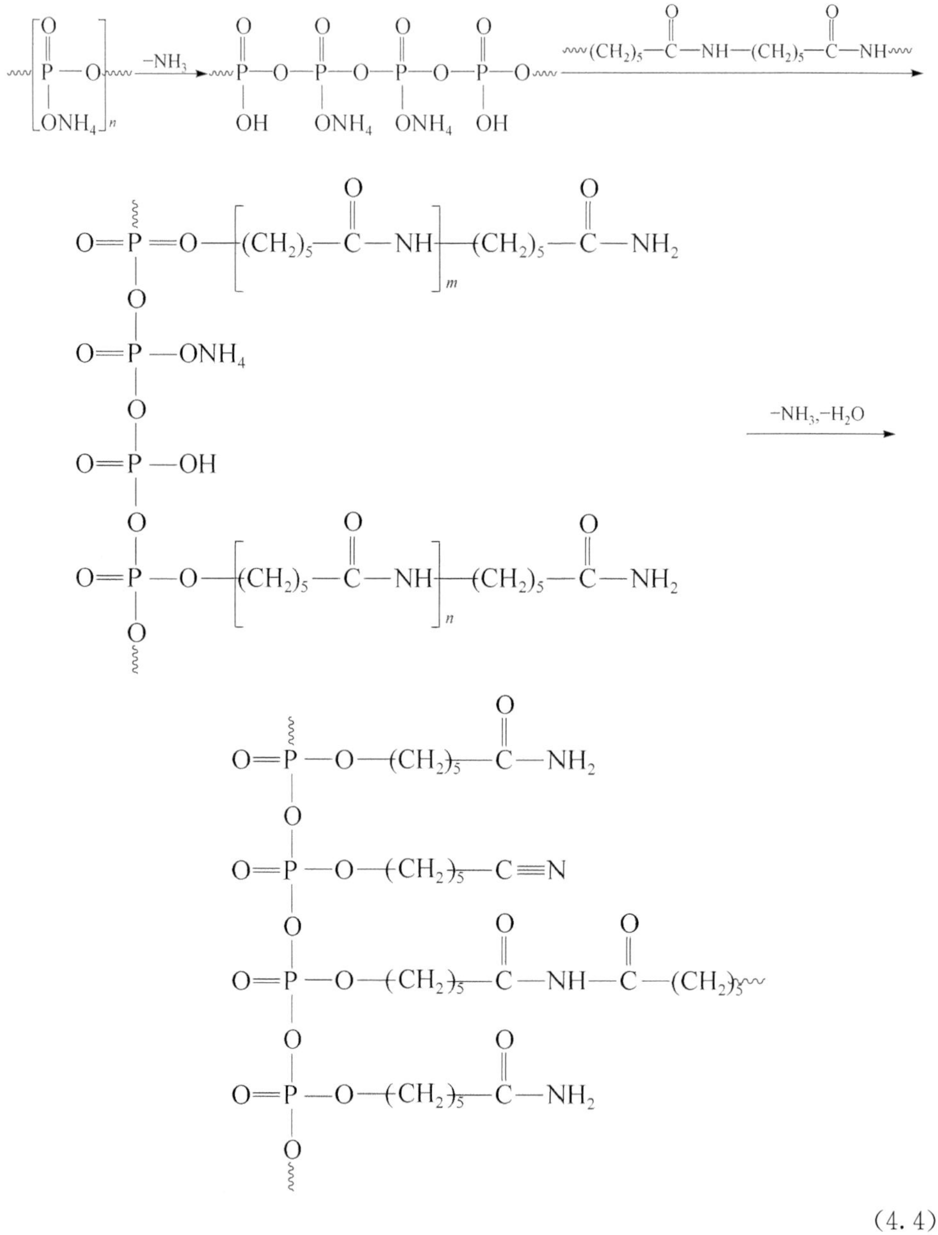

$$
(4.4)
$$

当 PAN 与含 APP 的磷氮阻燃系统共热时,PAN 则通过环化及脱氢成炭,见反应式(4.5)[21]:

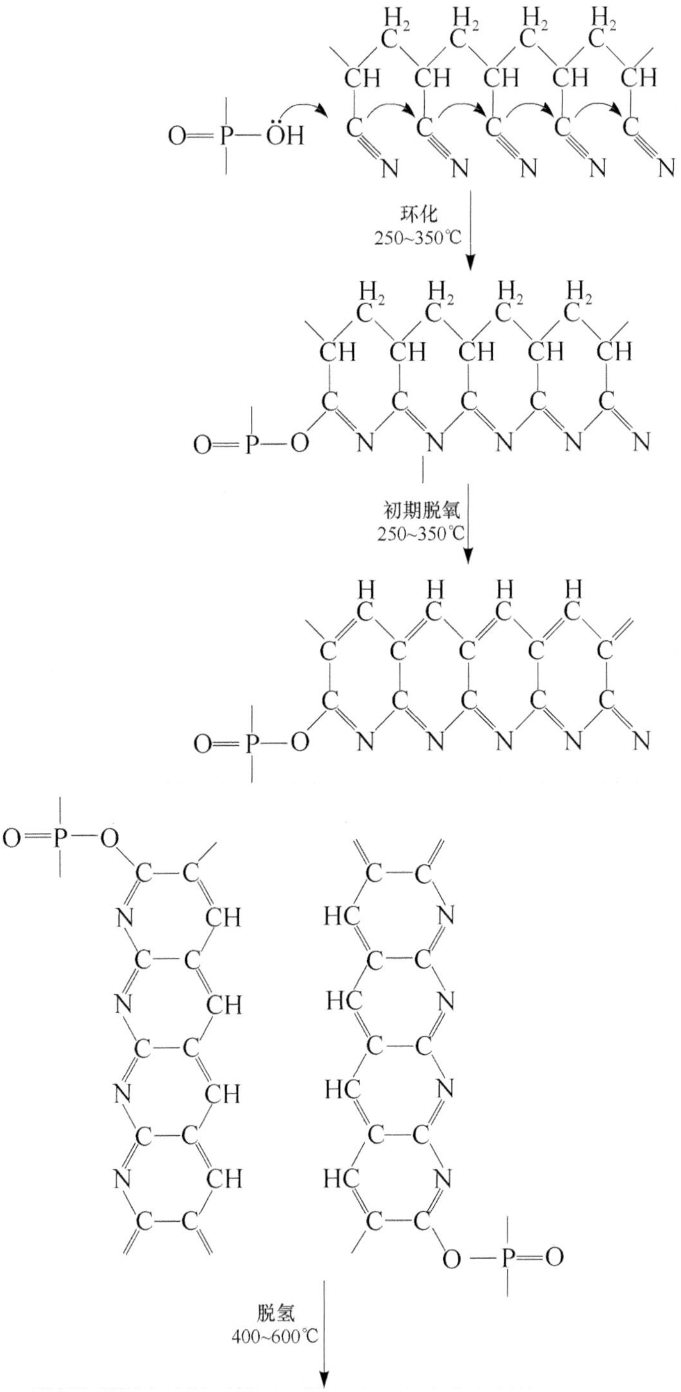

环化
250~350℃
初期脱氧
250~350℃
脱氢
400~600℃

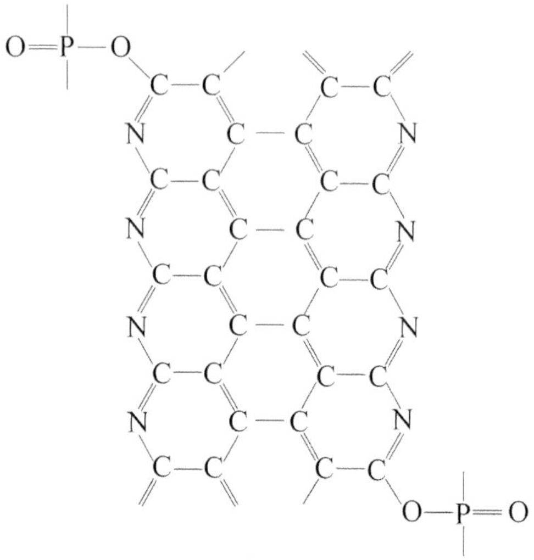

$$\tag{4.5}$$

（图中化学结构式）

IFR 无卤、低烟、低毒。但目前,IFR 的应用仍然有限,因为现有 IFR 除了水溶性、迁移性及热稳定性欠佳外,用量也过大（20%～30%）,所以阻燃成本较高,也不利于高聚物的加工。只有在人们对膨胀机理深入理解,对 IFR 阻燃高聚物膨胀的化学过程及物理过程详细研究的基础上,才有可能开发出高效优质的 IFR。

4.3　IFR 的膨胀成炭

4.3.1　成炭过程及化学反应[1,22]

IFR 的三组分,一般是通过下述相互作用而形成膨胀炭层的:①在较低温度（150℃左右,具体温度取决于酸源和其他组分的性质）下,由酸源产生能酯化多元醇和可作为脱水剂的酸;②在稍高于释放酸的温度下,酸与多元醇（炭源）进行酯化反应,而体系中的胺则作为此酯化反应的催化剂,加速反应进行;③体系在酯化反应前或酯化过程中熔化;④反应过程中产生的水蒸气和由气源产生的不燃性气体使已处于熔融状态的体系膨胀发泡。与此同时,多元醇和酯脱水炭化,形成无机物及炭残余物,且体系进一步膨胀发泡;⑤反应接近完成时,体系胶化和固化,最后形成多孔泡沫炭层。上述几步应当严格按顺序协调发生,整个过程如图 4.2 所示[1,22]。

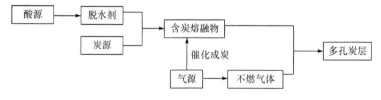

图 4.2　多孔炭层形成过程示意图[1,22]

　　生成膨胀炭层时,气体生成的速率、熔融态聚合物黏度增长速率及其转变为固态的速率应当相互配,才能形成稳定的泡沫炭层,否则炭层将会凹塌,不具备阻燃性能。阻燃聚合物系统受热生成泡沫炭层的过程中,高聚物由熔融态转化为固态时黏度急剧增高,同时发泡剂产生的气体进入炭层中。如阻燃系统中含有反应性组分,则它们在高温下的相互作用可导致形成部分交联的大分子不熔化合物。例如,含对氨基苯磺酰胺的系统在 $250 \sim 260℃$ 时形成的不熔固态产物,具有部分交联的结构,这是端氨基与仲氨基相互作用所致。当温度升至 $360℃$ 时,磺酰胺基团自身开始相互反应,磺酰胺中的键断裂,并形成炭层,而反应的主要气态产物是 SO_3,且其量值随温度升高而增加[1]。

　　具体到 PP/APP/PER 系统而言,在反应的第一阶段($<280℃$),其中的酸源(APP 及其热降解产物正磷酸盐及磷酸)与炭源(PER)反应,形成酯的混合物,随后在约 $280℃$ 时发生炭化过程(文献[23]认为,该过程主要通过自由基反应进行)。在反应的第二阶段($280 \sim 350℃$),气源分解产生气体(如 APP 分解释出 NH_3),使炭层膨胀,在更高的温度下(约 $430℃$),膨胀炭层分解,并不再具膨胀特征[24,25]。在 $280 \sim 430℃$,炭层的导热性下降,隔绝性能提高[26]。

　　另外,文献[1]指出,PP/APP/PER 燃烧时,首先是 APP 分解放出氨和水,PER 磷酸化,PP 热氧化,随后是系统的脱水和脱磷酸化,最后是网络交联、炭化和形成炭层。而发泡剂分解生成的不燃气态产物,则使炭层膨化,还有些不燃气体则进入气相。有研究指出,APP 不仅用于形成炭层,而且参与了凝聚相的化学反应。上述的各种反应,反应速率各不相同,但均很高。且在不同时间,占主导地位的反应不同,这取决于各反应的相对比例。如果材料燃烧时,IFR 中的磷生成氧化磷,则对材料氧指数的贡献较小,炭层中的磷含量也会下降。

4.3.2　PEDP 的成炭化学反应

　　为了更好地了解 APP/PER 混合物膨胀成炭时的化学反应,文献[7]曾描述了模型化合物季戊四醇二磷酸酯(PEDP)的热成炭过程。

　　PEDP 在室温与 $950℃$ 之间有五个降解阶段。每个阶段都有挥发性产物释出。在达到相应于降解第二阶段的 $325℃$ 时,泡沫的形成达到最大值;再升高温度,泡沫的形成减少。升至 $500℃$ 时,PEDP 在氮或空气中所测得的 TGA 及 DSC 曲线没有区别,挥发在 $750℃$ 完成。第一阶段—OH 缩合释放出水,有机物减少。这显然涉及磷酸酯键的裂解及形成一种聚磷酸酯和含碳化合物的炭。这个反应有三种机理:自由基机理、碳鎓离子机理和环顺式消除机理。自由基机理认为消除反应是由于在热解过程中缺少自由基抑制剂。碳鎓离子机理受到酸催化和动力学性质的支持。如果在 β-碳原子上不存在氢原子(如 PEDP),碳鎓离子机理应为唯一机理。对于消除机理中的环状过渡态,它也会存在的。烯烃是由热力学上最稳定的碳离子产生的。如果生成了活性高的碳离子,则会进行氧化物的迁移或骨架重排,生成一种更稳定的离子,当带离子的酯上的环打开后,进行第二次热解反应。这种反应按顺式消除机理进行,见反应式(4.6)[7]:

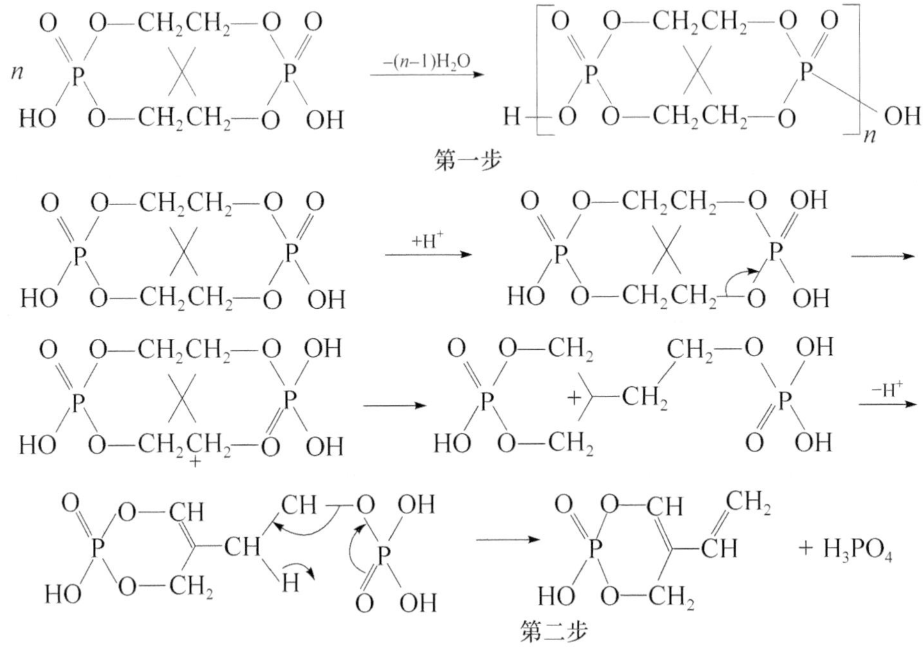

$$-(n-1)H_2O$$

第一步

$$+H^+ \longrightarrow$$

$$\longrightarrow \qquad -H^+ \longrightarrow$$

$$+ H_3PO_4$$

第二步

$$(4.6)$$

自由基或酸催化聚合反应均可以在热解生成的产物中形成炭。例如,酯的热解和 δ 移位后的 Diels-Alder 反应都导致生成芳环结构,见反应式(4.7)[7]:

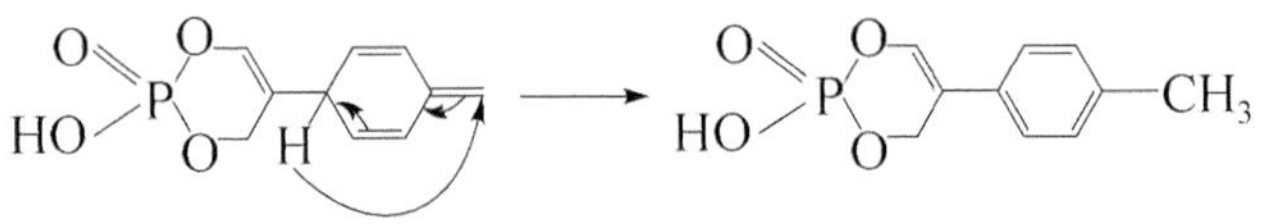

$$\longrightarrow \qquad -CH_3$$

$$(4.7)$$

上述反应模型有助于说明泡沫炭的结构。这些反应可能以不规则的程序与其他过程竞争中进行。由一些聚合反应、Diels-Alder 缩合、芳环化等得到最终产物。酯热解可提供化学结构相当简单的成炭物质。

成炭和发泡不仅取决于 IFR,聚合物也起作用。例如,聚丙烯在降解过程中释放出的挥发物也能参与起发泡。

成炭是一个复杂的过程,与聚合物结构、添加剂成分及燃烧过程有关,碳碳共轭双键、交联键及芳环导致炭化。碳含量越大(72%~95%),炭的热稳定性越高。炭的氧指数高达 65%,炭的生成降低了可燃性[1]。

4.3.3 炭层组成及性能

IFR 降解形成的产物是一非均相物质[4],其中的凝聚相(含磷及碳等的多孔炭层)是固相及液相(酸性焦油状物)的混合物,它能捕获高聚物热降解时生成的气态及液态产物,具有所要求的热力学及动力学性能。另外,凝聚相的多孔炭层含有预石墨化的堆积状大分子多芳香族物[由聚合物键、磷酸盐基、多(二、三)磷酸盐基桥联],还含有结晶状的 IFR 组分质点以及包覆结晶相的无定形相,后者则由小分子多芳香族化合物、易于水解的磷酸盐、IFR 组分降解形成的烷基化合物及高聚物链碎片等组成。此无定形相与炭层的保护性能十分有关,它的体积必须能完好地包覆结晶相,且应黏度适当,以使炭层具有所需的热、动力学性能,能够承受固体质点及气体对炭层的应力。

IFR 阻燃高聚物生成的炭层的阻燃效能还与炭层在膨胀过程温度下的塑性有关[27]。现有的一些研究表明,有几种 IFR 阻燃的高聚物形成的炭层的流变性及机械性能可与其阻燃性能相关联[28,29]。IFR 阻燃系统膨胀过程发生的化学反应,会改变系统的热、动力学性能。对 IFR 阻燃的 PP(PP/TPU/APP),在 300~340℃,在应力的作用下物料的表观黏度随时间而下降[27]。应力有损于炭层中高聚物链的缠绕,且自由基反应也使高聚物链长降低。在 340~390℃,物系的表观黏度随时间而增高,因为这时形成了为 PP 链及磷酸盐桥联的堆积状大分子多芳香族物,而物系的高黏度有利于膨胀物料具有保护性能。如物系的黏度足够高,则可包覆由材料降解而生成的气态产物,也可承受由于固体质点和被捕获气体产生的压力。当温度高于 400℃时,物系的黏度在最初 200s 内急剧下降,但随后只略有下降。这时,温度及应力的双重作用导致膨胀物料降解,多脂肪族链断裂,并放出相应的产物,这使物料失去应有的热、动力学性能,并在炭层中形成裂纹,因而丧失了保护性能[4]。

文献[1]指出,对 PP/APP/PER 系统,炭层中的碳原子和磷原子的含量与阻燃剂中的含量相对应,炭层中存在聚磷酸链,含有一定量的正磷酸盐。如以焦磷酸二铵代替膨胀型阻燃剂中的聚磷酸铵,则会生成焦磷酸盐碎片,而不是正磷酸盐碎片[1]。

500℃ 以下时,炭层表面的磷/碳比随温度升高而增大,而炭层主体中的此比例则随温度升高而下降,且氧/碳比也是这种情况。这说明,阻燃剂中的磷迁移至表面且被氧化。

在含磷系 IFR 的聚合物中,加入含氮化合物,可以增强含磷化合物的阻燃效率,这时生成炭层中的磷可能被固定,扩散困难。元素分析及红外图谱指出,某些含磷、氮 IFR 生成的炭层表面存在 P-N 键。

总之,不论是阻燃的,还是未阻燃的高聚物,燃烧时均能成炭。在成炭过程中,可发生化学裂解、交联、形成气泡及传质过程。燃烧时形成的炭层常含有无序排列的多环芳香族化合物,但温度升高有序性增加,即无定形部分的含量降低,芳香性增高,结晶增大[3]。

IFR 形成的炭层是一个多相系统,含有固体和液体,也含有材料降解生成的气态产物,某些高聚物的炭化物含多芳香族碎片,具石墨结构。为了保护下层材料,炭层必须覆盖材料全部表面,且应有足够的强度[1]。

4.3.4　炭化时物料的动力学黏度[3,27]

在膨胀过程发展的早期,高聚物的黏度是影响膨胀炭层发展的重要因素。特别是,降解高聚物的黏度能影响炭层的形态,因为黏度制约降解生成的气体在物料中的扩散。研究阻燃高聚物黏度与时间的关系,有助于了解炭化过程。

文献[27]研究过 PP/APP/PU 系统的黏弹性能,图 4.3[27]是该系统在不同温度下的表观黏度。在 $200 \sim 240 ℃$,物料黏度随温度升高而下降,不过即使在此温度范围之内,物料表面仍发生炭化。在 $240 \sim 300 ℃$,物料黏度仅略有下降,这时物料似已炭化和液化,且生成磷酸酯类和芳香族化合物类[27]。在 $300 \sim 360 ℃$,物料的黏度很低,这时物料表面形成糊状的膨胀保护层,而大部分的物料仍为液态,但液相和固相并存,不过物料的黏度取决于液相。在 $360 \sim 450 ℃$,物料黏度急剧增高,这时原始高聚物已完全降解,系统进一步炭化,膨胀泡沫层似乎仅由固体颗粒组成。在 $450 \sim 500 ℃$,黏度稍有增加,最后趋于定值。这时,生成的炭层开始降解和被氧化。另外,还可研究物料黏度与时间的关系,以更好评估保护膨胀炭层的机械性能和热稳定性,更深入了解炭化过程[3]。IFR 的阻燃效率是与它生成的保护层的塑性有关的[30]。

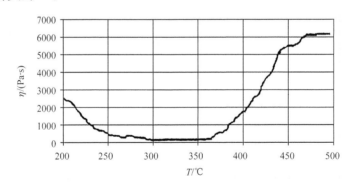

图 4.3　PP/PU/APP 系统的表观黏度与温度的关系[27]

关于物料黏度与时间的关系,随物料温度而异。在 $300 \sim 400 ℃$,受应力物料的表观黏度随时间下降,在开始 20min 内,可下降至为初始值的 60%。这是由于应力使高聚物链长降低之故。但与此相反,在 $340 \sim 390 ℃$,物料表观黏度随时间增加,因为这时发生了膨胀过程,生成了堆积状的多芳香族化合物(为 PP 链和磷酸盐(酯)链接)[31,32]。此阶段物料黏度很高,足以包覆被捕获的气体和承受来自固体颗粒产生的应力和气体产生的压力。在 400℃ 以上时,应力下的物料黏度随时间的变化,在开始 200s 内,黏度大幅度降低,随后略有增加。据认为,在高温和应力的双重作用下,膨胀物料发生热降解[32],产生裂缝,失去保护性能,尽管这时物料膨胀良好,黏度也相当高且几乎恒定[3]。

研究膨胀系统的黏度是了解其炭化过程的重要途径之一,且其所得结果可与膨胀保护层的化学组成互为补充。不过,系统的黏度测定是原位进行的,而化学组成的研究系在试样燃烧后进行。

4.3.5　IFR 的 HRR 曲线及 TGA 曲线(成炭量)

PP/APP/PER 系统的 HRR 曲线是 IFR 所特有的(图 4.4)[33],曲线上有两个释热峰,第一个峰是材料被点燃和火焰在材料表面传播产生的,第二个峰则源于膨胀结构的破坏和炭层的形成。在两峰间的平台区(HRR 值恒定),材料受到膨胀层的保护。IFR 形成的膨胀层应耐高温(至少 450~550℃)且易使被保护的高聚物能达到的温度尽可能低于该高聚物的最大热降解速度的温度,这样能使高聚物不致被快速降解。

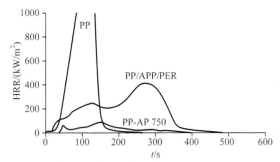

图 4.4　PP、PP(70)/APP(20)/PER(10)及 PP(70)/AP750(30)的 HRR 曲线[33]

IFR 阻燃的高聚物受热时产生的含碳残留物随 IFR 本身及阻燃高聚物而异。例如,PP、PP(70)/APP(20)/PER(10)及 PP(70)/AP750(30)(AP750 为环氧树脂黏合的 APP 及三(2-羧乙基)异三聚氰酸酯复合物)三者在 800℃时的成炭量分别为 0、18%及 40%,而在 250~800℃,含 IFR 的 PP 的热稳定性远远高于单一的 PP,见图 4.5[33]。

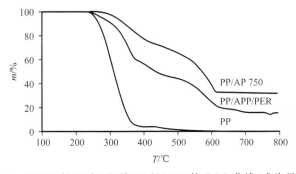

图 4.5　PP、PP/APP/PER 及 PP/AP750 的 TGA 曲线(成炭量)[33]

4.3.6 炭层结构[2,3]

泡沫炭层的结构不仅与气体形成的过程有关,而且与半液态基质的黏度有关。如基质近为全液态,黏度较低,则气体在其中不易被捕获,而易于扩散至火焰中。有时,发泡相物料的黏度是影响炭层结构及质量的关键性的因素。此外,泡沫炭层在应力下的黏度变化有时会使炭层丧失保护性能。如果炭层过硬,则易产生和传播裂纹,使材料快速降解。即使炭层具有良好的结构、形态及绝缘性能,但如炭层在机械作用下易于破裂,则其阻燃效能也是很差的[3]。

IFR 系统中形成炭层是通过半液相的、生成气体和表面膨胀是同时进行的[14]。膨胀时,液炭开始固化形成固态多孔泡沫炭层。IFR 系统(特别是其中的发泡剂)降解时生成的气体,在高黏度的熔体中继续扩散和被捕获,使膨胀过程发展,形成具有适当形态和性能的物料[3]。

上述气体在半液态物料中的扩散方式,对所形成的炭层的结构及其热和机械性能有极其重要的影响。例如,环氧树脂基膨胀涂料(含 APP)的热容在 $100\sim200℃$ 急剧增加,这是由于 APP 分解放出氨水(气)进入气泡中,导致泡内压力增高之故。相反,如将上述涂料中的 APP 改为二氧化锰或硼酸铝,则涂料的热容不随温度而明显变化,这时膨胀涂料生成气体的过程比较平缓,形成的炭层结构较佳[3]。

图 $4.6^{[35]}$ 比较了 PP/APP/多元酸及 PP/APP/多元酸/BSil 两系统在锥形量热仪中燃烧后形成的炭层。前者多裂缝,而后者则连续而密实。

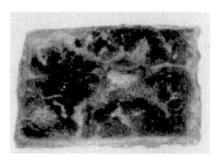

图 4.6　含 BSil(右)及不含 BSil(左)的 PP/APP/多元酸在锥形量热仪测定中形成的炭层[35]

对凝聚相阻燃,燃烧时及稳态时固相的性质,与阻燃效率直接相关。例如,当MNT 加入 PA6/OP1311(次磷酸铝)中时,阻燃效率的提高即由于炭层结构大为改善(图 4.7)[3]。当配方中不含 MNT 时,炭层含大泡。显然,含 MMT 配方炭层是更好的传质、传热屏障。

PA6/OP1311

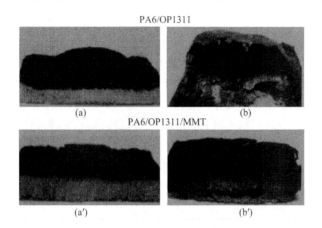

(a)　　　　　　　　　　(b)

PA6/OP1311/MMT

(a')　　　　　　　　　　(b')

图 4.7　PA6/OP1311(上)及 PA6/OP1311/MNT(下)的燃烧残余物(炭层)[3]

左-引燃后；右-PHRR 时

同样,含一定量且良好分散的碳纳米管的高聚物纳米复合材料,形成的炭层具网格结构,无大裂缝,覆盖整个材料表面[36]。

4.3.7　炭层的阻燃作用[1]

IFR 受强热时在高聚物表面成炭及发泡形成的膨胀炭层(炭层密度随温度升高而下降)可作为气相与凝聚相间传热、传质的物理屏障,是凝聚相阻燃[37]。以 IFR 阻燃高聚物时,在燃烧早期,即高聚物的热降解生成气态可燃物的阶段,即有可能终止燃烧[4]。例如,PP、PP(70)/APP(20)/PER(10)及 PP(70)/AP-750 (30)三者的 LOI 分别为 18%、32% 及 38%,且 PP 不能通过 UL94V 检测,而两种含 IFR 的 PP 均通过 UL94V-0 级。而就 PHRR 而言,上述三种材料分别为 $1800kW/m^2$、$400kW/m^2$ 及 $180kW/m^2$ [33]。

IFR 主要在凝聚相发挥阻燃功效。例如,APP/PER(3/1)阻燃的聚丙烯,其氧指数和 N_2O 指数如图 4.8 所示,其阻燃作用独立于所用的氧化剂,这表明添加剂是通过凝聚相阻燃机理起作用。

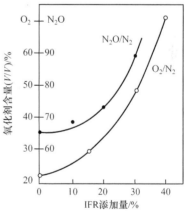

图 4.8　PP/APP/PER 的氧指数和 N_2O 指数

炭层的阻燃作用除了作为传质传热屏障外,还由于炭层含有的自由基能与混合物热降解过程中形成的气态自由基反应,有助于终止高聚物热裂解中的自由基反应链,和减缓被炭层保护的高聚物在凝聚相中的热降解。同时,炭层可作为酸性催化物质的载体,而这类催化物能与高聚物氧化降解中形成的氧化产物反应[4]。

　　文献[1]认为,炭层通常还含有氮、氧、磷和其他元素。材料表面炭化层降低材料可燃性的原因主要有下述几点:①炭化层使热难于穿透进入凝聚相;②炭化层可阻止氧从周围介质扩散到正在降解的高聚物材料中;③炭化层可阻止降解生成的气态或液态产物逸出材料表面。不过,炭层的多孔结构也会使气态产物通过炭层而渗入燃烧区,而对液态产物,炭层的孔可作为一个通道,由于毛细管力而使液体升至材料表面燃烧。泡沫材料中液体的运动服从 Darcy 定律,材料的燃烧速率与炭化层的气化速率及聚合物降解生成的气态和液态产物通过炭化层的转移速率有关。炭化层量增加,气态及液态降解产物量减少。如果聚合物熔化温度低,熔体黏度低,或在热裂时易形成液态产物,则材料表面炭层不具备有效降低材料可燃性的效果。

　　降低炭层下材料的可燃性,有下述几种途径:①增加炭化率,可降低逸至燃烧区的可燃性挥发产物的量。在 IFR 系统中加入某些成炭促进剂,可在这方面收到良好的效果。例如,在环氧树脂中加入少量分解时可放出氧的次氯酸钾,可由于提高成炭率而提高环氧树脂的阻燃性。5％的次氯酸钾可使环氧树脂的氧指数达到23％,但如次氯酸钾的加入量过多,则会引起材料氧指数急剧下降。又如,锡和钴化合物也可促进成炭,从而降低材料的燃烧速度。此外,这类金属化合物还能改变热裂挥发性产物的组成。磺基也能促进成炭,但文献上有关磺基化合物作为塑料阻燃剂的报道并不一致;②提高炭层的热阻和材料表面温度,这有助于减少对流给热量,增加辐射热损失和加热材料的热耗量;③增加炭层的厚度和降低炭层的导热率;④降低炭层的渗透性,增加高聚物降解液态产物的黏度,以降低其流动性。

　　IFR 也可能在气相中发挥阻燃作用,因为组成此类阻燃剂的磷-氮-碳体系遇热可能产生 NO 及 NH_3,而极少量的 NO 及 NH_3 也能使燃烧赖以进行的自由基化合而导致链反应终止。另外,自由基也可能碰撞在组成泡沫体的微粒上而互相化合成稳定的分子,致使链反应中断[1]。

　　文献[1]指出,为使炭层具有良好的阻燃性,炭层的渗透性应尽可能低。例如,含磷酸铵的苯酚-甲醛树脂热裂时,形成的炭层的渗透性很低,由于炭层中磷化合物的存在而使 Darcy 常数降低几倍。用磷酸处理的苯酚-甲醛树脂(亚苯基双顺丁烯二酰亚胺)燃烧时形成的炭层,用磷酸铵改性的聚合物热裂时形成的炭层也都具低渗透性,从而使聚合材料的阻燃性提高。例如,对环氧树脂基复合材料,当用含磷化合物处理的焦炭层板覆盖时,其氧指数可由 35％提高至 52％以上。含磷多孔炭层的渗透性低,可能是由于在高温下生成的多磷酸酯(盐)的黏度很高,而使炭层中的孔隙填充之故。

　　某些硼化合物也能降低炭层的渗透性。对于聚苯乙烯系统,当其被含氧化硼的酚-甲醛热裂并交联(交联剂为六亚甲基四胺)所形成的炭层覆盖时,其可燃性下降的贡献就部分来自炭层低的渗透性,但此炭层的渗透性与温度有关。低于 450℃时,炭层渗透性先随温度升高而下降,然后随温度升高而增加。这是因为,在 450℃时硼化合物是一种透明液体,它能覆盖炭层的孔隙而使炭层渗透性下降。而温度再升高,则使含硼化合物膜的黏度降低,炭层表面的覆盖程度下降,渗透性增高。

可以认为,除了成炭率及成炭速率外,作为阻碍传质和传热的屏障,炭层的质量也是很重要的。如果形成的炭层是多孔的,则最好是闭孔,且炭层应无裂纹和沟槽。就炭层的量而言,质量比体积量更为重要。

4.4　IFR 的协效剂

4.4.1　概述[1,4]

这里概述的协效剂是指 IFR 主组分(三源)之外的,能促进成炭或改善炭层质量的协效剂。它们在很多热塑性及热固性高聚物中都是有效的,而且往往加入少量即收效甚大。

一个为人熟知的例子是 IFR 中加入分子筛,可提高阻燃效率,降低释热,抑制生烟。而且,在分子筛存在下,膨胀型阻燃系统形成的磷-碳结构更加稳定。还有研究指出,分子筛有助于在聚合链中形成有机磷酸酯和磷酸铝,从而限制聚合物解聚,减少进入火焰区中的可燃气态产物量。另外,众所周知,分子筛有利于在聚合材料中形成"粘连"结构,而这种"粘连"大分子网络结构及其与聚合链的相互作用,可增强材料的阻燃性能。实际上,膨胀型防火屏障层中的多芳香结构能使材料强度提高,而材料表面则变得较为柔韧,减少材料在高温下表面产生裂纹的可能性。这样,氧扩散进入聚合物基材和聚合物降解产生的可燃性气态产物进入燃烧区的速率都得以减慢[1]。

硼硅氧烷弹性体是聚磷酸铵和多元醇膨胀阻燃体系的有效协效剂,应用在聚烯烃中有极好的效果。动态流变测试表明,该体系可以生成 PER-BSil 交联大分子体系,同时由于 APP-BSil 的反应,提高了高温下生成的膨胀泡沫炭层的塑性。FTIR 测试肯定硼硅氧烷弹性体与阻燃剂之间可发生化学反应,DTG 测试肯定了该反应对阻燃体系的有效作用。

多价金属会影响氧化过程。例如,铜、锡、锑及钴的化合物,均可影响环氧树脂基材的热裂解。在锡化合物存在下,环氧树脂基材的起始降解温度可提高 60~80℃,且成炭率也有增加。聚合物在 240~320℃氧化降解时,锡化合物可大大增长降解的诱导期。锡和钴化合物也可促进成炭,从而降低材料的燃烧速度。此外,这类金属化合物还能改变热裂挥发性产物的组成[1]。

其他可用的 IFR 协效剂还有很多,如纳米填料、天然陶土、硼酸锌、滑石粉、POSS、氧化镁、氧化锰等[4]。

4.4.2　分子筛[4,6]

根据文献[4]、[6]的报道,将分子筛与 APP/PER 或与 PY/PER(PY 为焦磷酸二铵)配用,可使多种高聚物的阻燃性明显改善。例如,当 APP/PER 的用量恒定为 30%时,PP、LDPE 及 PS 的 LOI 分别为 30%、24%及 29%,而当再加入1%~1.5%的分子筛(4A 或 13X)时,上述相应的 LOI 分别提高至 45%、29%及 43%,所有材料的阻燃级别在加入分子筛前后均为 UL94V-0[4]。这表明分子筛对 IFR (APP/PER)具有良好的协效作用。以锥形量热仪测定的材料释热速率(HRR)也证明了这一点[38]。以 LRAM3.5 Ⅰ(乙烯/丙烯酸丁酯/顺丁烯二酸酐共聚物)、LRAM3.5/APP/PER Ⅱ(IFR 用量为 30%)及 LRAM3.5/APP/PER/4A Ⅲ(4A 添加量为 1%~1.5%)三者的 HRR 曲线比较可知,当锥形量热仪的热流量为 50kW/m² 时,200s,Ⅱ和Ⅲ的 HRR 值差别较小,但 600s 时,Ⅱ和Ⅲ的 HRR 值分别为 300kW/m² 及 150kW/m²,即加入 1.5%4A 后,使高温段(材料引燃后)的 HRR 值降低至 1/2。这说明,含分子筛的材料在苛刻的热氧化条件下能耐受更长的时间。另外,Ⅱ和Ⅲ的 HRR 曲线是类似的,均存在 3 个峰,第一个峰相应于 IFR 自身热降解,第二个峰相应于 IFR 降解残余物的热降解并形成膨胀炭层,第三个峰相应于炭层的热降解[4]。

　　分子筛的作用在于它能改变炭层中炭(堆积状的大分子多芳香族物)的组织,并延缓炭的重组过程[39~41]。此外,分子筛能使炭层中保有较多的多脂肪族联桥,且由于加入分子筛而形成的有机铝硅磷酸酯复合物能稳定炭层,减少 P—O—C 键的断裂,而使上述堆积状的大分子多芳香族物的体积增大[41]。再有,当组分中含分子筛时,在所有温度区段,均能检测到吡啶类的氮化合物(由 APP 分解释出的 NH_3 与碳碳双键反应生成的氮杂环化合物);而不含分子筛的配方,只有在 350℃ 以上时才能检测到这类含氮化合物[4],而吡啶氮的存在表明延缓了多芳香网络的缩聚,这有助于炭层机械性能的提高,因而也改善了材料的阻燃性能。还有,分子筛能使 IFR 形成的磷/碳结构热稳定化,因为通过形成有机磷酸酯和/或有机铝磷酸酯而使聚乙烯键桥联,从而限制了材料的解聚,而解聚会生成提供火焰燃料的小分子可燃物。而且,分子筛的参与也有助于形成粘连结构,后者系一大分子网络,而聚乙烯桥连结构似乎更有利于提高阻燃性。实际上有些高聚物/IFR 形成的炭层是比较脆的。而聚乙烯桥联结构进入炭层则可能使多芳香环系统通过铝磷酸盐(酯)或硅磷酸盐(酯)桥联,因而赋予炭层柔韧性,使之具有所需的机械性能[40]。遇火时,这类炭层可延缓裂缝的产生和传播,有利于隔热、隔氧,防止高聚物快速热降解为小分子产物。

　　近年来,一些含有分子筛的价廉的工业废料(如流化床催化裂解用催化剂)也已被用来作为 IFR 的协效剂,而且效果明显[4]。

4.4.3　纳米填料[2,4]

　　根据文献[2]报道,纳米填料能改善膨胀炭层的物理及化学性能。文献[42]认为,纳米填料具催化作用,用量只需 0.1%~1.0%,即能发挥稳定炭层及改善炭层流变性的效果。它能生成在凝聚相进行选择性化学反应的活性质点,使炭层具有所需的热/动力学性能。

文献[43]在 APP 为基的 IFR 加入 1% 的有机改性蒙脱土(MMT)或/和硼硅氧烷弹性体(作为阻燃剂及陶瓷前体的载体),当用其阻燃 PP 时,可使 PP 的 LOI 提高 2%~8%,通过 UL94V-0 阻燃级。这类配方的物料在高温下黏度较高,能控制阻燃剂的活性,且在物料降解的早期,即能形成纳米复合材料剥离型结构而对基材提供保护。另外,硼硅氧烷弹性体能赋予炭层更好的弹性,这也有利于提高炭层的阻燃作用。还有,如采用硼硅氧烷包覆 MMT,则它还能增强炭层表面的保护作用。据检测,在 250~300℃,APP、硼硅氧烷及 MMT 间无明显化学反应[43,44]。在含 APP 及分子筛的 IFR 中,在 350℃ 以上能形成磷硅酸盐[45]。故据推测,APP 与硼硅氧烷在相当高的温度(如高于 300℃)下,也可能生成硼磷酸盐,而这类化合物会提高膨胀炭层的阻燃效能。对含 APP 与 MMT 的 IFR,则可能生成铝磷酸盐[4]。

在 IFR 中,POSS 与磷酸盐间也具有协效作用。例如,单一 OP950(次磷酸锌)用于阻燃 PET,当总用量分别为 10% 及 20% 时,被阻燃 PET 的 LOI 相应达 29% 及 35%[46]。而如在 OP950 中加少量 POSS,则 PET 的 LOI 可分别增高至 36%(OP950/POSS 总用量仍为 10%)及 38%(OP950/POSS 总用量为 20%)[46]。含有 POSS 的配方,膨胀度增高(图 4.9)[46],故阻燃效率提高。另外,单一 PET、PET/OP950(20%)及 PET/OP950(18%)/POSS(2%)三种配方的 PHRR 分别约为 750kW/m²、500kW/m² 及 250kW/m²[46]。这说明,POSS 可能作为炭层的膨胀剂及增强剂,大大提高了炭层的质量及保护作用。

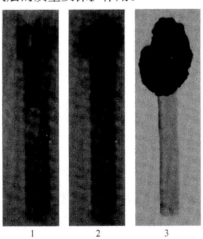

图 4.9　测定 LOI 时物料的膨胀情况[46]
1-单一 PET;2-PET/OP950(20%);3-PET/OP950(18%)/POSS(2%)

4.5 IFR 的改进

改善和提高 IFR 的途径有:①采用高聚物(PA,TPU)成炭剂代替常规的低分子多元醇成炭剂;这可降低成炭剂的水溶性及迁移性,改善炭层的机械性能。②在 IFR 中采用高聚物纳米复合材料,这可提高被阻燃高聚物的热变形温度,降低透气性,进一步提高炭层机械性能及阻燃性[47,48]。③用成炭剂包覆酸组分(如磷酸盐、硼酸盐),使后者微胶囊化,可制得内在阻燃的 IFR。

4.5.1 高聚物成炭剂[4]

作为 IFR 成炭剂的通常为多元醇类,但它们存在渗出性(迁移性)及水溶性的问题,且与高聚物不相容,影响被阻燃高聚物的机械性能。对用于聚烯烃类的 IFR,现在已有人采用高聚物(如 TPU 及 PA6)作为成炭剂,这类成炭剂可避免或减轻上述多元醇成炭剂的缺点。以 TPU 为炭源、APP 为酸源及气源的 IFR,已用于阻燃等规 PP。就降低被阻燃 PP 的 HRR 值而言,聚酯型的 TPU 优于聚醚型的;就对同一种多元醇,则 TPU 中的硬键数增加,PP 的 HRR 值下降[4]。对 PP/APP/TPU 系统,当 APP/TPU 的总用量为 40% 时,其 LOI 与多元醇类型及 APP/TPU 之比有关,聚酯多元醇比聚醚多元醇能赋予 PP 更高的 LOI,而最佳的 APP/TPU 的比例(质量比),也随多元醇类型而定,在 1 到 3 之间[4]。但 PP/APP/TPU 系统易产生熔滴,故通常只能通过 UL94V-2 级,只有当 APP/TPU 的用量达到 45% 时,才能通过 V-0 级。

成炭剂 PA6 也已用于 PP 中,对 PP/APP/PA6 系统,应添加表面处理剂(如 EVA),以防止 APP 在 PP 中的迁移,并提高 PA6 与 PP 的相容性。当 APP/PA6 的总用量为 30%(APP 与 PA6 的质量比为 3:1),EVA 用量为 5% 时,被阻燃 PP 的 LOI 可达 28%,阻燃性达 UL94V-0 级(3.2mm 试样),而 HRR 的峰值(PHRR) 仅 $250kW/m^2$(单一 PP 为 $1400kW/m^2$)[49,50]。如在被阻燃 PP 中再加入填料(如滑石粉),则可赋予被阻燃 PP 较高的模量,更优的化学稳定性,且易于加工。滑石粉有助于形成类陶瓷保护层,既改善保护性能,又增高材料的杨氏模量。

4.5.2 纳米填料作为 IFR 组分[4]

已有很多研究[47,48]指出,有机改性的 MMT 能大大降低(降幅 50%~70%)很多高聚物(如 PS,PAS)的 PHRR,不过对材料的 LOI 及 UL94V 阻燃级别的贡献则甚微。这是因为在测定 HRR 的锥形量热仪中,试样的燃烧是在水平方向进行的,测定 LOI 及 UL94V 则是在垂直方向进行的,而含黏土纳米复合材料的黏度较低,燃烧时产生熔熵,物料流失。但纳米添加剂能改善高聚物的机械性能,所以用高聚物为成炭剂又含纳米黏土的 IFR,能起到提高材料阻燃性及机械性能的双重效果。例如,EVA-24/APP/PA6-纳米(为 PA6 及纳米陶土的杂化体)与 EVA-24/APP/PA6 相比,当 APP/PA6 总用量为 40%,且 APP/PA6 的质量比为 3 时,前者的断裂应力及断裂伸长率均高于后者[4]。还有,前者的 LOI 为 37%,而后者为 32%。另外,为了通过 UL94V-0 阻燃级,前者所含 APP 可为 10%~34%,而后者应达 13.5%~34%。关于 PHRR,前者为 240kW/m², 后者为 320kW/m²[51]。而且,前者形成的炭层比后者的脆性较低。文献[26]还比较了 EVA-24/APP/PA-纳米及 EVA-24/APP/PA6 两者分别在 N₂ 中(辐射气化装置)与空气中(锥形量热仪)的质量损失曲线,这四条曲线中,除了 EVA-24/APP/PA6 在空气中的曲线有较大不同之外,其余三条曲线都彼此相近。这说明氧对 EVA-24/APP/PA6 的热分解有较大的影响。而对 EVA-24/APP/PA-纳米,因为纳米陶土可作为氧扩散的屏障,降低或避免氧对材料热分解的影响,所以这种材料在 N₂ 中的质量损失曲线与在空气中的近似。另外,纳米陶土也有助于形成磷/碳结构及更黏实的炭层,延缓了传质、传热速率。再有,纳米陶土能与 APP 反应,形成铝磷酸盐,后者能使炭层中的磷/碳结构热稳定化,使其耐热温度达 310℃。在更高温度下,由于铝磷酸盐被破坏,前述磷/碳结构也发生热降解,形成含正磷酸或多磷酸的无定形陶瓷状氧化铝,这也能作为保护屏障。对于不含纳米陶土的 EVA-24/APP/PA6 系统,则在膨胀炭层中未检测到磷/碳结构,而只含正磷酸物系。

曾在 EVA-19 及 PA6 中均加入有机陶土,制得 EVA-纳米及 PA6-纳米,然后再制得 EA-纳米/APP/PA6 及 EA-纳米/APP/PA6-纳米,当 IFR 总用量为 40% 时,两者的 LOI 均达 33%~34% 及通过 UL94V-0 级,而配方相同的 EVA/APP/PA6 及 EVA/APP/PA6 纳米两者的 LOI 是 29%~34%(也通过 UL94V-0 级)[4]。另外,EVA/APP/PA6 系统的 HRR 曲线上有两个放热峰,第一个相应于膨胀炭层的形成,第二个相应于膨胀炭层的分解。只要系统中含有纳米陶土,均可使第一个峰进一步降低,但只有当系统中含 EVA-纳米时,第二个峰才可降低。这说明,EVA-纳米有利于形成更密实的炭层[4]。

关于阻燃聚合物纳米材料,详情可见第 5 章。

4.5.3　IFR 的微胶囊化[4]

这里所指的 IFR 的微胶囊化,系用高聚物成炭剂(如 TPU)薄膜包覆酸源(如 APP),这样可降低 APP 的水溶性及延缓其在基材中的迁移及渗出。

微胶囊化可采用两种工艺,一种是界面缩聚,另一种是溶剂蒸发。前者可用于平均粒径为 0.7μm 的物料(采用此法微胶囊化的物料的粒径通常小于 5μm)。此法微胶囊化后的物料为球形,很少聚集。采用后一种工艺微胶囊此时,物料的平均粒径可较大,得率比第一种高,且易于放大。用于包覆粒子的 TPU 薄膜应有足够的弹性,使粒子能变形,但不破损[4]。

　　IFR既能使高聚物获得必需的阻燃性能,同时也能使被阻燃高聚物的其他性能(如机械性能)保持在用户能接受的范围内。采用高聚物成炭剂是改进IFR最有前景的途径之一,因为这能兼顾基材的阻燃性能及机械性能。使IFR组分纳米化,能提高材料的机械性能。这类材料在水平燃烧试验中表现低的可燃性,但不能通过UL94V-0级检测。同时采用高聚物成炭剂及使组分纳米化,则可能是设计高效膨胀阻燃高聚物的未来方向。

4.6　膨胀阻燃机理的深化

　　文献[42]及[22]对这一问题有过综述。

　　现在,人们对IFR的一些高温反应动力学知之不多,目前对膨胀机理的解释只是定性的和粗略的。在这方面,有待深化或开展研究的问题有:①主要以凝聚相阻燃发挥作用的膨胀型阻燃系统中所发生的反应顺序及它们与温度的关系,这些反应对温度的敏感程度、反应顺序和比例的改变对总反应产物性质的影响等。②膨胀型阻燃剂各组分的作用,组分间的催化和协同效应。例如,APP是作为催化剂呢? 还是膨胀炭层的基材? APP与其协效剂间的相关反应的性质如何? 为什么这类协效剂(如三聚氰胺、季戊四醇等)能如此大幅度地提高APP的阻燃作用? APP对炭层网络结构的形成有何贡献等? ③膨胀型阻燃系统的炭层网络究竟是如何形成的? 它作为炭层的前体是如何转变为炭层的? 在形成炭层前体及在被阻燃塑料表面形成炭层之间,究竟发生了什么化学反应和物理变化? 炭层的结构,特别是泡孔的结构怎样? 如何表征和测定炭层的结构? 怎样通过阻燃剂的配方来改善炭层的质量等? ④塑料的精细结构(如结晶度、定向性、相转变等)对凝聚相阻燃的作用,特别是对一些结晶塑料更应深入研究。这些问题,对阐明膨胀型阻燃剂的凝聚相阻燃机理,对提高膨胀型阻燃剂的阻燃效率和研发新的膨胀型阻燃剂,都是至关重要的。对于膨胀型阻燃系统,尽管文献中已发表了很多研究结果[52],但还有很多问题没有解决。例如,对典型膨胀型阻燃系统中APP的作用就尚未充分了解。

　　近年来,人们在上述研究领域已进行了很多探索,并取得一些有价值的成果。例如,现在已经认识到炭层前体是在低于塑料热裂和燃烧温度下形成的,它是一种三维结构的实体,进一步炭化而成为阻燃的炭层,且其组成基本上保留于最后的炭层中。这种炭层的结晶部分由包覆于无定型相基质中的大分子聚芳烃骨架组成,而无定形相则系通过$P-O-C$键与磷酸盐及含烷基的物系相连,后两者是由于被阻燃塑料和阻燃系统中的成炭剂热裂解生成的[53]。在膨胀型阻燃系统中加入分子筛,形成的炭层中的无定形相和结晶相中的单元尺寸都会减少(可至10～

100nm),并导致形成更加紧密和更为弹性的结构,这种结构不易破裂,且更能阻止可燃气体及自由基由炭层中逸出。同时,这种炭层的抗热氧化能力增强,其热分解后的剩余物也更为稳定[45]。在膨胀型阻燃系统中加入一定量的某些金属化合物催化剂,也具有与加入分子筛相似的效果[54]。但这方面的研究仍有待深入,一些深层次的问题还有待阐明。

为了在材料表面形成炭层,炭层前体必须到达材料的表面,即必须由材料内部迁移至材料表面。这就是说,炭层前体必须是易迁移的,而这种迁移过程至少与两个因素有关:①熔融态塑料与其表面的自由能之差及富炭的前体与塑料表面的自由能之差;②必须有推动力施加于炭层前体,这种推动可由温度梯度及阻燃剂中发泡剂分解所生成的气体提供。因此,在成炭前体迁移至被阻燃塑料表面后,熔融态塑料中的阻燃剂含量降低,而一部分阻燃剂成了炭层的组成。上述的膨胀型阻燃剂及其他凝聚相阻燃系统的迁移现象,还基本上没有人研究,亟待开展。已有人研究过膨胀型阻燃系统中发泡剂的作用及其产生的气体在熔融塑料中的运动情况,并指出了熔融塑料黏度对气泡运动的影响[55],但黏度对成炭前体迁移的影响则有待研究。

还有,关于膨胀型阻燃剂的炭层结构,已探明炭层泡孔直径一般为 $5\sim50\mu m$,多为闭孔,其特征与膨胀型阻燃剂的组成,特别是与 APP 的协效剂性能有关,但泡孔结构与炭层精细结构间的关系尚鲜为人知[56]。近期人们采取了多种分析方法,对膨胀炭层结构进行了广泛的研究,也取得了有成效的进展,但时至今日,人们对膨胀炭层的基本性能和结构特征,也还只是有一些估计的甚至有时是含糊的描述,有待深化。实际上,膨胀炭层是一类极复杂的物质,用于表征其性能的参数很多,如体积、质量、密度、碎裂性、弹性、硬度、韧性、内聚性、黏结性、透气性、导热性、比热容、绝缘性,以及其他结构和精细性能参数等,但是,人们仍缺乏测定上述某些性能的可用方法,特别是还没有通过采用适当的配方来控制不同塑料膨胀炭层上述性能的诀窍[22]。这个领域,即炭层结构与性能的相互关系,仍是一个大有可为的待开展的新研究领域。

参 考 文 献

[1] 欧育湘,李建军. 阻燃剂[M]. 北京:化学工业出版社,2006:26-31.
[2] Bourbigot S,Duquesne S. Intumescence based fire retardants[A]//Wilkie C A,Morgan A B. Fire Retardancy of Polymeric Materials. 2nd Edition[M]. Boca Raton:CRC Press,2009:129-162.
[3] Duquesne S,Bourbigot S. Char formation and characterization[A]//Wilkie C A,Morgan A B. Fire Retardancy of Polymeric Materials. 2nd Edition[M]. Boca Raton:CRC Press,2009:239-260.
[4] Bourbigot S,Bras M L,Duquesne S. Recent advances for intumescent polymer[J]. Macromolecular Materials and Engineering,2004,259:499-511.
[5] Gamino G,Costal L,Martinasso. Intumescent fire-retardant systems [J]. Polymer Degradation and Sta-

bility,1989,23:359-376.

[6] Bourbigot S,Duquesne S. Intumescence and nanocomposites. A novel route for flame-retarding polymeric materials[A]//Morgan A B,Wilkie C A. Flame Retardant Polymer Nanocomposites[M]. Hoboken:John Wiley & Sons Inc. ,2007:131-162.

[7] Camin G,Lomakin S. Intumescent materials [A]//Horrocks A R,Price D. Fire Retardant Materials [M]. Boca Raton:CRC Press,2000:318-336.

[8] Walter H C,Bartlesville O K. Flame Retardants for Synthetic Resins [P]. US Patent,US4155900,1979-05-22.

[9] Levchick S V. Mechanisms of action of phosphorus-based flame retardants in nylon6 [J]. Fire and Materials,1996,20(4):183-190.

[10] Bertelli G, Roma P, Locatelli R. Selbstverlö Schende, Polymere Massen [P]. Germany Patent, DE2800891,1978-07-13.

[11] Fleenor C T Jr. Flame Retardant Polyolefins[P]. US Patent,US4253972,1981-03-03.

[12] Halpern Y,Mott D M,Niswander R H. Fire retardancy of thermoplastic materials by intumescence[J]. Industrial & Engineering Chemistry Process Design and Development,1984,23(2):233-238.

[13] Kallonen R,Wright A,Tikkanen L,et al. The toxicity of fire effluents from textiles and upholstery materials [J]. Journal of Fire Sciences,1985,3(3):145-160.

[14] Myers R E,Dickens E D Jr,Licursi E,et al. Ammonium penta borate:An intumescent flame retardant for thermoplastic polyurethanes [J]. Journal of Fire Sciences,1985,3(6):432-449.

[15] Kvoenke W J. Low-melting sulfate glasses and glass-ceramics and their utility as fire and smoke retarder additives for PVC [J]. Journal of Materials Science,1986,21(4):1123-1133.

[16] Camino G,Costa L,Trossarelli L. Study of the mechanism of intumescence in fire retardant polymers. part I. Thermal degradation of ammonium polyphosphate-pentaerythritol mixtures [J]. Polymer Degradation and Stability,1984,6:243-252.

[17] Camino G,Costa L,Trossarelli L. Study of the mechanism of intumescence in fire retardant polymers. part II. Mechanism of action in polypropylene-ammonium polyphosphate-pentaerythritol mixtures [J]. Polymer Degradation and Stability,1984,7:25-31.

[18] Montaudo G,Scamporrino E,Vitalini D. Intumescent flame retardants for polymers. II. The polypropylene-ammonium polyphosphate-polyurea system [J]. Journal of Polymer Science, Part A, Polymer Chemistry,1983,21:3361-3371.

[19] Montaudo G,Scamporrino E,Puglisi C,et al. Intumescent flame retardant for polymers. III. The polypropylene-ammonium polyphosphate-polyurethane system [J]. Journal of Applied Polymer Science, 1985,30:1449-1460.

[20] 骆介禹,骆希明,孙才英,等. 聚磷酸铵及其应用[M]. 北京:化学工业出版社,2006:276.

[21] 张军,纪奎江,夏延致. 聚合物燃烧与阻燃技术[M]. 北京:化学工业出版社,2005:390-391.

[22] 欧育湘,韩廷解,李建军. 阻燃塑料手册[M]. 北京:国防工业出版社,2009:9-16.

[23] Le Bras M,Bourbigot S,Delporte C,et al. New intumescent formulations of fire-retardant polypropylene. Discussion of the free radical mechanism of the formation of carbonaceous protective [J]. Fire and Materials,1996,20(4):191-203.

[24] Camino G,Costa L,Trossarelli L,et al. Study of the mechanism of intumescence in fire retardant polymers. IV. Evidence of ester formation in ammonium polyphosphate-pentaerythritol mixtures [J]. Pol-

ymer Degradation and Stability,1985,12:213-228.

[25] Delobel R,Le Bras M,Ouassou N,et al. Thermal behaviors of ammonium polyphosphate-pentaerythritol and ammonium pyrophosphate-pentaerythritol intumescent additives in polypropylene formulations [J]. Journal of Fire Sciences,1990,8(2):85-92.

[26] Bourbigot S,Duquesne S,Leroy J M. Modeling of heat transfer study of polypropylene-based intumescent systems during combustion [J]. Journal of Fire Sciences,1999,17(1):42-49.

[27] Bugajny M,Le Bras M,Bourbigot S. Short communication. New approach to the dynamic properties of an intumescent material [J]. Fire and Materials,1999,23(1):49-51.

[28] Duquesne S,Delobel R,Le Bras M,et al. A comparative study of the mechanism of action of ammonium polyphosphate and expandable graphite in polyurethane [J]. Polymer Degradation and Stability,2002, 77(2):333-344.

[29] Bugajny M, Le Bras M, ourbigot S, et al. Thermal behaviour of ethylene-propylene rubber/polyurethane/ammonium polyphosphate intumescent formulations. A kinetic study[J]. Polymer Degradation and Stability,1999,64:157-163.

[30] Rhys J A. Intumescent coatings and their uses [J]. Fire and Materials,1980,4(3): 154-156.

[31] Bourbigot S,Le Bras M,Delobel R,et al. Synergistic effect of zeolite in an intumescence process: Study of interactions between the polymer and the additives [J]. Journal of the Chemical Society, Faraday Transactions,1999,92(18):3435-3444.

[32] Le Bras M. Bourbigot S. Fire retardant intumescent thermoplastics formulations. Synergy and synergistic agents. A review[A]//Le Bras M,Camino G,Bourbigot S,et al. Fire Retardant of Polymers. The Use of Intumescence [M]. Cambridge:The Royal Society of Chemistry,1998:64-75.

[33] Morice L,Bourbigot S,Leroy J M. Heat transfer study of polypropylene-based intumescent systems during combustion [J]. Journal of Fire Sciences,1997,15:358-374.

[34] Vandersall H L. Intumescent coating systems,their development and chemistry [J]. Journal of Fire and Flammability,1971,2:97-140.

[35] Marosi G,Marton A,Szep A,et al. Fire retardancy effect of migration in polypropylene nanocomposites induced by modified interlayer[J]. Polymer Degradation and Stability,2003,82:379-385.

[36] Kashiwagi T,Du F,Winey K I,et al. Flammability properties of polymer nanocomposites with single-walled carbon nanotubes. Effects of nanotube dispersion and concentration [J]. Polymer,2005,46(2): 471-481.

[37] 欧育湘. 实用阻燃技术[M]. 北京:化学工业出版社,2001:81-82.

[38] Bourbigot S,Le Bras M,Delobel R,et al. 4A zeolite synergistic agent in mew flame retardant intumescent. Formulations of polyethylenic polymers. Study of the effect of constituent monomers [J]. Polymer Degradation and Stability,1996,54:275-283.

[39] Bourbigot S,Delobel R,Le Bras M. Carbonisation mechnisms resulting from intumescence. Association with the ammounium polyphosphate-pentaerythritol fire retardant system[J]. Carbon,1993,31(8): 1219-1230.

[40] Bourbigot S,Le Bras M,Delobel R,et al. Synergistic effect of zeolite in an intumescence process: Study of the carbonaceous structures using solid-statenmR [J]. Journal of the Chemical Society-Faraday Transactions,1996,92(1):149-158.

[41] Bourbigot S,Le Bras M,Delobel R,et al. Synergistic effect of zeolite in an intumescence process. Study

of the interactions between the polymer and the additives [J]. Journal of the Chemical Society, Faraday Transactions, 1996, 92(18): 3435-3444.

[42] Lewin M. Unsolved problems and unanswered questions in flame retardance of polymers [J]. Polymer Degradation and Stability, 2005, 88: 13-19.

[43] Marosi G, Marton A, Szep A, et al. Fire retardancy effect of migration in polypropylene nanocomposites induced by modified interlayer [J]. Polymer Degradation and Stability, 2003, 82: 379-385.

[44] Marosi G, Keszei S, Marton A, et al. Flame retardant mechanisms facilitation safety in transportation [A]//Le Bras M, Wilkie C A, Bourbigot S, et al. Fire Retardancy of Polymers. New Applications of Mineral Fillers [M]. Cambridge: The Royal Society of Chemistry, 2005: 347-360.

[45] Bourbigot S, Le Bras M, Delobel R, et al. Synergistic effect of zeolite in an intumescent process. study of the carbonaceous structures using solid state NMR [J]. Journal of the Chemical Society-Faraday Transactions, 1996, 92(1): 149-158.

[46] Vannier A, Duquesne S, Bourbigot S, et al. The use of POSS as synergist in intumescent recycled PET [J]. Polymer Degradation and Stability, 2008, 93: 818-826.

[47] Gilman J M, Kashiwagi T, Giannelis E P, et al. Nanocomposites: Radiative gasification and vinyl polymer flammability [A]//Bars M Le, Camino G, Bourbigot S, et al. Fire Retardancy of Polymers. The Use of Intumescence [M]. Cambridge: The Royal Chemical Society, 1998: 203-221.

[48] Gilman J W, Jackson C L, Morgan A B, et al. Flammability properties of polymer layered-silicate nano-composites. Polypropylene, and polystyrene nanocomposites [J]. Chemistry of Materials, 2000, 12(7): 1866-1873.

[49] Almeras X, Dabrowski F, Le Bras M, et al. Using polyamide 6 as charring agent in intumescent polypropylene formulations. I. Effect of the compatibilizing agent on the fire retardancy performance [J]. Polymer Degradation and Stability, 2002, 77(2): 305-313.

[50] Almeras X, Le Bras M, Horsnby P, et al. Effect of fillers on the fire retardancy of intumescent polypropylene compounds [J]. Polymer Degradation and Stability, 2003, 82(2): 325-331.

[51] Bourbigot S, Le Bras M, Dabrowski F, et al. PA6 clay nanocomposite hybrid as char forming agent in intumescent formulations[J]. Fire and Materials, 2000, 24(4): 201-208.

[52] Camino G, Costa L, Trossarelli L. Study of the mechanism of intumescence in fire retardant polymers. part VI. Mechanism of ester formation in ammonium polyphosphate-pentaerythritol mixture [J]. Polymer Degradation and Stability, 1985, 12(3): 213-218.

[53] Le Bras M, Bourbigot S. Synergy in FR intumescent polymer formulation [A]//Recent Advances in Flame Retardancy of Polymeric Materials [C]. Norwalk: Business Communications Co, 1997: 8, 407-422.

[54] Lewin M, Endo M. Catalysis of intumescent flame retardancy of polypropylene by metallic compounds [J]. Polymers for Advanced Technologies, 2003, 14(1): 3-11.

[55] Kashiwagi T. Polymer combustion and flammability. Role of the condensed phase[A]//Processing of the 25th Symposium Int. Combustyon [C]. Gaither Sburg: Symposium Int. Combust, 1994, 25: 1423-1437.

[56] Lewin M, Endo M. Intumescent systems for flame retarding of polypropylene[A]//ACS Symposium Series [C]. Washington D. C. , 1995, 599(Fire and Polymers II): 91-116.

第5章 其他阻燃剂的阻燃机理

本章论述金属氢氧化物、填料、硼酸盐、红磷、聚硅氧烷、含硫化合物、含氮化合物的阻燃机理,并讨论无机阻燃剂的表面性质和表面状况对阻燃效率的影响,以及阻燃剂在高聚物中的溶解性及迁移性。

5.1 金属氢氧化物的阻燃机理

一些受热时能发生吸热分解的化合物[如氢氧化铝(ATH)及氢氧化镁(MH)]能冷却被阻燃的基质,使其温度降至维持燃烧所必需的温度以下。另外,这类吸热分解能产生水蒸气或其他不燃气体,它们能稀释气相中的可燃物浓度,而热分解生成的残余物又可作为保护层,使下层基质免遭热破坏。

ATH 及 MH 的分子结构中实际上不含水合水,它们受热时释出的水是由于键合于金属的羟基分解生成的。对 ATH,释水起始温度为 200℃,释水量可达 34%(分解为 Al_2O_3),释水时吸热 1170kJ/kg。对 MH,此三值分别为 330℃、31%(分解为 MgO)及 1370kJ/kg[1]。显然,吸热释水是 ATH 及 MH 的阻燃模式之一,但不是全部。ATH 及 MH 脱水生成的无机氧化物层是很好的隔热保护层,但新生成的 Al_2O_3 能导致阴燃[2]。当用量较低时,无水氧化铝比三水合氧化铝的阻燃功能有时更佳,如对环氧树脂,因为无水氧化铝是一个催化剂,有助于催化成炭。例如,二氧化硅层就具有很强的抑制释热的作用,其原因可能是其导热性差,且可反射辐射热。MgO 也是一个很好的绝热体,当 MH 失水后,MgO 就发挥阻燃功能。当 MH 与某些其他添加剂合用于阻燃聚丙烯时,还能增强 MgO 作为隔热屏障的作用。某些具有成炭作用的丙烯腈共聚物(纤维或织物)也能提高 MH 阻燃橡胶的效果,一些聚羧酸树脂和聚硅氧烷则能促进 ATH 和 MH 在遇火时形成隔热层[3]。

热分析表明,ATH 释出水合水的温度也是通用热塑性塑料的加工温度,但远低于工程塑料的加工温度,所以 ATH 不适宜用于某些加工温度较高的塑料。但 MH 由于释水温度高于 300℃,因而适用范围较广。

吸热机理系通过冷却、稀释和隔热等三种物理作用来阻燃,其效率远不如化学阻燃高。

金属氢氧化物作为阻燃剂的主要缺点是效率低、用量大,一般为被阻燃材料的 50%~70% 才能达到所需的阻燃级别。但它们若与其他高效阻燃剂协同使用或者只是作为辅助抑烟剂时,则用量可低一些。

金属氢氧化物的具体阻燃机理是比较难于确定的,因为它们的阻燃效率与被阻燃高聚物的类型,特别是高聚物的分解机理紧密相关。在 PP 中,需要 60% 的用量才能达到 26% 的氧指数;而在 PA6 中,同样的用量则可使氧指数达到近70%[4]。而且,对不同的阻燃性,金属氢氧化物的阻燃效果也是不一样的。例如,为通过 UL94V-0 级测试,所需用量则与被阻燃高聚物燃烧时是否容易产生熔滴很有关。有些含金属氢氧化物的高聚物,虽然氧指数极高,但燃烧时易于产生熔滴。当然,含大量金属氢氧化物的高聚物熔融时的黏度增高,有利于抑制熔滴的产生。此外,金属氢氧化物的阻燃效率还取决于其粒度、粒度分布、表面状况、纯度及其与高聚物的相互作用等一系列因素[4]。

5.2 填料的阻燃机理

有一些天然的或合成的无机物,如石棉、滑石粉、铋化合物、钼化合物、氧化铝和氢氧化铝、铵盐、金属碳化物等,也可作为阻燃剂。这类阻燃剂实际上是填料,它们的阻燃机理包括对高聚物的稀释、蓄热、导热、降温、表面效应等多方面的作用。填料可分为活性的和惰性的两大类,但这种分类只是相对的。因为材料遭受的温度、材料中是否存在氧化剂及其他一些因素都对填料的活性或惰性有影响。例如,900℃以下时,高聚物中的石棉只是一个热导率低的惰性稀释剂,但在 900～1400℃时,石棉可释出结晶水;1400℃以上时,石棉可发生改变化学结构的吸热反应,而且石棉中的某些组分也有可能与高聚物的某些热降解产物相互反应,这时高聚物中的石棉就成为活性填料了[1]。将无机填料作为阻燃剂时,应尽量减少填料对聚合物基材性能的负面影响,降低材料高温裂解所生成的可燃组分,改善材料的热-物理性能,并防止填料发生物理转变。值得注意的是,某些可作为阻燃剂的无机化合物是聚合和缩聚反应的催化剂,它们对聚合物的燃烧或分解产物也具有催化作用,故可促进成炭。这方面最有意义的是在催化剂作用下烃类的脱氢环化和芳构化,这类催化剂包括钛、钴和铝的氧化物及磷酸铝。

一般而言,影响填料阻燃效率的主要因素如下[4]:

1)热效应

与水合填料阻燃效率有关的热效应主要是填料分解时的焓变及有关物质的热容,它们能影响高聚物的热降解,还会影响填料分解所形成的残余物的屏障作用。当然,分解时强吸热的填料有利于阻燃。

2)热稳定性

作为高聚物阻燃剂的填料,其热稳定性应能承受高聚物的加工温度,但也不是越高越好。其热分解温度应与被阻燃高聚物的热分解温度相匹配,以便在正确的时间发挥阻燃效能。

3）气相作用

尽管一些填料（如水合填料）的阻燃作用主要来自凝聚相反应，但它们分解生成的惰性气体的稀释冷却和覆盖作用也是不容忽视的。以 $Al(OH)_3$ 为例，其阻燃贡献 51％来自其分解吸热，19％来自其分解残余物（氧化物），30％来自分解生成的气体[4]。

4）填料/高聚物间的相互反应

热塑性高聚物中含有填料时，其中有些会影响高聚物的热降解行为，从而影响高聚物的阻燃性。例如，金属水合物填料分解释出的水能促进 PA6 及 PA66 的降解（水解）。无论是不含或含金属水合物的 PA 两者热分解时，均能放出 H_2O、CO、CO_2、NH_3 及碳氢化合物，但 PA6 与 $Mg(OH)_2$ 两者的热降解有很大部分重叠，而 PA66 则先于 $Mg(OH)_2$ 分解，故 $Mg(OH)_2$ 对 PA6 的阻燃效果比对 PA66 较佳[4]。又如，对含 VA30％的 EVA，用 $Mg(OH)_2$ 使其阻燃，最高氧指数可达 46％，而用 $Al(OH)_3$ 则能达 37％。这是因为，在 EVA 中，$Al(OH)_3$ 的释水被延迟，而 $Mg(OH)_2$ 的释水则被加速［由于 $Mg(OH)_2$ 与 EVA 放出的乙酸反应］。

5）填料本身状况

填料的粒度、粒度分布及表面状况等，均能影响填料与高聚物的相容性及填料在高聚物中的分散情况，因而影响其阻燃性。

5.3　硼酸盐的阻燃机理

硼酸盐的阻燃作用主要来自下述几方面：①能形成玻璃态无机膨胀涂层；②能促进成炭；③能阻碍挥发性可燃物的逸出；④能在高温下脱水，具有吸热、发泡及冲稀可燃物的功效。

作为重要阻燃剂和抑烟剂的硼酸锌系水合物，分子式为 $2ZnO \cdot 3B_2O_3 \cdot 3.5H_2O$ 的硼酸锌，在 $290 \sim 450℃$ 放出 13.5％的水，并吸收热量 503J/g[5]。此温度范围与 PVC 及其他许多聚合物的分解温度相吻合。还有一些热稳定性更好的硼酸锌，其脱水温度与一些高温工程塑料的分解温度相近。硼酸锌高温分解时，大部分硼及锌都残留在炭层中。

当硼酸锌与卤系阻燃剂合用时，可同时在气相及凝聚相发挥作用。硼酸锌与含卤阻燃高聚物或卤系阻燃剂分解产生的卤化氢反应时，可按反应式(5.1)[6]生成锌化合物和硼化合物：

$$2ZnO \cdot 3B_2O_3 + 12HCl \xrightarrow{\triangle} Zn(OH)Cl + ZnCl_2 + 3BCl_3 + 3HBO_2 + 4H_2O$$

$$(5.1)$$

不挥发性锌化合物和硼化合物促进成炭,挥发性的卤化硼和水蒸气能稀释可燃物和吸热降温,卤化锌则能催化某些高聚物交联。如 $ZnCl_2$ 在挥发前能对 PET 及 PBT 催化交联,生成芳烃含量高的炭[反应式(5.2)]。另外,$ZnCl_2$ 也可催化 PVC 脱 HCl 而交联。另外,酸与硼酸锌作用生成的氧化硼则能稳定炭层和抑制材料的阴燃。卤化硼是火焰抑制剂,且其捕获自由基的功能与卤化氢具有同一数量级,但以硼酸锌阻燃 PVC 时,仅有很少一部分硼转变为挥发性的卤化硼。

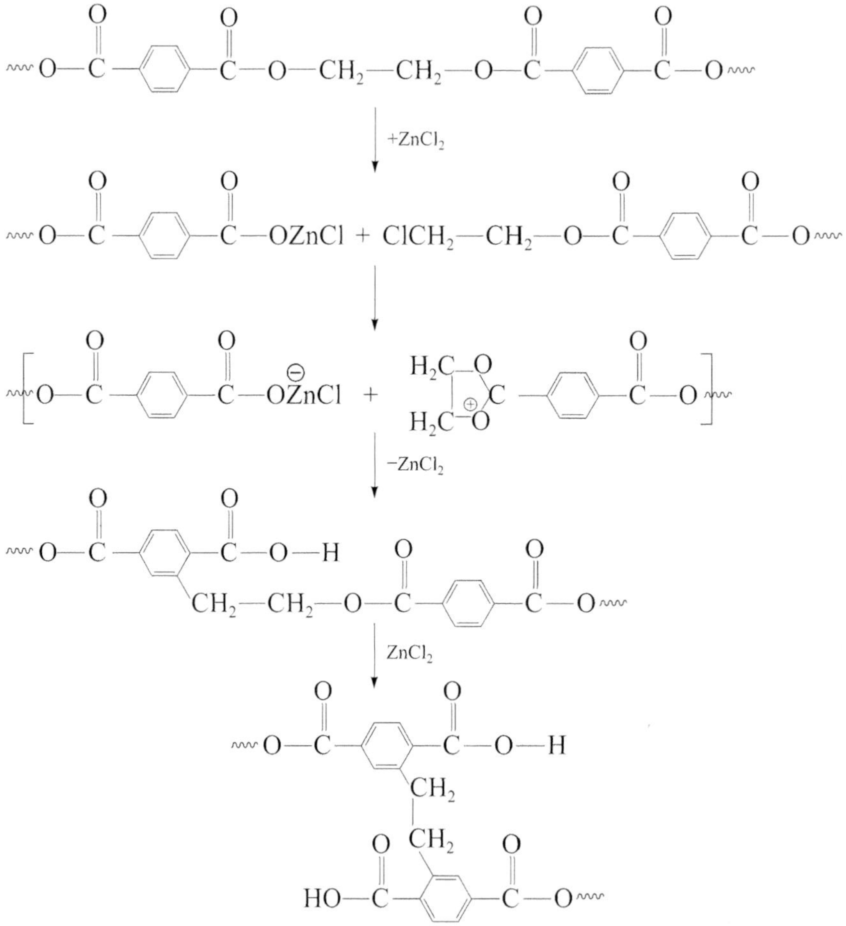

$$(5.2)$$

在无卤系统中,无水硼酸锌的作用在于改善炭层的质量,含水硼酸锌则主要以脱水机理进行阻燃。如阻燃系统中含有氢氧化铝,在 $550℃$ 左右时,硼酸锌能形成作为传热和传质壁垒的多孔陶瓷层。还有,硼化合物能延缓石墨结构的氧化,因为硼能使石墨表面上一些对氧化敏感的反应点失活。

据报道[7],将硼酸锌与红磷并用于 PA,二者不仅具有阻燃协效作用,而且由于硼酸锌能捕获红磷所生成的磷化氢,所以能提高阻燃系统对某些金属(如铜)的抗腐蚀性能。

最近有研究[8]指出,少量(如 10%)硼酸锌与 ATH(约 90%)或 MH 的混合物在约 700℃时熔化及烧结,将这种混合物用于 EVA 时,不仅可大幅度降低 PHRR 值,且可延缓 HRR 曲线上第二个峰出现的时间。这说明,硼酸锌的参与使阻燃系统的成炭率提高。

5.4　红磷的阻燃机理

红磷是极有效的阻燃剂,可用于含氧聚合物,如聚酰胺(PA)、聚碳酸酯(PC)和聚对苯二甲酸乙二醇酯(PET)。红磷的阻燃机理与有机磷阻燃剂的阻燃机理相似。由于生成的磷酸既覆盖在材料的表面,又在材料表面加速脱水炭化形成液膜和炭层,将氧、挥发性的可燃物和热与内部的高聚物基质隔开,因而使燃烧受到抑制。有研究表明,暴露在火中 PA 中的磷会被氧化成一种能使 PA 酯化的酸,产生很可能是聚磷酸涂覆的炭层。红磷直接从 PA 获得反应需要的氧,因此即使 PA 在惰性气体中加热时也能被氧化。被氧化的含磷物质借助红外和固体核磁共振测试表明是磷酸酯,这种磷酸酯是由 PA6 片段与红磷氧化生成的磷酸反应而生成的。对红磷的凝聚相作用还有进一步的间接证据:氧指数(OI)曲线类似于氧化氮(NOI)曲线[9]。这说明,阻燃不受氧化剂影响,因此是在凝聚相起作用。

另外,红磷也有可能在凝聚相与高聚物或高聚物碎片作用而减少挥发性可燃物的生成,而某些含磷的物系也可能参与气相反应而发挥阻燃作用。例如,有几种含磷化合物(三氯化磷和三苯基氧化膦)对阻止氢-空气混合物的燃烧比卤素更有效。表 5.1 汇集了红磷阻燃 PET、PMMA、HDPE 及 PAN 时可能的阻燃机理[1]。

表 5.1　红磷阻燃 PET、PMMA、HDPE 及 PAN 时可能的阻燃机理

被阻燃高聚物	凝聚相阻燃	气相阻燃
PET	减缓 PET 裂解,形成芳香性残留物	—
PMMA	加速环状酸酐的生成	—
HDPE	含磷酸作为燃烧抑制剂	降低自由基浓度
PAN	含磷酸加速表面炭化	PO·抑制燃烧

红磷的阻燃机理似乎与被阻燃高聚物有关,其阻燃效率也是如此。例如,以 8% 的红磷阻燃 HDPE 时,被阻燃材料在 400℃的空气中质量损失为 6%,而未加红磷的 HDPE 在同样条件下的质量损失为 70%,这说明红磷大大提高了 HDPE 的热稳定性。此外,以红磷阻燃的 PET 的热分解固体产物中有磷酸酯,且聚合物表面形成酯交联,这就可抑制挥发性及低相对分子质量裂解产物的生成,从而可提高多环芳香族炭化层的生成速度和减少烟及有毒气体的释放。

红磷亦可控制 PAN 热分解,而且磷阻燃的 PET 热分解固体产物中有磷酸酯,在 PET 中形成了热稳定性较好的 P—O 键在聚合物表面形成酯交联,这样就可抑制挥发性及低相对分子质量裂解物的生成,增大了多环芳香族炭化物的生成速度[1]。

5.5 聚硅氧烷的阻燃机理

聚硅氧烷通常与一种或多种协同剂并用作为阻燃剂,这些协同剂有:有机金属盐(如硬脂酸镁)、聚磷酸铵(APP)与季戊四醇的混合物、氢氧化铝等[10]。它们既能与基材结合,又能与聚硅氧烷发生协同效应;它们不仅能提高基材与聚硅氧烷的互渗性,而且能促进炭层的生成,进而阻止烟的形成和火焰的发展[1]。

聚硅氧烷可通过类似于互穿聚合物网络(IPN)部分交联机理而结合到聚合物基材结构中,这种机理可大大限制硅添加剂的流动性,因而使其不至于迁移至被阻燃聚合物的表面。

对加有填料和未加填料的聚烯烃,其中的聚硅氧烷均有助于形成炭层,所以既能提高其氧指数,又能降低火焰传播速度。而聚硅氧烷所能达到的实际阻燃效果,则取决于聚烯烃与阻燃剂的结合情况[1]。

另外,聚硅氧烷用于阻燃 PC 是很成功的,下文叙述其特点及阻燃机理。

PC 用的含硅化合物是阻燃领域中的后起之秀,到 20 世纪 80 年代才崭露头角,但它正以优异的阻燃性(低燃速、低释热、防滴落)、良好的加工性(高流动性)及满意的力学性能(尤其是低温冲击强度),特别是对环境友好(低烟、低 CO 生成量)而备受人们青睐,具有广阔的发展前景。

5.5.1 硅化合物阻燃 PC 的特点[11]

(1) PC 经有机硅化合物(主要是聚硅氧烷类阻燃剂,下同)阻燃后,热变形温度不降低,阻燃性则有可能达 UL94 V-0(1.2mm)或 5VA(2.5mm)级,释热速率峰值和平均释热速率均明显降低,而燃烧时烟及有毒、腐蚀性气体生成量少。

(2) 聚合物主链所含的硅氧基团及一些添加型的有机硅阻燃剂,可提高材料的耐湿性和链的柔顺性能,所以硅系阻燃 PC 以极优异的冲击强度著称,特别是低温冲击强度更为出众。其他机械性能也可与溴系及磷系阻燃者媲美。

(3) 聚合物中的硅可赋予材料耐氧自由基的能力,因而将这种材料用于宇航系统时,可减轻它们在低轨道环境时发生的降解和失重。

(4) 某些有机硅化合物阻燃 PC,可机械回收使用,经三次回收后,其机械性能、热变形温度和阻燃性几乎可保持不变。

5.5.2　硅化合物阻燃 PC 的机理

1. 成炭及成炭反应

一般认为,硅氧基阻燃 PC 的作用是按凝聚相阻燃机理,即通过生成裂解炭层和提高炭层的抗氧化性实现其阻燃功效的[12]。

实验证明,支链甲基苯基硅氧烷阻燃 PC 的燃烧残渣是不熔性的含硅交联化合物,极有可能是材料表面阻燃炭化层的组成部分。气相裂解色谱图显示,与单一 PC 相比,硅阻燃 PC 在更大程度上脱羧和脱水,这可能是由下述的 PC 异构化[反应式 (5.3)]引起的[12],而这种异构化能加速 PC 的交联和成炭,这是极其有助于阻燃的。

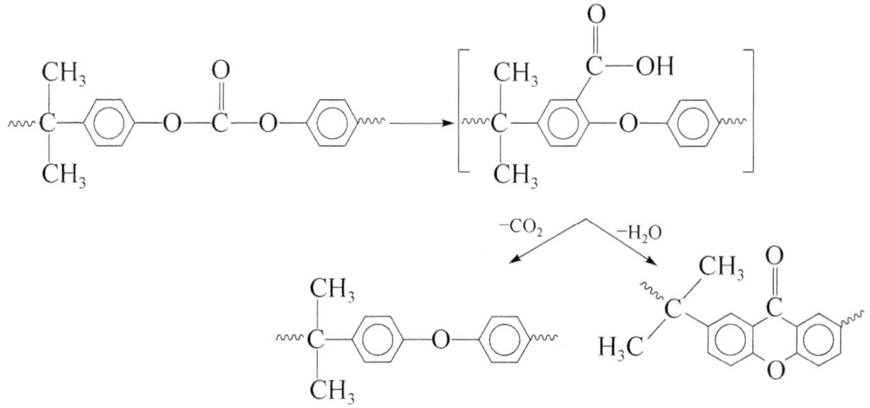

$$(5.3)$$

另外,硅阻燃 PC 也比单一 PC 更易发生反应式(5.4)所示的 Fries 重排[13],这也能加速 PC 的交联和成炭。

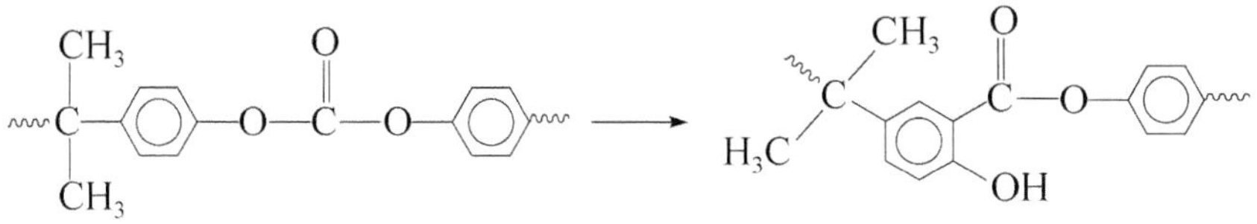

$$(5.4)$$

再有,含有支链甲基苯基硅氧烷的 PC 在高温时,PC 有可能与含苯基的硅氧烷反应,按反应式(5.5)形成支链含羰基的结构[14]。其实质是含硅基团进攻 PC Fries 重排生成的羟基,而形成含苯基的交联成炭的硅醚结构。

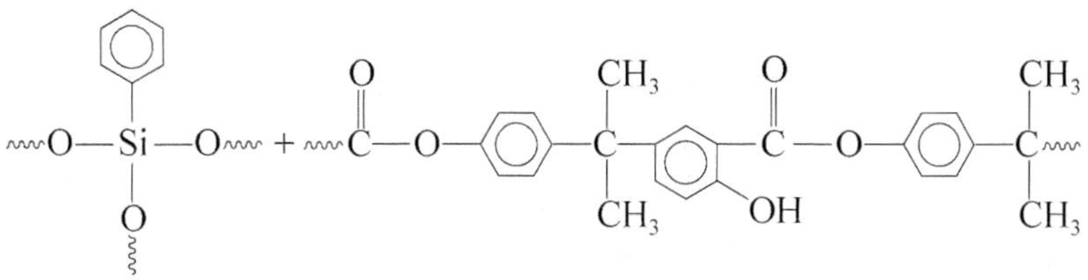

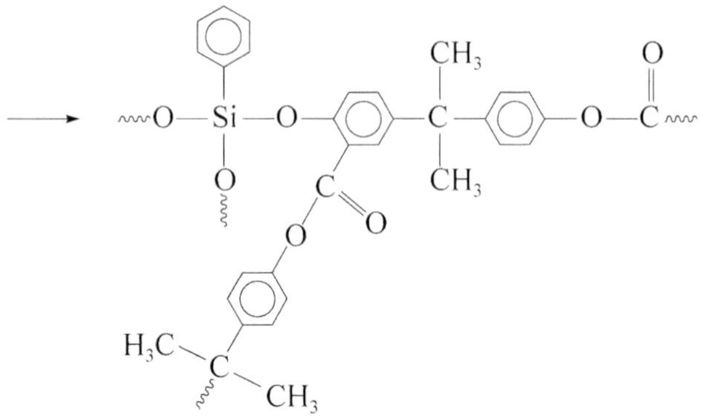

$$(5.5)$$

2. 阻燃组分的表面富集

X 射线光电子显微镜图片指出,含硅氧烷 PC 燃烧时,其中的硅氧烷能从 PC 内部迁移至表面,且很快于表面聚集,形成表面为聚硅氧烷富集层的高分子梯度材料[15,16]。含硅 PC 一旦燃烧时,就会生成聚硅氧烷特有的、含—Si—O—键和(或)—Si—C—键的无机隔氧绝热保护层,这既阻止了燃烧分解产物外逸,又抑制了高分子材料的热分解,达到阻燃、低烟、低毒的目的。上述迁移是由于在高温下硅氧烷和 PC 的黏度及溶解度不同造成的,如硅系阻燃剂与 PC 相容性良好,则前者能均匀分散于基体树脂中,燃烧时(约 800℃)可呈熔融态。而由于液态硅阻燃剂的黏度比 PC 小,从而产生相分离,聚硅氧烷易于向树脂表面迁移和富集,并形成均质的阻燃炭化层[12]。

鉴于聚硅氧烷阻燃作用与其表面富集特性有关,所以聚硅氧烷阻燃剂与基体树脂的相容程度、聚硅氧烷的分子结构和相对分子质量大小与被阻燃材料的阻燃性能十分相关。

近年发现,在燃烧条件下,在模塑试件表面梯度增加阻燃剂的浓度,可大大提高阻燃效果。按上述梯度增高方法在塑料中加入很少量的聚硅氧烷,且使后者在塑料燃烧条件下富集于塑料表面,可获得高的阻燃性。X 射线光电子能谱(XPS)证明,这是由于模塑试件的表面聚硅氧烷浓度较高之故[12]。

3. 线型聚硅氧烷与支链型聚硅氧烷的比较

与线型的聚硅氧烷相比,支链的甲基苯基硅氧烷具有更高的热稳定性,这是因为后者中的芳基在高温下能转化为含硅的多环及稠环芳香族化合物,而这种化合物的阻燃性极佳。另外,支链的硅氧烷能防止 PC 发生拉链开链式的解聚。

但也有人认为,作为 PC 的硅系阻燃剂,线型的聚硅氧烷可能比支链的聚硅氧烷更好,聚硅氧烷中的芳香族单元和支链结构对提高 PC 的阻燃性不十分重要。实际上,有些线型聚硅氧烷对 PC 的阻燃效率优于支链化合物,其主要原因是在燃烧时,线型化合物在 PC 中的流动性较高,易在材料表面富集。此外,线型聚硅氧烷能赋予 PC 更高的冲击强度,不影响阻燃 PC 的回收性能,且 PC 不易水解,加工性也好。而对含支链化合物的 PC,由于 PC 可能会与支链聚硅氧烷的很多链端反应而导致交联,致使这类阻燃 PC 回收困难。同时,过多的支链不利于 PC 的模塑加工[11]。

　　同时含芳基及脂肪基的聚硅氧烷,比只含脂肪基的易溶于 PC,在 PC 中更易分散,且由于可阻止胶凝也有助于它在聚合物中基材中分散良好。但一般而言,线型聚硅氧烷中的芳基含量是次要的。

5.6　含硫化合物阻燃 PC 的机理

常用于阻燃 PC 的含硫化合物有磺酸盐及磺酰胺盐,常用的结构式如下[17~20]:

二苯甲砜磺酸钾(KSS)　　　三氯苯基磺酸钠(STB)　　　全氟丁基磺酸钾(PPFBS)

聚苯乙烯磺酸钠(SPSS)　　　三氟甲基磺酰胺钾　　　双(三氟甲基磺酰)胺钾
　　　　　　　　　　　　　　　　(KTFMSA)　　　　　　(KBTFMSA)

　　硫化合物阻燃 PC 的机理尚不十分清楚,但可认为是主要在凝聚相中通过加速 PC 的交联成炭而发挥作用,特别是硫化合物(如芳香族磺酸盐)利于 PC 的异构化和 Fries 重排有助于提高硫化合物对 PC 的阻燃,已取得的实验证明和提出的论据如下[21]:

　　(1) 能促进 PC 的异构化,并释出 CO_2 和 H_2O,它们可稀释燃烧产物。更重要的是,这种异构化能加速 PC 的交联和成炭,而这是有助于阻燃的。但纯 PC 与含极少量磺酸盐 PC 的成炭率几乎是一样的,差别的是成炭速率。

　　(2) 能加速 Fries 型重排[反应式(5.4)],这也可加速 PC 的交联和成炭。

　　(3) 气相阻燃作用很小。因为芳香族磺酸盐阻燃 PC 在 O_2 中测得的氧指数(OI)和在 N_2O 气氛中测得的燃烧指数(NOI),变化规律是平行的。即使对分子中存在卤素的磺酸盐也是如此[22]。

　　(4) 磺酸盐在 300~500℃热分解,与 PC 的热分解温度范围大致相匹配。

　　(5) 根据热电偶测定,含磺酸盐的 PC 燃烧时,其燃烧表面的下层材料在较长时间内仍能维持较低温度,而在同样条件下,不含磺酸盐的 PC 则在短时间内即有较高的温升[22]。这可能是阻燃 PC 在燃烧时表面形成了隔热炭层之故。显然,这种炭层能有效提高材料的阻燃性。

（6）质谱检测指出,PC 中加有磺酸盐时,PC 的降解产物种类没有什么变化,没有发现新的物种,只是各产物的丰度有所不同。

总的来说,含硫化合物(磺酸盐、磺酰胺盐或它们两者的复配物或与聚硅氧烷的复配物)对 PC 的阻燃效率极高,通常只需 1％以下的添加量,即可制得氧指数达 35％～40％、UL94 V-0 级的阻燃 PC,这种 PC 的其他性能与被阻燃基材几乎相同。含硫化合物主要在凝聚相(通过促进 PC 交联成炭)发挥阻燃作用,气相阻燃作用甚微。

5.7　氮化合物的阻燃机理

能作为阻燃剂的工业氮化合物,最主要的是三聚氰胺(MA)及其盐(各种磷酸盐、氰尿酸盐、硼酸盐、草酸盐、邻苯二甲酸盐、八钼酸盐等),它们可同时在凝聚相及气相发挥阻燃功效,而且与 X-Sb 系统、有机磷化合物及金属水合物相比,MA 及其盐的阻燃途径更多,见表 5.2[23]。

表 5.2　几类阻燃系统的主要阻燃途径

阻燃途径 ＼ 阻燃系统	MA 及其盐	X-Sb 系统	有机磷化合物	金属水合物
捕获活性自由基	√	√	√	
干扰高聚物的降解	√	√	√	
吸热	√			√
促进成炭	√		√	
形成膨胀阻隔层	√		√	
生成惰性气体	√	√		√
熔滴移热	√			

1）吸热

MA 及其盐的升华、挥发、蒸发及分解都是吸热的。例如,MA 的汽化吸热约 120kJ/mol,MA 在 250～450℃分解时吸收的热量约 2000kJ/mol,MCA 受热分解成 MA 及三聚氰酸时,MA 焦磷酸盐(DMPY)在 250℃以上分解时,也吸收大量的热。这能显著降低燃烧区的温度。

2）生成惰性气体

MA 及其盐分解时,能生成 MA 蒸气、水蒸气、N_2、CO_2、NH_3 等气态产物,它们不仅能冲稀燃烧区可燃气及氧气的浓度,而且具有覆盖作用(毯子效应)。

3）促进成炭

有些 MA 盐在高温下分解可形成多种交联的缩聚物，故其本身的成炭率甚高[23,24]。例如，在 700℃ 空气中的成炭率，MA 磷酸盐（MP）为 30%，MPP 为 40%，DMPY 为 50%。当 MA 及其盐含于高聚物中时，由于它们能干扰高聚物的降解，影响高聚物的熔化行为，也有助于高聚物成炭。含 MA 及其盐的塑料在高温下生成的炭耐热氧化，是良好的防护层。一般而言，阻燃塑料的成炭率与其阻燃性（如氧指数）间存在一定的定量关系，成炭率越高，阻燃性越好[25]。

4）形成膨胀阻隔层

前已述及，MA 及其盐是 IFR 的重要组分，它们常与其他组分复配形成 IFR 使用，含有 IFR 的塑料受强热及燃烧时，由于三源间的协同作用而形成阻碍传质、传热的阻隔层而发挥有效的阻燃作用。

5）熔滴移热

有些 MA 盐阻燃的某些塑料，在燃烧时产生大量熔滴，后者将热量很快由燃烧区移走，因而使燃烧不能维持。例如，MA 的草酸盐或邻苯二甲酸盐用于阻燃 PA6 时，只需 3%～5% 的用量即可使 PA 的氧指数达到 35% 以上（同样条件下测得的未阻燃 PA 的极限氧指数 LOI 为 24%），就是由于熔滴移热的贡献。

6）捕获活性自由基

MA 及其盐的一些分解产物，在气相中也可能具有捕获活性自由基的作用。另外，活性自由基也可能与膨胀炭层碰撞而化合成失活的分子。

5.8　无机阻燃剂的表面性质及表面状况对阻燃效率的影响

作者曾有专文[26]就此问题做过讨论。

存在于塑料中的一些有机添加型阻燃剂（如含卤磷酸酯在软质聚氨酯泡沫塑料中，含溴环氧齐聚物在高抗冲聚苯乙烯中等）在塑料中有一定溶解度，但一些无机阻燃剂在高聚物基质中则是不溶的，如三水合氧化铝（ATH）、氢氧化镁（MH）、硼酸锌（ZB）及三氧化锑（ATO）等均属于此类。这些阻燃剂被认为是憎有机的，因而它们与聚合物间的界面（或者没有界面）则是十分复杂的。由于上述阻燃剂与聚合物不相容，因而可引起一系列问题，如被水浸出、溶胀、分散不好、恶化被阻燃高聚物的机械性能（如拉伸强度和伸长率）。将憎有机的阻燃剂进行表面处理，即用硅烷、钛酸酯、硬脂酸盐等将它包覆，可在一定程度减缓上述问题。经验证明，为了得到性价比更为优异的材料，无机阻燃剂的表面改性是较为经济、有效的方法。因此，对无机阻燃剂的表面状况有所了解是很有必要的。本节分为两部分，一是无机阻燃剂表面的性质；二是无机阻燃剂表面状况对阻燃效率的影响。

5.8.1　表面性质

对结晶无机阻燃剂,新沉淀出试样的表面可能是相当有序的,所以使整个结晶也在一定程度上具有有序结构。如果结晶过粗,在使用时常需将其粉碎,而粉碎后颗粒的表面很可能相当无序,且在化学上也会有所改变。对非弹性材料,则可造成表面的高温。粉碎过程经常在颗粒上形成裂纹,有的裂纹能渗入和透过气体,但不能透过大得多的高聚物分子;而有的裂缝则高聚物分子也可进入。总之,对非弹性材料,粉碎后颗粒的表面与新沉淀晶粒的有序表面往往是很不相同的。当然,在某些情况下,粉碎过程并不改变颗粒的表面状况。

粉碎后颗粒的表面分为三种类型:

(1) 具有与最初沉淀颗粒相同的表面,即原颗粒表面在粉碎过程中未被破坏;

(2) 具有带裂缝的表面,且裂缝能透过高聚物分子;

(3) 具有带裂缝的表面,但裂缝不能透过高聚物分子,而只能透过小分子。

大多数所谓"干"物质和物体的暴露于空气中的表面并不是真正干净和干燥的,而是吸附有水和其他物质(如挥发性有机物)。被吸附在添加剂表面的有机物通常是被人忽略的,因为这类有机物的结构一般是很复杂的,量又很少,很难分析,而且其中大多数会在混炼中除去。对于大多数阻燃剂,被吸附的水也不是一个问题,因为少量与阻燃剂结合松散的水,也在混炼时常被除去。但对某些阻燃剂,必须在使用前干燥。复配厂商常允许添加剂含少量(定量)结合松散的水,但不允许含较大量的水,也不允许含水量经常变化。这也是 MH 要经憎水表面包覆后再出售的一个主要原因,否则 MH 表面吸附水和 CO_2 形成的碳酸盐又可进一步吸水,使表面性能恶化。

存在于颗粒内的杂质通常也存在于颗粒表面,且有时这类杂质在表面的浓度还高于颗粒内部。对有些添加剂,所含杂质固定在颗粒内,但对另一些添加剂,其所含杂质则可在颗粒内迁移。例如,对 MH,其颗粒内部及表面均可能含有氯化物,表面的氯化物可通过水洗除去,但随后颗粒内部的氯化物又会迁移至表面。但对 ATH,其颗粒内部及表面的含钠杂质则有固定的和可溶的两种,前者一般约 0.1%,后者小于 0.01%。如果将 ATH 中可溶的碱洗除,则颗粒中固定的碱不会再迁移至表面。ATH 中的固定碱实际上是晶体结构的一部分,而且,即使固定碱不是晶体结构的组成,此碱也不会迁移至 ATH 表面。这类碱可能集于晶体的界面,但因 ATH 的粒径一般很小,所以大部分晶体界面在颗粒内部,而不是在外表面。

另外,添加剂表面的元素组成也可能与颗粒内部不同,也不符合理论计算值。而且,热处理可改变表面的元素组成。

表 5.3[26] 是 XPS 测得的 ATH、ZS(锡酸锌)、ZB($2ZnO \cdot 3B_2O_3 \cdot 3.5H_2O$)表

面的元素组成(原子比),表中括号内的数值为各化合物的理论值。

表 5.3　ATH、ZS 及 ZB 表面的元素组成(原子比)(不包括 C 和 H)[26]

添加剂	Al	O	Sn	Zn	B
ATH	33.0(25.0)	67.0(75.0)			
ZS		55.9(60.0)	32.4(20.0)	11.7(20.0)	
ZB467		60.1(64.4)		6.9(8.9)	32.9(26.7)

表 5.3 中三种阻燃剂表面的元素组成均与理论值有偏差。例如 ZS,至少在表面 10mm 内,Zn 含量与理论值不同。用 SSIMS(静态次级离子质谱)测定的 ZS 表面原子层不含锌,ATH 表面的氧含量低于理论值而铝含量高于理论值。这是因为在粉碎过程中,ATH 表面的一部分羟基转化成氧和水所致。如果全部的羟基都能转化,则 ATH 的铝含量应为 40%,氧含量应为 60%。以 XPS 测得的新沉淀出的 ATH 颗粒表面的铝含量及氧含量比表 5.3 所示的与理论值相近得多。表 5.3 中 ZS 和 ZB 的表面锌含量均与理论值不符,这可能是由于生产和加工过程中一些可变因素(如生产液的 pH、洗涤方法、干燥温度等)引起的。

5.8.2　表面状况对阻燃效率的影响

在火的作用下,阻燃剂的表面首先改变。对凝聚相阻燃和气相阻燃的添加剂,其表面的影响和作用程度是不同的。对高用量和低用量配方,因为阻燃剂总的表面积不同,所以前者的表面作用显然会高于后者。

1. 比表面积对阻燃性的影响

阻燃剂的粒度或者是比表面积(对无空隙的固体,粒度与比表面积成反比)对其阻燃性有明显的影响,这种影响或者与比表面积直接或者间接有关。

例如,对比表面积大的细粒 ATH 在 250℃ 时直接分解为 Al_2O_3,为一步反应[26]:

$$2Al(OH)_3 \longrightarrow Al_2O_3 + 3H_2O \tag{5.6}$$

反应式(5.6)是吸热的,故对阻燃有效。但对比表面积较小的粗粒(粒径>50μm) ATH,由于颗粒内静水压升高,而导致下述两步反应。第一步是反应式(5.7)[26]:

$$Al(OH)_3 \longrightarrow AlOOH + H_2O \tag{5.7}$$

随后,在 500℃ 下,进行第二步反应,即 AlOOH 转变为 Al_2O_3[26]:

$$2AlOOH \longrightarrow Al_2O_3 + H_2O \tag{5.8}$$

由于粗粒 ATH 受热时进行上述两步反应,因而使阻燃效率下降。因为在某些阻燃试验中,材料承受的温度不能达到 500℃,因而不能进行第二步反应。这种现象首先是由于粒度的原因,但这与比表面积间接有关。粗粒 ATH 分解时,水静压是 ATH 释出水分子移动至表面所通过的距离的函数。

另外,颗粒表面可能会吸附阻燃系统中的某些组分,因而可干扰这些组分的活性。抗氧剂就是这类物质之一。已发现,某些系统中抗氧剂的含量可显著影响一些阻燃试验的结果,但如果大部分抗氧剂被添加剂表面吸附,则抗氧剂的作用将降低。

还有,当添加剂的用量相同时,比表面积增高会增加系统的黏度,使阻燃剂在系统中的分散性不好。系统中阻燃剂浓度较高的区域可能表现较好的阻燃试验效果,而阻燃剂浓度较低的区域则可能表现较差的阻燃试验效果。

比表面积对阻燃性的影响也可能与表面参与自由基反应基反应有关。ATH 对阻燃性的颗粒效应(表面积效应)不大,且通常是影响引燃时间,而不是火焰传播速度等参数。这与下述实验结果是一致的:表面能有效终止引燃前某些自由基反应的增长受阻,因而能使引燃延迟。

表 5.4[26] 所示的是以硬脂酸盐包覆的 MH(用量 60%)阻燃 PP 的性能,一种阻燃 PP 采用的 MH 的粒径是经过优化的,另一种是未经过优化的。显然,前者的综合性能(特别是阻燃性)远优于后者。

表 5.4　含 60%MH(硬脂酸盐包覆)的 PP 的性能[26]

性能	粒径未经优化	粒径经优化
LOI/%	25	28
阻燃性,UL94(3.2mm)	不通过	V-0
MFI(2.16kg,230℃)/[g/(10min)]	5	15
拉伸强度/MPa	12.0	12.5
弯曲强度/MPa	29.0	26.0
弯曲模量/GPa	3.30	2.40
最大冲击能/J	0.8	3.6
最大冲击变形/mm	5.7	11.4
最大冲击力/N	200	520

2. 表面元素组成对阻燃效率的影响

ZS 是由 ZHS(含水锡酸锌)加热制得的。将 ZHS 在较低温度下加热较长时间制得的中间体的阻燃性和抑烟性都比 ZS 或 ZHS 好得多。如将 ZS 及 ZHS 简单混合,则不能收到上述效果。这可能是由于缓慢加热时,所得产品表面元素组成不同(表面富锌)所致。

表 5.5[26] 是未焙烘及经焙烘(较低温加热)ZHS 表面的元素组成(括号内数值是理论值),表 5.6[26] 是分别以未焙烘 ZHS、焙烘 ZHS 及 ZS 阻燃软 PVC 的阻燃

参数。

表 5.5 未焙烘及经焙烘 ZHS 表面的元素组成(原子比)(不包括 C 和 H)[26]

添加剂	O	Sn	Zn
未焙烘 ZHS	66.6(75.0)	25.9(12.5)	7.5(12.5)
经缓慢焙烘 ZHS	59.0	28.5	12.6
ZS	55.9(60.0)	32.4(20.0)	11.7(20.0)

表 5.6 锥形量热仪测得的阻燃软 PVC 的阻燃参数(热流量 40kW・m^{-2})[26]

阻燃剂	未焙烘 ZHS	焙烘 ZHS	ZS
引燃时间/s	84	86	75
最大释热速率/(kW・m²)	87	78	122
总释烟量	800	635	1089
平均比消光面积/(m²/kg)	229	157	297

表 5.6 测定的软 PVC 的配方(份)为 PVC(DS7060) 195、DOP 81、ESO 10、ATH 75、水镁石 72、陶土 75、稳定剂(Irgastabl 17M) 10、ZHS(或 ZS,或焙烘 ZHS) 29。

表 5.6 指出,与未焙烘 ZHS 及 ZS 相比,采用焙烘 ZHS 阻燃上述配方的软 PVC,引燃时间延长,最大释热速率分别降低 10% 及 36%,总释烟量分别降低 20% 及 42%,平均比消光面积分别降低 31% 及 47%。

5.9 添加剂在聚合物中的溶解性及迁移性

关于这个问题,文献[27]作过较详细而系统的叙述。

添加剂加入基材(一般是高聚物)后,在基材加工和使用时其化学和物理性能应不变化,也应尽可能不从基材中损失(包括化学的及物理的)。对于化学损失,人们是足够重视的,但对于物理损失(如阻燃塑料的起霜)则认识不足。一般认为,就塑料本身而言,添加剂在聚合物中的物理损失是与添加剂在聚合物中的溶解性及迁移性有关的。添加剂在聚合物中固有的溶解度越小(达到平衡时浓度越低),迁移速度越快,越不能有效保留于聚合物中,则物理损失就越大。

5.9.1 溶解性

添加剂在聚合物中的溶解度是控制塑料物理状态的最重要特性之一。聚合物中的添加剂大多处于相分离状态,而很少处于均相溶液状态。对添加剂物理损失最具影响的因素之一,就是添加剂在材料加工和使用温度下在聚合物中的溶解性。

因为添加剂都是固体或液体,它们通常是小分子,但现在也有很多是低聚物,甚至是高聚物。添加剂在聚合物中的溶解实际上大多是小分子有机物在大分子聚合物中的溶解,而一般添加剂的摩尔体积远比聚合物结晶单元的体积大,所以添加剂不能进入聚合物晶体内,而只能溶解在无定形聚合物中[28],而其溶解度则取决于添加剂和聚合物间的相互作用及两者的物理形态。

添加剂在聚合物中的溶解性可用几种方法估计,如气相色谱法[29]、浊度法[30]、平衡法、外推法等[31]。但大多数采用平衡法,该法是将数层聚合物膜叠起,中间用添加剂隔开,待达到平衡后,再用适当方法分析添加剂的溶解量。

如上文指出,添加剂只能溶解在聚合物的无定形相中,所以其溶解度与聚合物的结晶度成反比,至少在溶解度较低时是如此。另外,添加剂在某些聚合物中的溶解度当然也与聚合物的化学结构、热处理参数、密度和形态有关[32]。

低相对分子质量的添加剂在聚合物中的溶解度通常比高相对分子质量的高,且添加剂的熔点降低,也可提高其溶解度。还有,添加剂的溶解度会随温度迅速增加。总的来说,温度升高时,添加剂更容易与聚合物相混溶,即使它们在室温下是不溶性的。

无定形的添加剂溶解于无定形聚合物中,可以得到更高的溶解度,甚至在室温下也可能互溶,且几乎所有的添加剂在加工温度下都可以进入橡胶相。

有一些添加剂可与常用的热塑性聚合物在加工温度下互溶。如果添加剂可溶于熔融聚合物,则高效的加工将能使添加剂均匀分散于基材中,但冷却时添加剂的溶解度将下降。当冷却至聚合物熔点时,聚合物有可能结晶,将会使 $30\% \sim 60\%$ 的聚合物不再充当溶剂,而结晶区对添加剂的排斥将会使添加剂在无定形相中的浓度明显增高。在添加剂的熔点处,添加剂在聚合物中的溶解度下降比温度的下降还要快,结果使室温下添加剂的溶解度变得非常低。

实际上,在一般情况下,添加剂并不会和聚合物达到平衡。通常所要求的添加剂的用量是在塑料高温加工过程中引入的,在加工添加剂/聚合物体系时,先将体系加热至一较高的温度,然后迅速冷却至室温。在该过程中,将会出现以下几种可能的情况[27]:

(1) 添加剂既可溶于高温熔体中,又可溶于室温下的高聚物固体。如添加剂的浓度不超过室温时在无定形相中的平衡溶解度,则添加剂就可以完全溶于聚合物固体中。即在塑料的加工过程中,添加剂处于均一的溶液中,在室温下也以溶质均匀分散于无定形相中。这时,没有驱动力可使添加剂迁移到聚合物表面,除非通过表面蒸发或浸出建立浓度梯度。这种情况是最理想的,但并不总能实现。

(2) 添加剂溶于高温聚合物熔体中,但温度降低时则变得不可溶。人们已知,在单一溶液平衡中,溶质可以溶于热溶剂中,在冷却过程中则变得饱和,于是温度降低时溶质沉降。添加剂在高温熔融聚合物中形成的溶液也会发生同样的现象。

即温度降低时,添加剂很可能会发生沉降,在基材中形成均匀分布的微小粒子。

在低于聚合物熔点时,半结晶聚合物的黏度通常很高,这时添加剂可能不会沉降,而可能以亚稳态分散在聚合物主体中,也可能分散在聚合物表面。

(3) 如果添加剂在聚合物中有一定的溶解度,而它在聚合物熔体中的浓度高于常温下的饱和浓度时,则冷却时由于溶解在平衡体系中的添加剂浓度较低,大部分添加剂以固体粒子的形式分散在体系中。如果添加剂粒子在聚合物中的自由能与纯添加剂相同,则添加剂粒子因为缺少驱动力而不会迁移到聚合物表面,除非通过添加剂在表面上的挥发或被溶剂浸出而产生浓度梯度。

常发生这样的情况:当塑料在使用或测试中性能不佳时,人们会过多增加添加剂的用量,但这会导致添加剂在室温下的聚合物中形成过饱和态,即使添加剂在加工过程中是完全可溶的。这种亚稳态条件会使添加剂扩散到聚合物表面并在表面沉积,这比聚合物内部的沉积更容易。沉积的结果是所谓"起霜",这不仅损耗添加剂,也会影响产品的外观。

5.9.2　扩散迁移

文献[27]综述了添加剂在聚合物中的扩散情况。

添加剂在聚合物中的扩散系数是控制物理损失速率的关键,因为这关系到添加剂从聚合物中析出及挥发损失的难易程度。

扩散是物质沿浓度梯度进行迁移,单个分子在各向同性介质中的迁移通量 dm/dt,可由菲克第一定律决定,见式(5.9)[27]:

$$\frac{dm}{dt} = -D\frac{dc}{dt} \tag{5.9}$$

式中,D 为扩散材料的扩散系数。

菲克第二定律则给出了 x 方向上的能量传递,见式(5.10)[27]:

$$\frac{dc}{dt} = D\frac{d^2c}{dx^2} \tag{5.10}$$

如果不考虑添加剂的挥发,则已知扩散系数就可预估添加剂的物理损失。

如聚合物中添加剂浓度较低,扩散系数一般和添加剂浓度无关;如浓度较高,则扩散系数和添加剂的浓度有关,且有时扩散系数不再遵循菲克定律。当添加剂的迁移很缓慢时,情况更为复杂。

因为扩散是一种动力学现象,它比溶解性更复杂,受很多因素的影响。

1. 聚合物形态的影响

大多数已测得的扩散系数的误差较高,因为扩散速率是聚合物形态的复合函数。尽管添加剂是溶解于聚合物无定形相中而非结晶相中,但结晶导致聚合物的迁移通道发生畸变,还可以降低无定形聚合物的分子运动性。所以,聚合物中的结晶区域就相当于扩散无法穿越的屏障层。填料粒子也起着相同的作用,因此添加填料也可以减缓扩散。

对聚合物薄膜,添加剂在膜平面上的扩散总是比垂直于膜平面的方向慢,这可能是由于在垂直薄膜的方向上存在一定程度的各向异性[32]。

聚合物的定位对添加剂的扩散速率也有较大影响,并可能造成各向异性。例如,添加剂在聚合物中扩散时,在平行于定位方向上慢,而在垂直于定位方向上则快[32]。

2. 温度的影响

扩散是一个热加速过程,因此,扩散系数也可以用阿伦尼乌斯方程的形式来表示,见式(5.11)[27]:

$$D = D_0 \exp\left(-\frac{E_D}{RT}\right) \tag{5.11}$$

式中,E_D 为扩散活化能,随添加剂相对分子质量的增加而增加。

但上述方程对扩散的适用性是有限的。当在较宽的温度范围内进行测试时,阿伦尼乌斯图通常会发生弯曲。

3. 聚合物类型的影响

常见添加剂的扩散是分子迁移,需要聚合物和扩散物间的互动。因此,添加剂在塑料内的扩散既取决于添加剂分子的体积和聚合物自由体积之间的关系,也取决于添加剂和聚合物之间的热动力学相互作用。换言之,添加剂分子的扩散取决于它是否能吸收足够能量向聚合物自由体积以及相邻空位跃迁的可能性和添加剂从聚合物中一个位置跃迁到邻近空穴所需的最小孔径。

在给定温度下,在玻璃化温度较低的聚合物中的扩散要快。如果综合考虑结晶度的影响,添加剂在橡胶中的扩散比在半结晶聚烯烃中快得多,这意味着添加剂将会通过浸析或起霜而损失。

聚合物极性对扩散的特殊作用通常难以估计,但某些添加剂在极性大聚合物中的扩散速率比在极性小聚合物中的慢得多。

4. 相对分子质量的影响

添加剂在高聚物中的扩散随其相对分子质量的增加而变慢,扩散系数 D 与添加剂相对分子质量 M 之间的关系可表示为:$D = KM^{-\alpha}$,其中指数 α 的值通常在 $1.5 \sim 2.5$[27]。因此,D 随 M 的增加显著降低,所以采用齐聚添加剂已成为降低迁移非常有效的方法。

5.9.3　添加剂的损失

如果添加剂在聚合物中的浓度低于饱和浓度,并且材料只是暴露在空气中,则添加剂将随表面蒸发而损失。但如聚合物中的添加剂过饱和或者材料和溶剂接触,则添加剂还会通过表面析出或浸出而损失。

1. 表面逸出

当添加剂在材料表面逸出后,将形成浓度梯度,于是添加剂将沿浓度梯度方向扩散,即从材料体向表面扩散。且在材料使用期内,添加剂的挥发都会发生[33,34]。上述类型的损耗包括扩散及挥发两步。添加剂从材料表面逸出的速率与添加剂在材料表面的蒸气压成正比,而添加剂在材料主体中的迁移速率则为扩散系数 D 控制。

从聚合物中损耗一定量添加剂的时间取决于添加剂的溶解度、扩散度和扩散系数,且与试样形状及尺寸有关。挥发迅速而扩散缓慢者,扩散控制损耗;挥发缓慢而扩散迅速者,挥发控制损耗。

2. 溶剂浸出和渗出

常用添加剂的蒸气压一般很低,即空气是添加剂极差的溶剂,而几乎所有有机液体都是添加剂较好的溶剂,即使水也比空气好。因此,当含添加剂的聚合物与液体接触时,液体将成为添加剂的溶剂,即添加剂将从聚合物表面进入溶剂而损失,其损失速率则可能比空气中高得多[35]。

添加剂向良溶剂中的浸出为扩散控制过程,但如溶剂对添加剂的溶解性较差,也没有充分搅拌,则情况较为复杂。因为液体的黏度比空气高得多,液体/聚合物之间的界面层比空气/聚合物间的界面层也要厚得多,所以添加剂在液体中的扩散不快。如添加剂在液体中的溶解性较差,则它在液体中的扩散损失会比从扩散系数预测的小得多,且损失量由液体的扩散速率决定。相反,如果所接触的液体是添加剂的良溶剂,且此溶剂可渗入聚合物中,这可导致扩散系数提高,从而加速损耗。有时,液体向聚合物中的渗透速率可能是决定添加剂损失速率的关键因素。

如聚合物表面可无限制成核结晶,则过饱和的添加剂很快在表面上析出,且析出速率为扩散控制。一旦聚合物中的添加剂达到饱和浓度,挥发将变为渗出,尽管扩散仍旧是速控步骤。

3. 添加剂损耗的途径

对一些不溶性的相分离粒子添加剂,在材料中的迁移速度很慢,损耗率很低。对聚合的或低聚合的添加剂,无论它们是单相或均相,只要它们有足够的化学稳定性,其迁移损失率就相当缓慢。但有一些添加剂的损耗则相当严重。对这类添加剂,最好的办法就是通过分子设计以使其挥发、起霜或渗出损失减至最少。优良的添加剂应在聚合物中可溶,且不会在聚合物表面析出或挥发。

添加剂在聚合物中的损失机理和损失速率与添加剂结构之间的关系,是一个引人入胜的课题,文献[36]综述了这方面的一些情况。低聚结构能大幅降低其挥发性,且扩散系数也有所降低,而损失机理并不发生根本的变化。但低聚物在聚合物中的溶解度下降,则不利于降低添加剂的损耗。不过,使添加剂低聚仍然是减少挥发或析出损失的一种很有效的方法。将长链烷基引入小分子中也会降低化合物的挥发性,且这种效果会因溶解度的增加而加强,但烷基对扩散系数的影响非常小。这种方法也是减少添加剂挥发损失的好办法,不过对起霜和析出的改善效果很小。

减少或消除添加剂损耗的另一个根本的途径就是使添加剂和聚合物进行共价结合,从而使添加剂成为聚合物的一部分。在聚合时将添加剂与聚合物单体进行共聚的工艺虽然为人青睐,但必须采用不同的合成方法,所以在实际应用中还受到限制。不过,现在已开发了一些在聚合物加工过程中将添加剂化学结合入聚合物的较方便方法——反应性挤出。

添加剂在聚合物中的溶解度及扩散系数是影响添加剂物理损失(如起霜)的关键性因素。添加剂在聚合物中的溶解度及迁移性与两者的分子结构、形态、两者间的相互作用及其他一系列因素有关。采用低聚或是聚合型添加剂或反应型添加剂,是降低甚至消除聚合物中添加剂物理损失的有效途径。

参 考 文 献

[1] 欧育湘,李建军. 阻燃剂[M]. 北京:化学工业出版社,2006:31-39.

[2] Hull T P,Stec A A. Polymer and fire [A]//Hull T R,Kandole B K. Fire Retardancy of Polymers,New Strategies and Mechanisms [M]. Cambridge:The Royal Society of Chemistry,2009:10.

[3] 胡源,宋雷,龙振. 火灾化学导论[M]. 北京:化学工业出版社,2007:74-75.

[4] Hornsby P. Fire-retardant fillers [A]//Wilkie C A,Morgan A B. Fire Retardancy of Polymeric Materials. 2nd Edition. [M]. Boca Raton:CRC Press,2009:163-185.

[5] Levin M,Weil E D. Mechanism and modes of action in flame retardancy of polymers [A]//Price D. Fire Resestant Materials[M]. Cambridge:Woodhead Publishing Ltd. ,2001:31-57.

[6] 欧育湘. 阻燃剂[M]. 北京:兵器工业出版社,1997:198.

[7] Bonin Y,LaBlane J. Flame-Retardant. Noncorrosive Polyamide Composition [P]. US Patent,US5466741,1995-11-14.

[8] Shen K K,Olson E. Borate as fire retardant in polymers[A]//Wilkie C A,Nelson G L. Fire and Polymers IV [M]. Washington DC:American Chemical Society,2005:224-236.

[9] Levchik G E,Levchik S V,Camino G,et al. Fire retardant action of red phosphorus in nylon 6 [A]//Proceedings of the 6th European Meeting on Fire Retardancy of Polymeric Materials [C]. Lille:1997.

［10］Awad W H. Recent developments in silicon-based flame retardants ［A］//Wilkie C A,Morgan A B. Fire Retardancy of Polymeric Materials. 2nd Editon［M］. Boca Raton：CRC Press,2009：187-206.

［11］欧育湘,李建军. 阻燃剂［M］. 北京：化学工业出版社,2006：288-294.

［12］欧育湘,赵毅,韩廷解. PC 热分解机理及 PC,PC/ABS 阻燃机理［J］. 合成树脂与塑料,2008：25(4)：74-79.

［13］Green J. Mechanisms for flame retardancy and smoke suppression. A review［J］. Green Journal of Fire Sciences,1996,14：426-442.

［14］Hayashida K,Ohtani H,Tsuge S,et al. Flame retarding mechanism of polycarbonate containing trifunctional phenyl-silicone additive studied by analytical pyrolysis techniques ［J］. Polymer Bulletin,2002,48 (6)：483-490.

［15］Iji M,Serizawa S. Silicon derivatives as new flame retardants for aromatic thermoplastics used in electronic Devices ［J］. Polymers for Advanced Technologies,1998,9(10)：593-560.

［16］Iji M,Serizawa S. New silicon flame retardant for polycarbonate and its derivatives ［A］//Malaika A S, Golovoy A,Wilkie C. Specialty Polymer Additives Principles and Applications ［M］. Oxford：Blackwell Science,2001：293-302.

［17］Levchik S V,Weil E D. Overview of recent developments in the flame retardancy of polycarbonates ［J］. Polymer International,2005,54：981-998.

［18］王建祺. 催化型膨胀阻燃聚合物的研究与发展. PC/PPFBS 体系的研究［A］//第二届阻燃技术与阻燃材料最新研究进展研讨会论文集［C］. 北京,2004：86-96.

［19］Nodera A,Kitayama M. Flame-Retardant Polycarbonate Resin Composition and Molded Article Thereof ［P］. Eur Patent Application：EP1369457,2003-12-10.

［20］Boyd S D,Lamanna W M,Klun T P. Flame Retardant Carbonate Polymers and Use Thereof ［P］. Eur Patent Application：EP1348005,2003-10-01.

［21］欧育湘,赵毅,韩廷解. 含硫化合物阻燃聚碳酸酯及其阻燃机理［J］. 塑料科技,2007,35(10)：42-45.

［22］Ballistreri A,Montado G,Scamporrina E,et al. Intumescent flame retardants for polymers. IV. The polycarbonate-aromatic sulfonate system ［J］. Journal of Polmer Science,Part A. Polymer Chemistry,1988, 26：2113.

［23］欧育湘,李向梅. 生态友好型阻燃聚酰胺［J］. 高分子材料科学与工程,2010,26(11)：151-155.

［24］Levichik S V,Levichik C F,Balabanovich A I,et al. Mechanistic study of combustion performance and thermal decomposition behavior of nylon 6 with added halgen-free fire retardants ［J］. Polymer Degradation and Stability,1996,5(2-3)：217-222.

［25］欧育湘. 无卤阻燃 PA 最新研究进展［J］. 高分子材料科学与工程,2005,21(3)：1-5.

［26］欧育湘,韩廷解,赵毅. 无机阻燃剂的表面性质及表面状况对阻燃效率的影响［J］. 塑料助剂,2007,(2)：52-54.

［27］汉斯·茨魏费尔. 塑料添加剂手册［M］. 欧育湘,李建军译. 北京：化学工业出版社,2005：685-707.

［28］Billingham N C,Calvert P D,Dawkins J V. Developments in Polymer Characterization Vol. 3 ［M］. London：Elsevier Applied Science Publishers Ltd. ,1982：229-259.

［29］Tseng H S,Lloyd D R,Ward T C. The solubility of nonpolar and slightly polar organic compounds in low-density polyethylene by inverse gas chromatography with open tubular column ［J］. Journal of Applied Polymer Science,1985,30(5)：1815-1826.

［30］Frank H P,Frenzel R. Solubility of additives in polypropylene［J］. European Polymer Journal,1980,16

(7):647-649.

[31] Roe R J,Bair H E,Gieniewski C. Solubility and diffusion coefficient of antioxidants in polyethylene [J].
Journal of Applied Polymer Science,1974,18(3):843-856.

[32] Moisan J Y. Diffusion des additifs du polyethylene III [J]. European Polymer Journal,1980,16(10):
997-1002.

[33] Moisan J Y,Lever R. Diffusion des additifs du polyethylene V [J]. European Polymer Journal,1982,18
(5):407-411.

[34] Malik J,Tuan D Q,Spirk E. Lifetime prediction for HALS-stabilized LDPE and PP [J]. Polymer Degra-
dation and Stability,1995,47(1):1-8.

[35] Gedde U W,Viebke J,Leijstrom H,et al. Long-term properties of hot-water polyolefin pipes. A review
[J]. Polymer Engineering & Science,1994,34(24):1773-1787.

[36] Scott G. Atmospheric Oxidation and Antioxidants(Vol. II)[M]. London:Elsevier,1993:219-244.

第6章　聚合物/无机物纳米复合材料的阻燃机理

6.1　导　　言

大量已有的研究结果证明,聚合物/无机物纳米复合材料(PIN)很有可能成为未来的阻燃材料[1,2]。虽然至今人们尚不明了,应采用什么性能的 PIN(包括 PIN 的化学、形态、相容性及纳米粒子尺寸等)及纳米粒子在高聚物中应达到怎样的分散程度,才能获得最佳的阻燃 PIN 材料。但至少可以肯定,就改善高聚物基材的很多物理性能而言,纳米填料优于几乎所有现用的阻燃剂。当然,在生产出令人满意的阻燃 PIN 前,还需进行大量的实验研究,特别是对这类材料的阻燃机理极有待深化。

对于聚合物/无机物纳米复合材料的阻燃机理,近年来已广为研究,参考文献[1]~[6]对其多有综述。

PIN 具有很大的潜在阻燃性,但它们的某些物理性能,如极高的黏度模量,可能难于用常规的塑料挤出机大规模生产。高聚物中加入纳米填料还会产生一系列的物理效应,如形成阻隔层、降低相容性、添加剂迁移至表面、抑制气泡在熔融高聚物中的运动、降低熔体的流速等。此外,还可能产生多种化学效应,如催化高聚物的分解、促进高聚物的石墨化、改变高聚物的分解途径及分解行为等。

对改善 PIN 的阻燃性[如延长点燃时间(TTI)、降低热释放速率峰值(PHRR)],纳米填料在高聚物中的良好分散是一个先决条件(但也有例外的情况),而且关键的是纳米粒子在引燃温度时在高聚物中的分散情况,而不是在常温时的分散情况。因为增容剂可能在高温下分解而恶化纳米粒子在高聚物中的分散,而且在引燃温度下已有所分解的高聚物中,纳米粒子的分散程度也会有所改变。所以即便是常温高聚物中,纳米填料分散良好,也不一定能提高阻燃性。

为了生产分散良好的 PIN,必须采用增容剂(如表面改性剂),以使纳米填料表面极化而将其插入高聚物链间。离子型高聚物(如 PA)与憎水型结晶高聚物(如 PP)相比,纳米填料在前者中分散比在后者中容易得多。在某些情况下,必须在高聚物链上接枝(如在 PP 链上接入马来酸酐)才能保证纳米填料在其中的分散。如前所述,PIN 的阻燃性能在很大程度上取决于纳米填料在熔融发泡高聚物中的分散性。在很多情况下,表面改性剂易于分解,只余下纳米填料。这时,是否有可能造成系统不相容而使纳米填料迁移至聚合物表面,是一个值得注意的问题。在某些情况下,如果纳米填料在高聚物中分散不良,则不会具有阻燃作用。

　　可用于 PIN 的无机纳米填料主要有[3,5]：①黏土［层状硅酸盐（LS），如蒙脱土（MMT）］；②碳纳米管（CNT），包括单层及多层碳纳米管（SWNT，MWNT）；③层状双羟基化合物（LDH）；④片状（氧化）石墨（LG，LOG）；⑤金属（金属氧化物）；⑥多面体低聚倍半硅氧烷（POSS）。

　　纳米填料在阻燃上的作用有[4]：①大幅度降低 PHRR（50％～70％）及质量损失速率（MLR）（40％～60％）；②增强作为传质、传热屏障的有机炭层；③提供催化表面，促进成炭反应；④提高聚合物的结构钢质；⑤改善高聚物在接近引燃温度时的熔融性能；⑥使阻燃剂与高聚物基体紧密接触。

　　值得提及的是，不同的无机纳米填料在不同高聚物中的阻燃机理也许是不同的，或至少部分是不同的。例如，对含 MMT 的 PE 基、PS 基或 EVA 基 PIN，当 MMT 分散良好时，对阳离子改性 MMT 及阴离子改性 MMT，PIN 降解时释出产物的相对量及种类均有改变。而在相同情况下，以 CNT 为填料时则没有改变。另外，当纳米填料分散不良时，在所有情况下，PIN 的降解产物也均无变化。有意义的是，当以 LDH 为填料时，不管分散良好与否，PIN 的 HRR 均大幅度下降[7]。这说明，分别以 MMT、CNT、LDH 为纳米填料的 PIN，其阻燃作用机理是存在差异的。

6.2　聚合物/蒙脱土（层状硅酸盐）纳米复合材料的阻燃机理

　　自 1986 年，日本丰田公司制备出第一个聚合物/MMT 纳米复合材料（PMN），即 PA6/MMT 纳米复合材料，至今已 26 年[8]。但对 PMN 阻燃性能的系统研究，直到 1997 年，美国 Gilman 等才发表了对 PA6/MMT 阻燃性较详细的研究报告[9]。至于对 PMN 的阻燃机理，迄今仍不完全明了。近年出版的国内外书刊上，业内专家根据实验结果，特别是锥形量热仪实验结果的分析，对 PMN 的阻燃机理提出了一些观点，下文综述和讨论了关于 PMN 阻燃机理方面的一些最新研究进展。

6.2.1　PMN 的成炭性及炭层结构

　　PMN 燃烧或受强热时，其中的 MMT 颗粒发生热裂，在聚合物表面形成多层的含碳硅酸盐层，此层作为优良的绝缘和传质屏障能提高材料的阻燃性能，延缓材料热分解时产生的挥发性产物的逸出。另外，此耐热硅酸盐层的导热性低，可通过自我调节传热传质过程而对材料热保护。

　　实验证明，含 2％及 5％MMT 的 PA6/MMT 燃烧时，生成絮状黑色残余物，由残余物迁移至材料表面形成保护层。此残余物的组成为 80％的 MMT 及 20％的热稳定石墨组分。在 PMN 燃烧和气化过程中，MMT 表面的聚合物裂解，如裸露的 MMT 片则被上升气泡冲至材料表面,仅形成分离的絮状物而不形成结构密实的炭层,则不能发挥对材料的阻燃作用[10]。

高性能含碳硅酸盐层的结构可由 SEM、TEM 及 XRD 研究。PE/MMT 纳米复合材料燃烧时形成的这种硅酸盐炭层在微观尺寸时具有 MMT 片的类网状结构,但在宏观尺寸时显示类海绵状结构,后者与膨胀型阻燃高分子材料燃烧时形成的泡沫体结构相似。对于一些不能成炭的高聚物,如 PE、PP、EVA 等,它们的 PMN 燃烧时形成的含碳硅酸盐层含 95% 的陶土和 5% 的碳(空气流中 TGA 测定),但此少量的碳对材料的阻燃性十分重要,因为它能将硅酸盐黏结形成石墨/陶土保护层[11,12]。

PMN 燃烧时形成的表面保护层(含有 MMT 颗粒和炭)的理想结构应当是类网状的,有足够的物理强度,不会被上升的气泡所破坏或扰动,而且在 PMN 整个燃烧时间内,保护层应保持完整。PMN 燃烧时产生的气泡的冲击,会使 PMN 表面富集的 MMT 颗粒由受气泡冲击区移走,形成"岛状"的絮状物,使 PMN 表面不再存在完整坚实的保护炭层,这将大大降低材料的阻燃性。影响这种 PMN 表面现象的因素有聚合物中 MMT 的初始含量,形成炭层的特性,PMN 熔体的黏度,MMT 的长径比等[10]。

6.2.2　基于化学反应的成炭机理

聚合物裂解时炭层的形成是一个十分复杂的过程,其中包含有几个步骤,如共轭双键的产生、环化、芳构化、芳香环的熔融,湍流炭的形成及石墨化[13]。有人曾提出过一个有机分子氧化键反应的机理[14],认为存在两个彼此竞争的反应。首先,在较低温度下,氧化是自由基链式反应的机理,主要产物是氢过氧化物和被氧化的物系。其次,在较高的温度下,很可能是氢抽出反应,发生氧化脱氢化。在一般高聚物正常的燃烧条件下,上述第一个过程占优势,且热氧化引起键的断裂,并使聚合物随后气化。对 PMN,则是第二个过程占优势,这时聚合物芳构化程度提高,而氧化速度下降。这说明 MMT 对成炭反应具催化作用[15]。对 MMT 与高聚物的一般混合物,聚合物的气化比成炭更容易,因为在这种混合物中,层状 MMT 的结构被破坏而变为粉末,它们不具备成炭催化性[12,16]。以纳米形态分散于聚合物基材中的层状 MMT 对 PP[17]、EVA[18]、和 PS[19] 的催化成炭都十分有效。

MMT 也具有 Lewis 酸的特征,因而具有催化成炭作用。MMT 的 Lewis 酸特征是由于在 MMT 层边缘部分配位的金属离子(如 Al^{3+}),或硅氧烷表面多价质点(如 Fe^{2+} 和 Fe^{3+})的同晶取代,或 MMT 层状结构内部的结晶缺陷导致的。MMT 的这类 Lewis 酸中心能由具低电离势的给予体分子和配位有机自由基接受单电子,或由乙烯单体抽取电子。有人认为[15],MMT 作为成炭促进剂,能降低聚合物的降解速率,提供 PMN 抗燃烧的保护屏障,这种屏障是由 MMT 生成的含铝-硅物质。根据锥形量热仪实验所得出的 PMN 燃烧和烧蚀情况,其成炭的化学反应可推断和分析如下。

首先,由外部热源或火焰向材料传热使有机 MMT 和高聚物热分解,这在 MMT 层形成某些质子催化中心,后者集中于燃烧材料的表面。对于 PMN 中的聚合物,则存在氧化键断裂反应(产生挥发性的部分氧化的聚合物碎片)和催化脱氢及氧化脱氢反应间的竞争。反应产生的共轭多烯再经芳构化、交联和催化脱氢形成表面炭层,后者最后插入 MMT 层中成为含碳的 MMT 燃烧残余物[20]。

据经验,PMN 中 MNT 的剥离程度越高,分散性越好,越有利于形成网络,燃烧时越易于形成连续的炭层,因而阻燃效能越高,见图 6.1[4,21]。

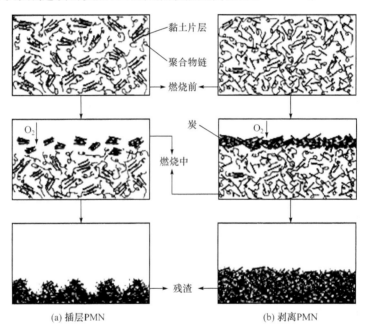

图 6.1　MNT 网络有利于形成炭层[4,21]

6.2.3　PMN 中 MMT 的迁移富集机理

有人曾提出了一种 PMN 中 MMT 迁移和富集机理[22],这实际上与上述 MMT 的化学反应成炭机理是相互补充的。迁移和富集理论认为,由于 MMT 的表面自由能低,所以 MMT 能迁移至 PMN 表面。此假说基于:经有机处理的 MMT 的热分解温度比一般聚合物热裂及燃烧的温度低,降低了片状 MMT 的表面自由能,促进了 PMN 结构的分解。在这种情况下,MMT 迁移至 PMN 表面,这种迁移可能是由常规的温度梯度驱动力,也可能是由气泡运动的驱动力所导致的。以 XPS 研究证明[23],在接近聚合物的分解温度时,PS/MMT 中的 MMT 能富集于 PMN 表面。有人认为[24]，PMN 燃烧时的气泡化是一种扰动因素，PMN 分解生成的无数上升的气泡和熔融材料的流动驱动 MMT 质点迁移至材料表面。

还有人提出了 PMN 的另一种阻燃机理[25]，他们认为 MMT 内的顺磁铁能捕获自由基。他们发现，即使某些 PMN（如 PS/MMT）中的 MMT 含量仅 0.1%，其 PHRR 也能下降约 40%，这与高 MMT 含量的 PLSN 所得结果无很大差别。

6.2.4　MMT 改性用季铵盐的影响

通常用于使 MMT 改性（有机化）的烷基季铵盐，在 155℃ 以下即能按 Hofmann 消去反应或 S_N2 亲核取代反应的历程而分解，在 MMT 表面形成质子化中心[反应式(6.1)][1,26,27]：

$$\overline{MMT}\ \overset{+}{N}\diagdown\overset{\begin{array}{c}CH_3\\CH_2CH_2OH\end{array}}{\diagup}\diagdown\overset{\begin{array}{c}CH_2CH_2OH\\CH_2CH_2R\end{array}}{}\longrightarrow \overline{MMT}\ \overset{+}{H}+H_3C\!-\!N\diagdown\overset{CH_2CH_2OH}{\diagup}\diagdown\underset{CH_2CH_2OH}{}+CH_2\!=\!CHR$$

$$(6.1)$$

在 MMT 所用有机改性剂热分解末期，质子化中心的数量与 MMT 的阳离子交换容量相关，有机改性剂热分解后的 MMT 可认为是一种被酸活化的陶土，具有相当强的酸性（$-8.2<H_0<-5.6$）。

一般而言，PMN 的引燃时间短于基材，这说明这类材料在燃烧早期的阻燃性差。从以锥形量热仪测得的很多 PMN 的引燃时间来看，大多数 PMN 存在这一普遍的缺陷。这与有机 MMT 的热分解有关，因为如上文所述，目前广泛用于使 MMT 有机化的季铵盐热分解温度较低。但现在已有一些热稳定性高的 MMT 改性剂供应。在锥形量热仪实验中，被点燃的是高分子材料热分解生成的可燃性气体与空气的混合物，换言之，高分子材料的引燃时间取决于材料热分解的稳定性。如反应式(6.1)所示，含季铵盐改性 MMT 的 PMN 在较低温度下即可产生可燃的烯烃。锥形量热仪实验指出，含有机 MMT 的 PMN 的 PHRR 在实验早期即出现，出现的时间与 PMN 的引燃时间相关[28]。还有，在接近有机 MMT 热分解温度时熔融挤出 PMN，或骤冷贮存大量 PMN 时，也可能产生烯烃。此外，因为烯烃能与氧结合生成过氧化物自由基，而后者可通过典型的自由基反应加宽聚合物的多分散性，所以有机 MMT 的分解也会影响聚合物的热降解。当采用熔融共混以制造 PMN 时，上述有机 MMT 热分解的影响是十分重要的。曾以凝胶渗透色谱（GPC）研究 PS/MMT 在挤出机中的试样，当挤出机物料不以氮气保护时，挤出过程会产生低相对分子质量 PS[29]。

在研究 PP/MMT 时，也发现 MMT（不仅是有机 MMT）可催化聚合物基质的降解[30]。人们认为，在 PP 中加入 MMT，可催化 PP 在氧气氛下的早期分解。因为 MMT 复杂的结晶结构和结晶特性会形成某活性催化中心,例如存在于 MMT 边缘和可作为 Bronsted 酸性中心的弱酸性 SiOH 和强酸性的桥 OH 处,存在于结晶晶格中不可交换的过渡金属离子处,存在于 MMT 层内的结晶缺陷点等。

总之,不论何种情况,处理 MMT 的烷基季铵盐对 PMN 的热分解和阻燃性都有重要作用。人们已进行过很多努力,研发比一般季铵盐热稳定性更高的新的有机改性剂,包括鏻鎓盐(PR_4^+)、咪唑啉鎓盐、冠醚、锑鎓、卓鎓盐等。

PMN 的阻燃机理是一个非常复杂的问题,目前提出的阻燃机理多系根据材料锥形量热仪实验、辐射气化试验(N_2 中热裂与空气中燃烧)及热裂解实验结果分析得出的一些看法,主要有基于化学反应的成炭机理及 MMT 的表面富集机理,但都在讨论中。还有一种自由基捕获机理,此机理的实验证据更是尚待补充和完善。另外,可以肯定的一点是,用于使 MMT 表面改性的有机季铵盐,由于它们在较低温度下即可进行 Hofmann 消去反应,故对 PMN 的早期热分解及引燃时间都有一定的影响。还有,MMT(不仅是有机化的 MMT)对 PMN 中聚合物基质的降解具催化作用。

高聚物/无机物纳米复合材料的阻燃性肯定比单一高聚物有很明显提高(主要表现在 HRR 及 MLR 的大幅度下降),但对引燃时间、氧指数及 UL94 垂直燃烧试验结果的改善是很有限的(有时甚至恶化)。这类纳米复合材料阻燃性的关键在于形成均质、连续的炭层,而纳米粒子的主要作用也在于有助于成炭(通过促进交联与催化),但不同高聚物及不同无机纳米粒子在成炭中的作用是不同的。另外,无机纳米粒子也可影响高聚物的热解过程,而这与阻燃性有一定的相关性。例如,对以脱除官能团热解的高聚物,基团的热稳定性与 HRR 有关。另外,纳米粒子本身及其诱发的交联反应可使材料熔体黏度增大,加上"曲径效应",能延长热解产物在固相中的停留时间,增长可燃基团的生存期,或发生二次成炭反应,这都是使 HRR 及 MLR 降低的原因。还有,纳米粒子也能抑制熔滴。

值得强调的是,高聚物/无机物纳米复合材料中的纳米粒子能否发挥应有的作用,除了添加量应适当外,应使无机粒子具有较高的长径比、与高聚物间具有较高的界面强度、在高聚物熔体中具有高黏度凝胶特征,以保证纳米粒子不仅在常温复合材料中,而且在高温熔融态复合材料中,都能良好分散和分散稳定。

6.3　PP/MMT 纳米复合材料的成炭性

对 PP/MMT 纳米复合材料中所用 PP,需采用(或一部分)马来酸酐接枝的 PP(PP-g-MA),后者系作为提高 PP 与 MMT 剥离强度的增容剂。PP-g-MA/MMT 系统在辐射气化装置中于氮气氛下热裂形成的残留物的 TEM 照片示于图 6.2[31],显示残留物中的 MMT 片层无序分散。

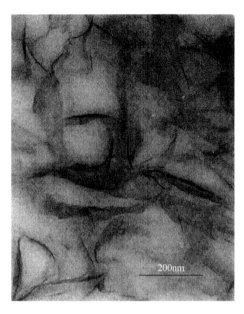

200nm

图 6.2 PP-g-MA/MMT 纳米复合材料热裂残留物(TEM 照片)[31]

PP-g-MA 能提高纳米材料的成炭性。图 6.3[31]是三种 PP 为基的材料在氮气中热裂所生成残留物的 TEM 照片,第一种材料是 PP/MMT(5%),第二种是 PP/PP-g-MA(15%)/MMT(2%),第三种是 PP/PP-g-MA(15%)/MMT(5%)。照片表明,(a)的残留物中没有黑色炭层,而仅残留 MMT;(b)及(c)残留物中则都有黑色炭层,且(c)残留物中的炭层质量较高,裂纹少,具连续性。可见,PP-g-MA 的添加及 MMT 的量,对 PP 为基的纳米复合材料的成炭性是十分重要的。

(a) PP/MMT(5%)　　　(b) PP/PP-g-MA(15%)/MMT(2%)　　(c) PP/PP-g-MA(15%)/MMT(5%)

图 6.3 三种 PP 为基材料在 N_2 中的热裂残留物(TEM 照片)[31]

PP-g-MA 在材料中提高 MMT 在系统中的分散程度,但更重要的是能直接作用于 MMT 成炭。如果在 PP/MMT 系统中不加入 PP-g-MA,即使能制得极佳的插层系统,其阻燃也仅略有改善。含 MMT(纳米分散)的聚合物,在热裂及燃烧时,表面炭层物质可能会发生迁移、团聚与富集,这是一个复杂的动态过程,涉及聚合物与表面改性剂的分解及气泡的迁移与破裂。

在材料表面生成均质连续的炭层是提高材料阻燃性(降低 HRR 及 MLR)的关键。对 PP/无机物纳米系统,就生成炭层的质量而言,黏土的种类也是有影响的。图 6.4[31,32] 比较了三种无机纳米粒子(一般 MMT、合成锂蒙脱土、合成含氟云母)的 PP 基纳米复合材料[组成均为 PP(84.0%)/PP-g-MA(7.7%)/无机纳米粒子(7.7%)]的 MLR,其中含合成氟云母的最低,而含一般 MMT 或合成锂蒙脱土的则相差无几。当然,三者均远远低于 PP/PP-g-MA 系统。与此相应,MLR 最低的 PP/PP-g-MA/合成含氟云母在氮气中热裂或在空气中燃烧后残留物炭层最为均匀及连续,见图 6.5[31]。

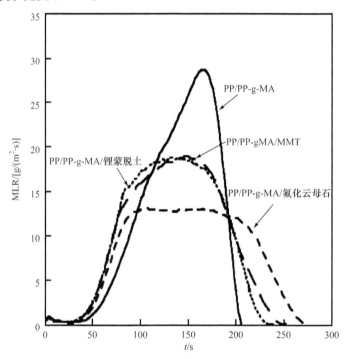

图 6.4　三种含不同无机粒子的 PP 基纳米复合材料的 MLR 值(氮气中热裂)[31,32]

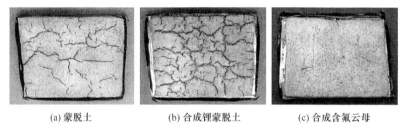

(a) 蒙脱土　　　　　　(b) 合成锂蒙脱土　　　　　　(c) 合成含氟云母

图 6.5　图 6.4 所示的三种 PP 基纳米复合材料在氮气中热裂的残留物(TEM 照片)[31]

另外,MMT 的表面改性剂及方法,与 PP 基纳米复合材料形成的炭层质量也

有很大关系,MMT 的合理改性往往有利于形成连续的炭层,同时还能延滞材料的
引燃时间。

6.4　PS/MMT 纳米复合材料的成炭性

聚苯乙烯(PS)本身燃烧时极难成炭,但 PS/MMT 纳米系统燃烧或热裂时可
形成黏土炭层,见图 6.6[31,33]。图 6.6 是 PS/MMT(5%)及单一 PS 在 N_2 气氛中
(辐射气化装置,见第 9 章)热裂 240s 所得残留物的 TEM 照片,两者比较可充分
说明,PS 中呈纳米分散的 MMT 能显著提高 PS 的成炭性。

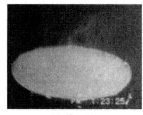 

(a) 单一 PS　　　　　　　　(b) PS/MMT(5%)

图 6.6　单一 PS 及 PS/MMT(5%)在 N_2 中热裂 240s 后残留物的 TEM 照片[31,33]

MMT 之所以能作为 PS 及其他难成炭高聚物的成炭剂,是因为 PS/MMT 纳
米体系在燃烧时,黏土会对基体聚合物产生一种“限制”和“焦化”作用,以促进成炭
率提高。另外,PS/MMT(5%)体系 PHRR 降低了 75%,但总释热量(THR)却没
有明显降低。体系在热裂(或燃烧)过程中,PS 残留的炭与黏土形成了一隔热层,
该层能有效地降低热传导及材料的热分解速率。

将单一 PS、PS/Na+MMT(10%,微米级分散于 PS 中)、PS/MMT(10%)纳
米复合材料(插层-剥离型)三者于辐射气化装置中在 N_2 气氛中热裂,取热裂时间
分别为 82s、95s、200s、400s 及 1150s 5 个时间点,这 5 个时间分别对应于材料热裂
的不同阶段。对于 PS/MMT 纳米系统,82s 时,材料刚开始热裂不久;95s 时,
MLR 达最大值(相应于 HRR 也达最大值);200s 时,为热裂平稳阶段(热裂平台,
MLR 达一稳定值)初期;400s 时,为热裂平台末期(MLR 二开始下降);1150s 时材
料热裂结束,此时 MLR 接近零,残留黏土片层。对于单一 PS 及 PS/Na+ MMT
(微米分散),它们的热裂情况与 PS/MMT 纳米系统有很大不同,但它们两者是比
较相似的,从 200s 后,两者的 MLR 仍不断上升(对纳米系统,200s 时已进入热裂
平台期),至 400s 左右时,MLR 急速直线下降至零,余下残留物不再有热裂质量损
失。图 6.7[31,33]是上述三种材料的 MLR 曲线。

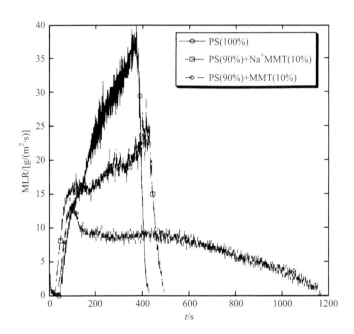

图 6.7　PS、PS/Na$^+$MMT(微米分散)及 PS/MMT(纳米分散)的 MLR 曲线[31,33]

　　对上述 5 个热裂时间点的热裂残留物分别在上部、中部及下部截取试样,共得 15 个试样。为便于比较,未热裂的原始材料(PS/MMT 纳米复合材料)也在上部、中部、下部取 3 个试样,于是共有 18 个试样。用 XRD 测得这 18 个试样的层间距 (d_{001}) 示于图 6.4。对上层试样,热裂 82s、95s、200s、400s 及 1150s 的残留物的层间距是相同的,为 1.3nm。对中层试样,只有热裂 200s、400s 及 1150s 的三种残留物的层间距才为 1.3nm;而对底层试样,只有热裂 400s 及 1150s 的两种残留物的层间距才为 1.3nm。而未热裂试样及其他热裂残留物试样的层间距均为 3.27nm 左右。这说明,材料上层的热裂程度大于中层及底层。另外,对上层材料,热裂 82s 后,残留物的层间距不再随热裂时间的增加而变化,维持在 1.3nm (XRD 测定)[31]。

　　由 XRD 图谱及 TEM 照片可以看出,随试样热裂时间的增加,形成的黏土炭层越来越深入试样内部,且炭层厚度不断增加,但在热裂一定时间后,炭层结构不再随热裂时间而改变。

　　图 6.8[31]是 PS/MMT 纳米复合材料热裂前后的 TEM 照片,显示 MMT 层在其中的分布情况。

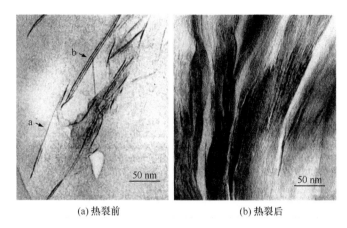

(a) 热裂前　　　　　　　　　　(b) 热裂后

图 6.8　PS/MMT(10％)纳米复合材料热裂前后的 TEM 照片[31]

将 PS/MMT 纳米复合材料在辐射气化装置中于空气中燃烧,燃烧时间分别取为 95s、200s、400s 及 1050s。四个试样的残留物量平均为原始试样的(28.7±6.2)％(由 TGA 测定),那么已燃烧的材料量应为原始试样的 71.3％。由于残留物为黏土炭层,其中所含黏土密度为 2.1g/cm³,炭密度仅为 1.0g/cm³,所以黏土炭层中,黏土与含碳物的体积比近似为 1：1。而如将试样置于氮气中热裂时,同样四个试样的残留物平均为原始试样的(17.5±6.8)％,即热裂残留物的质量比燃烧时要低约 10％。这种残留物质量的差别表明,黏土炭层中的含碳物质有两种,一种是在氮气中加热可气化的物质,另一种是要在苛刻的条件下,于空气中热氧化降解才能消除的物质,两者的质量比为 1.5：1,两者的主要差别是热稳定性不同。

6.5　PU/MMT 纳米复合材料的热稳定性及阻燃性

6.5.1　热稳定性

聚氨酯弹性体及其蒙脱土纳米复合材料在氮气中(升温速率 10℃/min)的热失重曲线和微分热失重曲线见图 6.9 和图 6.10[34]。图中的 PU 及 PU/MMT 是以两步法制得,所用多元醇为二官能团,计算 $\overline{M_n}$ 为 4000;所用异氰酸酯为 MDI;所用 MMT 是以二烷基二(2-羟乙基)季铵盐改性;PU/MMT 中 MMT 的含量为 2.5％。

图 6.9 和图 6.10 表明,PU 及 PU/MMT 的热失重分两个阶段进行,PU 的两个峰温分别为 311℃ 及 380℃,PU/MMT 的相应值为 322℃ 及 390℃,即比 PU 高 10℃ 左右。

综合研究成果,可对 PU/MMT 的热稳定性大略归纳出下述一般规律。但因

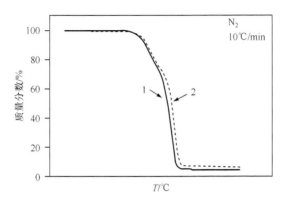

图 6.9　PU 及 PU/MMT 的 TGA 曲线[34]
1-PU；2-PU/MMT

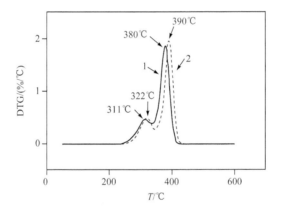

图 6.10　PU 及 PU/MMT 的 DTG 曲线[34]
1-PU；2-PU/MMT

不同研究者所用 PU/MMT 的组成和制备方法不完全一样,所以报道的具体数据有差异。

(1) 当 PU/MMT 中的 MMT 含量在 5% 以下时,PU/MMT 的起始分解温度 T_i(TGA 曲线外推基线与最大斜率处切线交点的温度)与 PU 相近或略高(表 6.1[35]、图 6.9 及图 6.10),因为这时热分解的是没有进入 MMT 层间的相对自由的分子链,即只是 PU 分子链的分解,MMT 作用较小。继续增加 MMT 的用量,参与插层的分子链增多,插入 MMT 片层间的 PU 分子链受到片层的阻隔和束缚,分子链的运动(包括转动和平移)受到阻滞。当 PU/MMT 中 MMT 的含量达 8%~10%,PU/MMT 的 T_i 有较大幅度提高,这是因为进入 MMT 插层中被束缚的 PU 分子链增多。

表 6.1　PU/MMT 的 T_i 与其中 MMT 含量的关系[35]

MMT 含量/%	T_i/℃
0	347
2	353
5	353
8	366
10	367

（2）MMT 的有机改性剂常为烷基卤化铵,这类改性剂在低于 PU 起始分解温度时即可发生 Hofmann 消去反应[26]。此时季铵盐生成烯烃和胺,在 MMT 表面上留下酸质子,而此酸性位置可能对 MMT 内有机物分解的早期阶段具催化作用[36],不利于提高 PU/MMT 的 T_i。

对有些实际测定结果,似乎不能看出改性剂对 PU/MMT 的 T_i 的影响,这可能是 PU/MMT 中改性剂的含量甚低,对 T_i 的下降作用为 MMT 对 T_i 的增加作用抵消甚至超过所致。但也有 PMN 的 T_i 低于树脂基材 T_i 的例子[37]。

（3）就热失重而言,对 MMT 含量为 2.0%~5.0% 的 PU/MMT,在低于或稍高于 T_i 时,PU/MMT 的热失重与 PU 相近,但高于 T_i 时,前者低于后者(图 6.9)。

6.5.2　阻燃性

1. 释热速率

HRR 的大小影响材料的点燃时间、火灾环境温度和火灾传播速度等,HRR 越小,材料越难以燃烧,反之,则越易燃烧。用锥形量热仪在热流量为 35kW/m² 测得的 HRR(图 6.11 及图 6.12)结果表明[38],PU/MMT(4.5%) 的 PHRR 比 PU 降低了 44%。对含液态磷酸酯的 PU,如与 4.5% 的 MMT 构成纳米复合材料,其 PHRR 值可降低 70%。

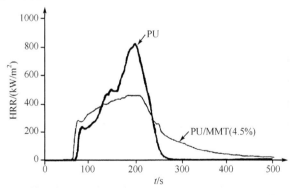

图 6.11　PU 及 PU/MMT(4.5%) 的 HRR 曲线[38]

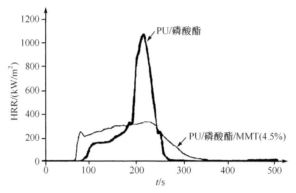

图 6.12　PU/磷酸酯及 PU/磷酸酯/MMT(4.5%)的 HRR 曲线[38]

2. 火灾性能指数

火灾性能指数(FPI)是引燃时间(TTI)与 PHRR 的比值,即 FPI＝TTI/PHRR,它被认为是比 PHRR 更能反映材料阻燃性的指标,因为其中包含了 TTI 这一因素,所以 FPI 能与发生闪燃的时间相关联。FPI 越大,材料的火灾危害性越低。PU 与 MMT 构成纳米复合材料后,FPI 值明显增高。PU 为 0.073,PU/MMT(4.5%)为 0.130;磷酸酯阻燃 PU 为 0.071,磷酸酯阻燃 PU/MMT(4.5%)为 0.199。由此可见,4.5% 的 MMT 可使 PU 的 FPI 值增加约 80%,而磷酸酯对 PU 的 FPI 值几乎没有影响,但如在含磷酸酯中的 PU 再加入 4.5%MMT,则 FPI 值可提高至原来的 2.8 倍。

3. 质量损失速率

质量损失速率(MLR)的大小影响材料的火灾环境温度和火灾传播速度等,MLR 越小,材料越难以燃烧,反之,则越易燃烧。图 6.13[34]是某一组成 PU 及相应 PU/MMT 的 MLR 曲线(以热流量 50kW/m² 的锥形量热仪测得),PU/MMT 的 MLR 峰值仅为原 PU 的 40%,但达到峰值的时间提前[34]。

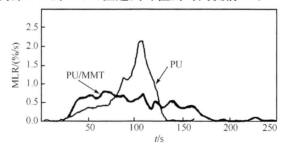

图 6.13　PU 及相应的 PU/MMT 的 MLR 曲线[34]

在 PU/三聚氰胺聚磷酸盐(MPP)中分散 MMT 对降低 MLR 作用很大。PU/MMT(5%)的 MLR 为 PU 的 60%,而 PU/MMT(5%)/MPP(6%)的 MLR 则仅为 PU 的 35%[37]。

4. 氧指数

PMN 中的 MMT 对提高材料的极限氧指数(LOI)不太有效,如含 5% MMT 的 PU/MMT 的 LOI(20.5)仅比 PU(19.0)提高 1.5 个单位,但如将 MMT 与常规阻燃剂 MPP 并用,即在 PU/MPP(6%)中分散 5%MMT,则材料 LOI 可达 27.5%,比 PU/MPP(6%)的 LOI(24.0)提高 3.5 个单位[37]。这说明,在改善 PU/MMT 的 LOI 方面,其中的 MMT 可能与 MPP 间存在协效效应。因此,在聚合物/MMT 中加入某些常规阻燃剂,可能是改善材料阻燃性的一个途径[39]。

综上所述,PU/MMT 纳米复合材料的热稳定性及阻燃性可归结为以下三点:

(1) PU/MMT 中的 MMT 含量为 5%左右时,与原 PU 相比,PHRR 可下降 40%～60%,FPI 可提高至约 2 倍,这大大提高了材料的火灾安全性。

(2) PU/MMT 中 MMT 含量在 5%以下时,其 T_i 与 PU 相近,但 MMT 含量达 8%～10%时,T_i 有所提高。MMT 所用的改性剂烷基卤化铵在一定温度下可发生 Hofmann 消去反应,这不利于提高 PU/MMT 的 T_i 和 TTI(点燃时间)。

(3) 在 PU/MMT 中同时采用与 MMT 具有协效作用的常规阻燃剂,如某些磷酸酯(盐),可进一步提高材料的 PHRR、FPI 及 LOI。

6.6　聚合物/碳纳米管纳米复合材料

6.6.1　碳纳米管及其特点

碳纳米管(CNT)是典型的富勒烯(笼形原子簇),实际上是由石墨片卷曲而成的无缝纳米管。其壁厚仅几纳米,直径为几纳米至几十纳米,轴向长度为微米至厘米量级,长/径比达 100～1000。CNT 的结构与球烯和石墨类似,为 sp^2 杂化的碳构成的弯曲晶面,最短的 C—C 键长 0.142nm。CNT 分单层及多层两种(SWCNT 及 MWCNT),且形态多样。CNT 具有很高的比表面积,目前制得的 CNT 的比表面积为 15～400m^2/g,远小于理论预测值。CNT 具有极高的抗拉强度,可达 50～200GPa,是钢的 100 倍,而密度仅为钢的 1/6。CNT 的杨氏模量和剪切模量可与金刚石比肩,破坏应变为 5%～20%。另外,CNT 抗畸变能力强,且在轴向上显示良好的柔韧性和回弹性,又耐氧化、耐腐蚀。所以 CNT 将是高级材料的理想增强体。将 CNT 与聚合物制成复合材料,其比强度极高,同时具有一系列其他可贵的性能[40]。

目前,关于聚合物/CNT 纳米复合材料的研究重点是将 CNT 作为增强体来大幅度提高材料的强度或韧性,或利用其良好的电学性能以提高材料的导电性。将 MWCNT 用为阻燃剂,具有下述一系列优点[41]:①由于 MWCNT 具有大的长径比(可大于 1000),所以以它为分散剂的材料易于形成连续的、网络结构的保护炭层,该炭层表面裂痕小,基本不收缩,所以阻燃效果高;②MWCNT 不需像层状硅酸盐(LS)那样进行表面改性,也可与很多高聚物良好相容;③聚合物/MWCNT 纳米复合材料的引燃时间(TTI)不会降低,而 LS 所用的有机表面改性剂常导致 TTI 下降;④当在高聚物中的含量为 2.0%～5.0%时,MWCNT 在降低材料 HRR 及 MLR 方面比 LS 更胜一筹;⑤MWCNT 与其他纳米无机物(如 MMT)及一些常规阻燃剂具有协效作用。

6.6.2　聚合物/MWCNT 纳米复合材料的热稳定性

通过热分析(TGA 及 DTA)测得的 PA6 及 PA6/MWCNT(5%)的一些热参数如表 6.2 所示[42]。由表 6.2 可知,与 PA6 相比,PA6/MWCNT(5%)低于 330℃的质量损失下降,600℃下空气中残炭量增高,但热分解峰温及熔融温度基本不变。

表 6.2　TGA 及 DTA 测定的 PA6 及 PA6/MWCNT(5%)的热参数[42]

热参数	PA6	PA6/MWCNT(5%)
低于 330℃的质量损失/%	2.1±1.0	1.1±1.0
热分解峰温/℃	459±1.0	459±1
熔融温度/℃	227±1.0	225±1.0
残炭量(600℃,空气)/%	0.0±1.0	5.2±1.0

注:TGA 测定条件:空气,10℃/min,12mg。

6.6.3　聚合物/MWCNT 纳米复合材料的阻燃性

1. 释热速率

1) PP/MWCNT 的释热速率

MWCNT 含量不同(0.5%～4%)的 PP/MWCNT 的 HRR 曲线(50kW/m² 锥形量热仪热流量测得)如图 6.14 所示[43,44]。

由图 6.14 可知,MWCNT 含量为 1%的 PP/MWCNT 的 PHRR 最低(仅为 PP 的 1/6),再增加或减少 MWCNT 的含量,材料的 PHRR 均有所上升。这是由材料燃烧形成的炭层的导热性与阻挡性平衡所致。对 MWCNT 含量为 0.5%的 PP/MWCNT,TTI 值比 PP 下降,但增加 MWCNT 的含量,材料的 TTI 值增高。

2) EVA/MWCNT 的释热速率

图 6.15[45~47] 是 EVA(含 2%VA)分别与 MWCNT、MMT 及 MWCNT＋

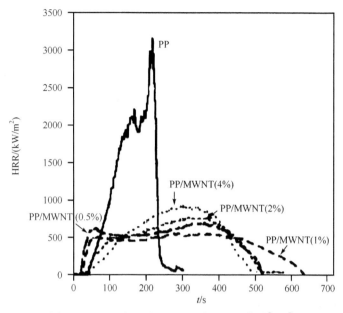

图 6.14　PP 及 PP/MWCNT 的 HRR 曲线[43,44]

MMT 所组成的纳米复合材料的 HRR 曲线(以热流量为 $35kW/m^2$ 的锥形量热仪测得)。试样所用 MWCNT 的纯度为 99%,含 1% 的无机物(Fe,Al_2O_3 和 CO)。所用 MMT 的改性剂为二甲基二(十八烷基)卤化铵。测定时每个试样均测定三次,三次测定的偏差均在 ±5% 以内。

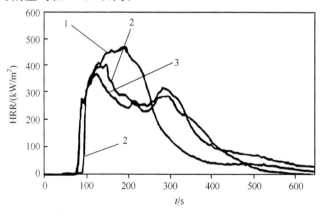

图 6.15　三种 EVA/无机纳米复合材料的 HRR 曲线[45~47]
1-EVA/MMT(4.5%);2-EVA/MWCNT(4.5%);3-EVA/MMT(2.5%)+MWCNT(2.5%)

图 6.15 结果表明,在降低 HRR 上,MWCNT 比 MMT 更有效,而且当纳米填料用量为 5%,MWCNT 和 MMT 各为 50% 时的 PHRR 值比单一 MWCNT 又有所下降。这说明,MWCNT 与 MMT 间存在一定程度的协效作用。但值得指出,

MWCNT 对降低 EVA 的 HRR 远不如对 PP 有效。

3) PA6/MWCNT 的释热速率

图 6.16[48]是用热流量为 30kW/m² 的锥形量热仪测得的 PA6 及 PA6/MWC-NT(5%)的 HRR 曲线。由图 6.16 可知,PA6/MWCNT(5%)的 PHRR 值可比纯的 PA6 下降约 40%。这与 PA6/MMT(5%)平均 HRR 下降幅度大致相当。

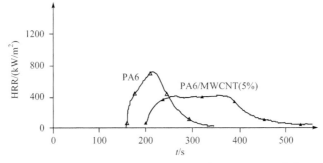

图 6.16　PA6 及 PA6/MWCNT(5%)的 HRR 曲线[48]

2. 质量损失速率

用热流量为 50kW/m² 辐射气化装置(N₂ 中,无燃烧)测定的 PP 及 PP/MWCNT 的 MLR 曲线如图 6.17 所示[43]。锥形量热仪测得的 MLR 高于辐射气化装置测得的,这是因为在锥形量热仪试验中,材料的氧化剧烈,所以材料的消耗速率加快。但当 PP 中 MWCNT 的含量由 0.5% 增至 1% 时,对材料的 MLR 影响似乎不明显,且在空气中及 N₂ 中皆如此。

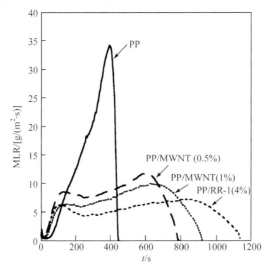

图 6.17　PP 及 PP/MWCNT 的 MLR 曲线[43]

PP/MWCNT 燃烧时能在材料整个表面形成比较均一的网络结构炭层,且无裂纹和空隙。此炭层可阻滞传质、传热,同时能将很大一部分入射能量再反射至气相中,因而降低炭层下基质承受的热量,从而减缓基质的热降解速率,降低 MLR,提高阻燃性。

3. 引燃时间

众所周知,当聚合物/无机物纳米复合材料中以 MMT 为纳米分散的阻燃剂时,为了提高 MMT 与基材高聚物的相容性,必须将 MMT 表面改性。目前所用改性剂常为含烷基的季铵盐,由于后者在一定温度下可发生 Hofmann 消去反应,因而有时使聚合物/无机物纳米复合材料的 TTI 值略有下降,但以 MWCNT 为阻燃剂的聚合物/无机物纳米复合材料(包括 EVA/MWCNT)则不存在这一问题,可保持基材原有的 TTI 值,表 6.3 为所测 EVA 纳米复合材料的 TTI 值[49]。

表 6.3　EVA 纳米复合材料的 TTI 值[49]

试　样	TTI/s
EVA	84
EVA/LS(2.5%)	70
EVA/LS(5.0%)	67
EVA/MWCNT(2.5%)	85
EVA/MWCNT(5.0%)	83

4. 极限氧指数及 UL94 阻燃性

PA6 的极限氧指数为(26.4±1.0)%,但 PA6/MWCNT(5%)的极限氧指数却下降至(23.7±1.0)%[48]。这是因为对于 PA6,试验时产生熔滴,材料从热裂区以熔滴流走,带走热量和减少材料的供应,材料仅以小火燃烧,故极限氧指数较高;而对于 PA6/MWCNT(5%),由于燃烧时形成网状结构炭层,且材料黏度增加,故阻滞了材料自热裂区移走,材料以较大火燃烧,因而极限氧指数下降。

图 6.18[50]表明:对 UL94 垂直燃烧试验,也存在与 LOI 测定时相似的情况,即 PA6 较 PA6/MWCNT 易产生熔滴,所以 PA6 很接近 UL94V-2 级,且能自熄。而 PA6/MWCNT(5%)则根本没有自熄的倾向,也不能通过 UL94V 的任何阻燃级。

(a) PA6　　　　　　　　(b) PA6/MWCNT(5%)

图 6.18　PA6 及 PA6/MWCNT(5%)UL 94V 试验的燃烧情况[50]

5. MWCNT 与其他纳米无机填料及常规阻燃剂间的协效作用

在纳米复合材料中分散两种或两种以上纳米无机物,以发挥彼此间的协同效应,是提高材料阻燃性能(及其他性能)的可实用途径之一。如上述 EVA 中的 MMT 与 MWCNT 间即能相互协同而赋予材料较佳的阻燃性能(图 6.15)。

此外,在常规阻燃系统中加入 CNT,可降低常规阻燃剂的用量,并提高材料阻燃性能。例如,在 EVA/ATH(氢氧化铝)系统中分散少量(2%~5%)CNT,可使材料通过 V-0 级所需的 ATH 量由 60% 降至 50% 左右[1]。又如,EVA/ATH/CNT 系统是一种低烟、无卤的低压同轴电缆的阻燃护套/绝缘两用料,氧指数可达 31%,温度指数为 235℃,烟密度通过 IEC61034 标准,以 NES713 测定的毒性指数为 3.0[1]。

6.6.4　聚合物/MWCNT 纳米复合材料的成炭性及炭层结构

1. EVA/MWCNT 及 EVA/MWCNT/MMT

EVA/MWCNT 及 EVA/MWCNT/MMT 这两种纳米复合材料在锥形量热仪试验(热流 35kW/m²)及本生灯试验(火焰高 6cm,与试样表面呈 45°燃烧试样 1min,试样尺寸为 30mm×30mm×3mm)中形成的炭层外形分别见图 6.19 及图 6.20[47]。

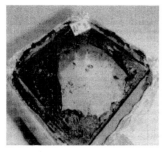

(a) EVA/MWCNT(4.5%)　　　　　　(b) EVA/MWCNT(2.5%)+MMT(2.5%)

图 6.19　EVA/MWCNT(4.5%)及 EVA/MWCNT(2.5%)+MMT(2.5%)
在锥形量热仪试验中形成的炭层外形[47]

(a) EVA/MWCNT(4.5%)　　　(b) EVA/MWCNT(2.5%)+MMT(2.5%)

图 6.20　EVA/MWCNT(4.5%)及 EVA/MWCNT(2.5%)+MMT(2.5%)
在本生灯试验中形成的炭层外形[47]

对 EVA/MWCNT,在锥形量热仪试验中,大多数残炭被烧掉;而在本生灯试验中,则可形成表面平滑的整体结构炭层。对 EVA/MMT+MWCNT,在锥形量热仪试验中能生成表面平滑的良好炭层,但在本生灯试验中形成的炭层裂纹较多。

本生灯试验与锥形量热仪试验相比,前者的燃烧较温和,炭层氧化程度较低,相当于锥形量热仪试验的早期阶段。由于在本生灯试验中,EVA/MWCNT 生成的炭层表面较平整,裂纹较小,所以 EVA/MWCNT 的 PHRR 值较低。因为如上所述,本生灯试验相当于锥形量热仪的早期燃烧阶段。在本生灯试验中,EVA/MWCNT 所形成的炭层,对阻滞可燃挥发性物逸至气相,和氧气渗透入凝聚相,均比 EVA/MMT 形成的炭层更有效。但前一种炭层的抗氧化作用则可能不如后者。所以,如果试样较长时间暴露在高温下(如锥形量热仪试验),由于 EVA/MWCNT 形成的炭层抗氧化性较差,因而残炭大部分被烧掉。而对 RVA/MWC-NT+MMT,由于其中含有抗氧化性较好的 MMT,所以在锥形量热仪及本生灯试验中,均能形成较整体的炭层,因而 PHRR 值也较低。

MWCNT 具有使材料燃烧时石墨化的成核作用,并导致形成湍流炭和石墨炭。当材料中同时含 MWCNT 及 MMT 时,上述作用得以加强。含石墨炭的炭层可大大降低 PHRR 值。另外,MWCNT 也可减少炭层表面裂纹。

炭层的抗氧化性也在阻燃中起重要的作用。炭层的氧化活性一般高于纯石墨,且炭层氧化活性通常是炭层石墨化程度的参数。在聚合物/MWCNT 中加入 MMT,有助于提高材料的抗氧化性。

用扫描电镜测得的 EVA/MWCNT(4.5%)在 600℃下燃烧 4min 形成炭层表面的裂纹情况如图 6.21 所示[47]。裂纹表面可分辨出被析出的 WMCNT。这说明,MWCNT 在防止炭层表面形成裂纹上可发挥重要的作用。因为纤维状的 MWCNT 能与 EVA 基质联结,使材料在燃烧过程中不致生成过多裂纹,所以在燃烧早期形成表面较光滑的炭层。

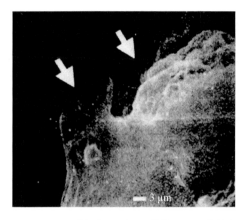

图 6.21　EVA/MWCNT(4.5%)在 600℃下燃烧 4min 形成炭层表面的裂纹[47]

通过 X 射线衍射测定的 EVA/MWCNT(4.5%)燃烧(在 600℃下燃烧 4min)前后的情况如图 6.22 所示[47]。燃烧前试样不具石墨结构,而残炭的 XRD 图在 0.3445nm 处有一强且宽的峰,这是湍流炭的特征。这说明,EVA/MWCNT 在燃烧过程中生成了湍流炭结构。在这种结构中,一系列芳香层堆积在一起,各层近似平行且等距,但各层法向具有完全无序的定向。

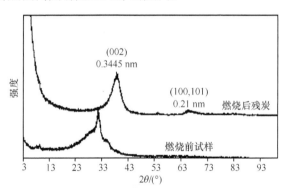

图 6.22　EVA/MWCNT(4.5%)在燃烧(600℃,4min)前后的 XRD 图[47]

将 MWCNT 作为聚合物/无机物纳米复合材料的阻燃剂,构成的材料具有令人瞩目的阻燃性,在降低 HRR 及 MLR 方面,对某些高聚物可能还优于 MMT。特别是,MWCNT 与其他纳米无机填料及常规阻燃剂间可能具有较好的协效作用,这更显示了 MWCNT 在阻燃高分子材料中的应用前景。但含 MWCNT 的聚合物/无机物纳米复合材料尚处于早期研发阶段,离工业应用为时尚远,有关 MWCNT 的阻燃机理(如材料的燃烧和热裂模式、纳米效应对成炭的影响、凝聚相屏障层的形成、该层的理化性能等)还得深入研究。

2. PMMA/SWCNT

以热流量为 $50kW/m^2$ 的锥形量热仪测试了三种不同样品［PMMA，PMMA/SWCNT（用量 0.5％）（分散良好）及 PMMA/SWCNT（用量 0.5％）（分散不好）］的 HRR（释热速率）[44]，虽然良好分散样品比分散不好样品燃烧得更为缓慢，但在 $50kW/m^2$ 热流辐射下，两种样品最终均几乎完全烧尽。但同样的 PMMA/SWCNT 在 N_2 中气化热裂（外部辐射热流量 $50kW/m^2$）则能形成残炭。对 SWCNT 分散良好的样品，在热裂过程中，先在材料表面形成大量喷溅的小泡，随后形成固体状物（无任何液体特征），最后形成连续的黑色炭层，覆盖整个样品容器。分散不好的样品，先形成大量小泡，随后小泡在材料表面发生喷溅形成许多黑色小岛，再后在小岛间为形成多孔结构，最后小岛连接成整体结构（图 6.23[44,51]）。两种样品的质量损失速率（MLR）曲线（气化热裂）与 HRR 曲线（锥形量热仪）变化趋势相同，SWCNT（用量 0.5％）分散良好的试样与分散不好的试样相比，前者的 PHRR 与 PMLR 均远低，而后者此两值与单一 PMMA 相差不多。PMMA 中良好分散 0.5％的 SWCNT，可将 PHRR 降低约 60％，而 3％的 MMT 仅能降低约 30％[52]。

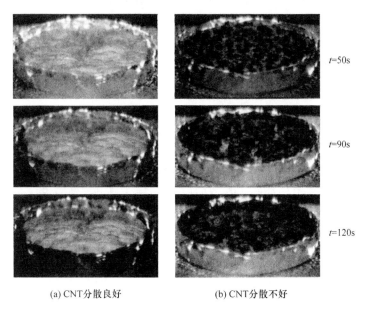

(a) CNT分散良好　　　　　　　　(b) CNT分散不好

图 6.23　PMMA/SWCNT(0.5％)气化热裂残留物[44,51]

SWCNT 用量为 0.2％的 PMMA/SWCNT 在氮气氛下的气化裂解行为与用量为 0.5％者类似。SWCNT 用量为 0.5％和 1％的 PMMA/SWCNT，在整个气化热裂过程中，热裂行为类似于固体，样品表面始终被网状结构保护层所覆盖，最终形成均匀、致密、没有明显裂缝的固体残渣层[图 6.24[44,51]（c）和（d）]。PMMA/SWNT（用量为 1 ％）热裂残渣的网状结构由成束的相互盘绕的 CNT 构成,残渣坚固,不易破损。将所得残渣收集称量,CNT 仅略提高 PMMA 的残炭率。

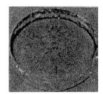

(a) PMMA　　　　(b) PMMA/SWCNT(0.2%)　(c) PMMA/SWCNT(0.5%)　(d) PMMA/SWCNT(1%)

图 6.24　气化热裂(50kW/m², 氮气氛)PMMA/SWNT 样品的残渣[44,51]

6.7　聚合物/层状双羟基化合物纳米复合材料

层状双羟基化合物（LDH）的阴离子交换能力比 MMT 阳离子交换能力大得多（前者为后者的 3～4 倍）,而层间静电引力则随离子交换能力的增大而增高,这就不利于形成剥离型的纳米复合材料,所以只能制得层间距较小的插层型含 LDH 的纳米复合材料。不过,就阻燃性及热稳定性而言,EP/LDH 有优于 EP/MMT 之处（如自熄性特强）。下文叙述环氧树脂（EP）/LDH 纳米复合材料,主要取材于参考文献[53]。

6.7.1　LDH 的特征

LDH 属于阴离子黏土,是一类层状混金属氢氧化物,其化学式为 $Mg_6Al_2(OH)_{16}CO_3^{2-} \cdot nH_2O)$,其片层是由共面的八面体单元构成的,每个八面体的中心有一个阳离子,与顶点上的六个羟基配位（见图 6.25）,而八面体单元的化学组成通常认为是

$$[M_{1-x}M_x^{III}(OH)_2]^q \qquad\qquad [A_{q/n}^{n-} \cdot mH_2O]$$
$$\text{层内组成} \qquad\qquad\qquad \text{层间组成}$$

其中,M 为二价阳离子（如 Mg^{2+}, Zn^{2+}, Ca^{2+}, Co^{2+}, Cu^{2+}, Mn^{2+}）或一价阳离子（如 Li^+）（Li-Al LDH 是唯一为人所知的 M^+-M^{3+} LDH,其结构是在水铝矿 $[\gamma\text{-}Al(OH)_3]$ 的八面体空隙中插入 Li^+）; M^{III} 为三价阳离子（如 Al^{3+}, Cr^{3+}, Fe^{3+}, Co^{3+}, Ni^{3+}, Ga^{3+}, Mn^{3+}）; A^{n-} 为交换的层间阴离子; q 为八面体单元的电荷量:当 M 为二价阳离子时 $q=x$,当 M 为一价阳离子时, $q=2x-1$。LDH 的重要特征是层内组成与层间组成是可调的,通过改变一价～二价阳离子与三价阳离子之比 $\rho=(1-x)/x$,可对电荷量 q 与阴离子交换容量（AEC）进行调节。通常情况下,

LDH 交换容量为 200～470meq/(100g)，比相应的阳离子交换容量(CEC)高，如钠蒙脱土的 CEC 为 80～145meq/(100g)。阴离子黏土的长径比与阳离子黏土相似，甚至更大。通过改变合成条件，LDH 的片层厚度可以为 0.48～0.49nm，片层尺寸可以为 0.06～20μm[53]。

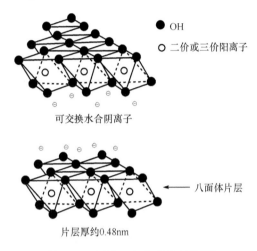

图 6.25　层状双氢氧化物结构[53]

6.7.2　EP/LDH 的热分解

在空气中，采用同步热分析法(STA)对聚氧丙烯二胺(Jeffamine D230)固化的 EP/LDH(4-甲苯磺酸酯)、单一 EP 及 EP/MMT(双(2-羟乙基)铵改性)(30B)三者的热稳定性进行了比较。两种纳米复合材料中的添加量都是 5%。从所得的DTA 曲线[53]可以看出，单一 EP 在约 550℃时有一个主要的吸热峰；EP/LDH 则有两个吸热峰，致使 HRR 降低，热释放推迟；而 EP/MMT 的热分解情况与单一EP 的差不多。

从单一 EP(二氨基二苯砜固化的 DGEBA)和 EP/LDH(5%，3-氨基苯磺酸酯改性)的 TGA 曲线[53]可看出，与单一 EP 相比，纳米复合材料的初始分解温度降低了约 15℃，且 550℃时残留物的量增加了约 36%。另外，添加磷系阻燃剂(如APP)EP 的成炭量增加，热稳定性降低。这是因为，在约 200℃时 APP 降解，生成聚磷酸和氨。在 EP/APP 降解的第一阶段，EP 发生脱水反应，而聚磷酸对该过程有催化作用。同时，聚磷酸还能促进不饱和物和炭的形成[54,55]。膨胀系统中的成炭剂前驱体通常是磷化合物，在大多数情况下是 APP，但也可以是硫化合物。加热时，磺酸酯分解生成强矿物酸，而后者对脱水反应有催化作用[56]。因此可以认为，EP/LDH 中的表面活性剂有机磺酸酯能促进成炭，且成炭反应与表面活性剂的性质有关，而与 LDH 本身无关。Hsueh 和 Chen[57]制备的 EP/LDH，采用氨基

羧酸酯(12-氨基月桂酸酯)对 LDH 改性。对该材料的研究结果表明:与单一 EP
相比,由于 LDH 典型的阻隔效应,纳米复合材料的热稳定性提高,但较高温度下
残留物的量却没有增加。同时,Chen 和 Qu[58]发现,PP-g-MA/LDH(用十二烷基
硫酸酯对 LDH 改性)的热稳定性降低,而成炭量却增加。根据成炭机理,插层阴
离子,尤其是它的酸度,似乎是影响降解过程的主要因素。

6.7.3　EP/LDH 的阻燃性

LDH 作为一种添加剂,分解时能在材料表面形成难熔的氧化物,同时释放出
水蒸气和二氧化碳,因而能提高基体的阻燃性能。燃烧时,通过吸收大量的热和稀
释高温分解生成的可燃气体,延长 TTI,降低总释热量[53]。当 LDH 在基体中呈纳
米级分散时,会产生纳米复合材料的典型效应。

下面是 EP/LDH、EP/MMT、EP/ATH 及 EP/APP 的 UL94 水平测试结
果:EP/LDH1(3-氨基苯磺酸酯改性)[59]和 EP/LDH2(4-甲苯磺酸酯改性)优
于 EP/MMT1[双(2-羟乙基)铵改性]、EP/MMT2(C_{14}～C_{18}铵改性),也优于
EP/ATH及EP/APP[53]。事实上,在 UL94 水平燃烧测试中,只有 LDH 基纳米复
合材料有自熄行为。LDH 基纳米复合材料的阻燃性能与改性 LDH 的分散情况
和内在特性有关,EP/LDH 是第一例不添加其他阻燃剂而具自熄性的纳米复合材
料。由此可知,LDH 阴离子黏土能改善材料的阻燃性能,可替代最常见的阳离子
黏土。在 UL94 水平测试中,EP/LDH 具有独特的自熄性,而这在以前的纳米复
合材料中是没有过的。阴离子黏土材料在燃烧过程中,聚合物表面能形成连续
的膨胀陶瓷状保护层,使这种材料的 HRR 降低幅度比 MMT 纳米复合材料的更
大。此外,阴离子黏土可以与磷系阻燃剂有效复配,改善膨胀性,同时降低 HRR
与烟雾释放量。

LDH 基纳米复合材料燃烧时形成了混合金属氧化物(由 LDH 热降解生成)
与炭的插层纳米结构。UL94 试验燃烧后,EP/LDH1 和 EP/LDH2 的 XRD 图谱
在 1.28nm 处出现衍射峰。类似地,Gilman 等[60]报道,蒙脱土纳米复合材料形成的
炭插层结构也有相同的炭层间距(1.3nm),且与高聚物的类型(热固性或热塑性)及
纳米结构(插层或分层)均无关。这说明,炭的层间距与层状晶体的性质无关。

表 6.4[53]列出了 EP 基试样的锥形量热仪数据,它们进一步证实了 LDH 基纳
米复合材料的阻燃性能优于蒙脱土基纳米复合材料。与单一 EP 相比,EP/LDH1
和 EP/LDH2 的 PHRR 分别降低了 51％和 40％。这一结果明显优于EP/MMT2,
后者的 PHRR 只降低了 27％。这是因为,锥形量热仪测试后,在 EP/LDH1 和
EP/LDH2 中形成了膨胀的、密实且连续的残留物,而 EP/MMT2 形成的残留物则
是破碎的,如图 6.26[53,59]所示。EP/LDH1 的残留物呈薄壳结构,保护层厚度约
为 1mm,最大厚度能达 5cm。该残留物具有优异的机械强度,也具有完整性、连续

性和对基质的黏附性。燃烧后试样表面所形成的保护层具有双层结构:白色、多孔的内层是由金属氧化物形成的,而黑色、紧凑的外层是由含碳残留物形成的(部分可能由气相中的烟灰形成)。

表 6.4　EP 基纳米复合材料的锥形量热仪数据[53]

试样	残留物的量 /%	PHRR/(kW/m²) (降低百分数/%)	mHRR/(kW/m²) (降低百分数/%)	mHc /(MJ/kg)	mMLR /(g/m²·s)	mSEA /(m²/kg)	TTI /s
EP	3.3	1181	533	26	23	750	109
EP/MMT2	8.6	862(27)	477(11)	23	21	773	110
EP/LDH1	8.4	715(40)	382(28)	23	17	724	98
EP/LDH2	9.5	584(51)	347(35)	22	15	743	112
EP/APP	90.1	491(62)	105(80)	17	6	720	78

注:外部辐射功率为 35kW/m²;PHRR、MLR 和 SEA 误差为 ±10%;H_c 和 TTI 误差为 ±15%;所有数据均为三个相同试样的平均值;试样是 100mm 的方板,厚度是 8mm。

(a) EP/LDH1形成的密实炭层,　　　(b) EP/MMT2形成的破碎炭层
具膨胀性,炭层厚度能达50mm

图 6.26　锥形量热仪测试后的含碳残留物[53,59]

前已提及,UL94 HB 测试后,LDH 基纳米复合材料的残留物呈插层结构,其层间距为 1.28nm。而锥形量热仪测试后,残留物的 XRD 图谱中观察不到衍射峰。事实上,UL94 HB 与锥形量热仪的测试条件是不一样的。在 UL94 中,施于试样的火焰是唯一的热源,所以火焰自熄后,残炭是不能被氧化的。相反,在锥形量热仪中,燃烧时与火焰自熄后,残留物一直暴露于外部热辐射中,直到将试样移开装置为止(约 2min)。火焰自熄后,EP/LDH 基纳米复合材料仍有强烈的白炽余晖,将残留炭部分氧化成 CO 和 CO_2。这是由于 LDH 的降解产物(镁铝氧化物)催化了氧化反应,形成了余晖的缘故[61,62]。因此可以认为,在燃烧过程中,LDH 基纳米复合材料首先形成了金属氧化物与炭的插层结构,然后,插层的含碳残留物被氧化成 CO 和 CO_2,而金属氧化物催化了该反应。

图 6.27[53,59] 是 EP 基纳米复合材料的 HRR 曲线。160s 后,EP/LDH1 和

EP/LDH2 体系的 HRR 显著降低,这与炭层的迅速膨胀有关。因此,EP/LDH(有机磺酸酯改性)是一膨胀系统,其中的 EP 是碳源,磺酸酯是成炭剂,水和 CO_2(由 LDH 的羟基热分解产生)是发泡剂[53]。

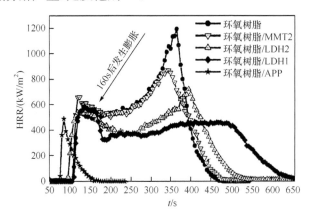

图 6.27　单一 EP、EP/LDH1、EP/LDH2、EP/MMT2、EP/APP 材料的 HRR 曲线[53,59]

LDH 基纳米复合材料在约 160s 时发生膨胀

对于降低失重和减少热释放来说,纳米复合材料的效果较 EP/APP 差,但 APP 却使材料的热稳定性降低,并使 TTI 缩短了 29%。而 EP/LDH1 和 EP/LDH2 的 TTI 与单一 EP 差不多。此外,APP 使 EP 的机械性能下降,而 LDH 基纳米复合材料的拉伸强度、杨氏模量、断裂伸长率均有提高,热膨胀和渗透性能下降[25,26]。

尽管 LDH 的阻燃效果较 APP 差,但 LDH 与 APP 间却存在协同效应。事实上,对于 3mm 试样来说,达到 UL94 V-0 标准,需在环氧树脂中添加 30% 的 APP,而如果添加 4% 3-氨基苯磺酸酯改性的 LDH,则 APP 的添加量只需 16%～20%[53]。

参 考 文 献

[1] Morgan A B,Wilkie C A. Flame Retardant Polymer Nanocomposites[M]. Hoboken:John Wiley & Sons, Inc,2007.

[2] Jiang D D. Polymer nanocomposites[A]//Wilkie C A,Morgan A B. Fire Retardancy of Polymeric Materials. 2nd Edition[M]. Boca Raton:CRC Press,2009:261-300.

[3] Lopez-Cuesta J M,Laoutid F. Multicomponent flame retardant systems. Polymer nanocomposites combined with additional materials[A]//Wilkie C A,Morgan A B. Fire Retardancy of Polymeric Materials. 2nd Edition[M]. Boca Raton:CRC Press,2009:301-328.

[4] 杨荣杰,王建祺. 聚合物纳米复合物加工、热行为与阻燃性能[M]. 北京:科学出版社,2010.

[5] 胡源,宋磊,等. 阻燃聚合物纳米复合材料[M]. 北京:化学工业出版社,2008:58-88.

[6] 欧育湘. 聚合物/蒙脱土纳米复合材料阻燃机理研究进展[J]. 高分子材料科学与工程,2009,25(3):

166-174.

[7] Zammaran M. Thermoset fire retardant nanocomposites[A]//Morgan A B, Wilkie C A. Fire Retardant Polymer Nanocomposites[M]. Hoboken: John Wiley & Sons, Inc. ,2007: 235-284.

[8] Berta M, Lindsay C, Pans G, et al. Effect of chemical structure on combustion and thermal behaviour of polyurethane elastomer layered silicate nanocomposites [J]. Polymer Degradation and Stability, 2006, 91 (5): 1179-1191.

[9] Gilman J W, Kashiwagi T, Lichtenhan J D. Nanocomposites. A revolutionary new flame retardant approach [J]. SAMPE Journal, 1997, 33(4): 40-46.

[10] Utrakil A. Clay-Containing Polymeric Nanocomposites[M]. Shrewsburg: Woodhead Publishing Limited, 2005: 615.

[11] Mai Y, Yu Z. Polymer Nanocomposites[M]. Shrewsburg: Woodhead Publishing Limited, 2006: 256-272.

[12] Zanetti M, Costa L. Preparation and combustion behaviour of polymer/layered silicate nanocomposites based upon PE and EVA [J]. Polymer, 2004, 45(13): 4367-4373.

[13] Levchik S, Wilkie C A. Char formation [A]//Grand A F, Wilkie C A. Fire Retardancy of Polymeric Materials [M]. New York: Marcel Dekker Inc, 2000: 171-215.

[14] Benson S W, Nangia P S. Some unresolved problems in oxidation and combustion [J]. Accounts of Chemical Research, 1979, 12(7): 223-228.

[15] Zanetti M, Camino G, Reichert P. Thermal behaviour of polypropylene layered silicate nanocomposites [J]. Macromolecular Rapid Communications, 2001, 22(3): 176-180.

[16] Zanetti M, Camino G, Mulhaupt R. Combustion behaviour of EVA/fluorohectorite nanocomposites[J]. Polymer Degradation and Stability, 2001, 74(3): 413-417.

[17] 何淑琴, 胡源, 宋磊. 阻燃聚丙烯/蒙脱土纳米复合材料的燃烧性能[J]. 中国科学技术大学学报, 2006, 36(4): 408-412.

[18] Zanett I M, Camino G, Thomann R, et al. Synthesis and thermal behaviour of layered silicate EVA Nanocomposites [J]. Polymer, 2001, 42(10): 4501-4507.

[19] Bourbigot S, Gilman J W, Wilkie C A. Kinetic analysis of the thermal degradation of polystyrene-montmorillonite nanocomposite [J]. Polymer Degradation and Stability, 2004, 84(3): 483-492.

[20] Zanetti M, Kashiwagi T, Falqui L, et al. Cone calorimeter combustion and gasification studies of polymer layered silicate nanocomposites[J]. Chemistry of Materials, 2002, 14(2): 881-887.

[21] Ma H Y, Tong L Y, Xu Z B, et al. Clay network in ABS graft MAH nanocomposite. Theolog and flammability[J]. Polymer Degradation and Stability, 2007, 92: 1439-1445.

[22] Lewin M. Some comments on the modes of action of manocomposites in the flame retardancy of polymers [J]. Fire and Materials, 2003, 27(1): 1-7.

[23] Wang J, Dua J, Zhu J, et al. An XPS study of the thermal degradation and flame retardant mechanism of polystyrene-clay nanocomposites [J]. Polymer Degradation and Stability, 2002, 77(2): 249-252.

[24] Kashiwagi T, Harris R H, Zhang X, et al. Flame retardant mechanism of polyamide 6 clay nanocomposites [J]. Polymer, 2004, 45(3): 881-891.

[25] Zhu J, Uhl F, Morgan A B, et al. Studies on the mechanism by which the formation of nanocomposites enhances thermal stability [J]. Chemistry of Materials, 2001, 13(12): 4649-4654.

[26] Xie W, Gao Z, Pan W P, et al. Thermal degradation chemistry of alkyl quaternary ammonium montmorillonite [J]. Chemistry of Materials, 2001, 13(9): 2979-2990.

[27] Xie W,Gao Z,Liu K,et al. Thermal characterization of organically modified montmorillonite [J]. Thermochimica Acta,2001,367:339-350.

[28] Zanetti M,Camino G,Canavese D,et al. Fire retardant halogen-antimony-clay synergism in polypropylene layered silicate nanocomposites[J]. Chemistry of Materials,2002,14(1):189-193.

[29] Gilman J W,Kashiwagi T,Morgan A B,et al. NISTIR 6531 Flammability of Polymer Clay Nanocomposites Consortium. Year One Annual Report [R]. Gaithersburg:NIST(National Institute of Standards and Technology).

[30] Qin H,Zhang S,Zhao C,et al. Thermal stability and flammability of polypropylene/montmorillonite composites [J]. Polymer Degradation and Stability,2004,85(2):807-813.

[31] Gilman J W. Flame retardant mechanism of polymer-clay nanocomposites[A]//Morgan A B,Wilkie C A. Flame Retardant Polymer Nanocomposites[M]. Hoboken:John Wiley & Sons,Inc. ,2007:67-87.

[32] Cipiriano B H,Kashiwagi T,Raghavan S,et al. Effects of aspect ratio of MWNT on the flammability properties of polymer nanocomposites [J]. Polymer,2007,48(20):6086-6096.

[33] Morgan A B,Harris R H,Kashiwagi T,et al. Flammability of PS layered silicate(clay)nanocomposites. Carbonaceous char formation [J]. Fire and Materials,2002,26(6):247.

[34] 欧育湘. 聚氨酯/改性蒙脱土纳米复合材料的热稳定性及阻燃性[J]. 聚氨酯工业,2006,21(6):6-9.

[35] 梁成刚,张瑞英,武淑娟. 聚氨酯/蒙脱土纳米复合材料[J]. 聚氨酯工业,2005,20(1):13-16.

[36] 贾修伟. 纳米阻燃材料[M]. 北京:化学工业出版社,2005:334-336.

[37] Song L,Hu Y,Tang Y,et al. Study on the properties of flame retardant polyurethane/organoclay nanocomposites [J]. Polymer Degradation and Stability,2005,87:111-116.

[38] Beyer G. Progress with nanocomposites and new nanostructured FRs [A]//Proceedings of Conference of Flame Retardants 2006's [C]. London:Interscience Communications Ltd. ,2006:123-133.

[39] Hao J,Xiong Y,Wu N. Phosphorus-based epoxy resin-nanoclay compopsite [A]//Hull T R,Kandola B K. Fire Retardancy of Polymers. New Strategies and Mechanisms. Cambridge: The Royal Society of Chemistry,2009:160-167.

[40] 朴玲钰,李永丹. 碳纳米管研究进展[J]. 化工进展,2001,11:18-22.

[41] 王建祺. 低烟无卤阻燃电缆料的市场/技术理论与发展趋势[A]//首届阻燃技术与阻燃材料最新研究进展研讨会论文集[C]. 北京:北京理工大学,2003:27-45.

[42] 王建祺. 纳米结构与聚合物阻燃热点巡视[A]//第三届阻燃技术与阻燃材料最新研究进展研讨会论文集[C]. 北京:北京理工大学,2006:45-64.

[43] Kashiwagi T,Grulke E,Hilding J,et al. Thermal and flammability properties of polypropylene/carbon nanotube nanocomposites [J]. Polymer,2004,45(12):4227-4239.

[44] Kashiwagi T. Progress in flammability studies of nanocomposites with new types of nanoparticles [A]// Morgan A B,Wilkie C A. Flame Retardant Polymer Nanocomposites [M]. Hoboken:John Wiley & Sons,Inc. ,2007:285-324.

[45] Beyer G. Carbon nanotubes as flame retardants for polymers [J]. Fire and Materials,2002,26:291-293.

[46] Beyer G. Flame retardant properties of organoclays and carbon nanotubes and their combinations with alumina trihydrade [A]//Morgan A B,Wilkie C A. Flame Retardant Polymer Nanocomposites [M]. Hoboken:John Wiley & Sons,Inc. ,2007:163-190.

[47] Gao F,Beyer G,Yuan Q. A mechanistic study of fire retardancy of carbon nanotube/EVA and their clay composites [J]. Polymer Degradation and Stability,2005,89(3):559-564.

[48] 欧育湘,韩廷解,李建军. 阻燃塑料手册[M]. 北京 :国防工业出版社,2008:653.

[49] 欧育湘,辛菲,赵毅,等. 聚合物/碳纳米管复合材料的制备,热稳定性及阻燃性[J]. 中国塑料,2006,
20(8):1-6.

[50] Schartel B,Pottschke P,Knoll U,et al. Fire behaviour of polyamide 6/multiwall carbon nanotube nano-
composites [J]. European Polymer Journal,2005,41(5):1061-1070.

[51] Kashiwagi T,Du F,Winey K I,et al. Flammability properties of polymer nanocomposites with single-
walled carbon nanotubes. Effects of nanotube dispersion and concentration [J]. Polymer,2005,46(2):
471-481.

[52] Zhu J,Start P,Mauritz K A,et al. Thermal stability and flame retardancy of poly(methyl methacrylate) - clay
nanocomposites [J]. Polymer Degradation and Stability,2002,77(2):253-258.

[53] Zammarano M . Thermoset fire retardant nanocomposites[A]//Morgan A B,Wilkie C A. Flame Retard-
ant Polymer Nanocomposites[M]. Hoboken:John Wiley& Sons,Inc. ,2007:235-284.

[54] Levchik S V,Camino G,Costa L,et al. Mechanistic study of thermal behaviour and combustion perform-
ance of carbon fibre-epoxy resin composites fire retarded with a phosphorus-based curing system [J].
Polymer Degradation and Stability,1996,54(2-3):317-322.

[55] Hörold S. Phosphorus flame retardants in thermoset resins [J]. Polymer Degradation and Stability,
1999,64(3):427-431.

[56] Lewin M,Brozek J,Marvin M M. The system polyamide/sulfamate/dipentaerythritol. Flame retardancy
and chemical reactions [J]. Polymers for Advanced Technologies,2002,13(10-12):1091-1102.

[57] Hsueh H B,Chen C Y. Preparation and properties of LDHs/epoxy nanocomposites [J]. Polymer,2003,
44(18):5275-5283.

[58] Chen W,Qu B J. Structural characteristics and thermal properties of PE-g-MA/MgAl-LDH exfoliation
nanocomposites synthesized by solution intercalation [J]. Chemistry of Materials, 2003, 15 (16):
3208-3213.

[59] Zammarano M,Franceschi M,Bellayer S,et al. Preparation and flame resistance properties of revolution-
ary self-extinguishing epoxy nanocomposites based on layered double hydroxides [J]. Polymer,2005,46
(22):9314-9328.

[60] Gilman J W,Kashiwagi T,Nyden M,et al. Flammability studies of polymer-layered silicate nanocompos-
ites. Polyolefin,epoxy,and vinyl ester resins [A]//Ak-Malaika S,Colovoy A,Wilkie C A. Chemistry
and Technology of Polymer Additives [M]. Malden:Blackwell Science,1990:249-265.

[61] Delfosse L,Baillet C,Brault A,et al. Combustion of ethylene vinyl-acetate copolymer filled with alumi-
num and magnesium hydroxides [J]. Polymer Degradation and Stability,1989,23(4):337-347.

[62] Rychly J,Vesely K,Gal E,et al. Use of thermal methods in the characterization of the high-temperature
decomposition and ignition of polyolefins and EVA copolymers filled with Mg(OH)$_2$, Al(OH)$_3$ and
CaCO$_3$[J]. Polymer Degradation and Stability,1990,30(1):57-72.

第 7 章　抑 烟 机 理

物质在一定条件下加热或燃烧时,其有效成分若以固体微粒(粒径 $1\sim50\mu m$)分散悬浮于空气中,形成分散体系时,乃成烟。烟雾则是指大气中的飞尘、未燃烧的碳粒和液体微粒以及由它们形成的气凝胶,也可指工业排放的以固体烟尘为凝结核所生成的雾状物。

7.1　高聚物分子结构与成烟性的关系

很多塑料,如 PVC、PS、PU 等燃烧时都会产生大量的烟雾,有些阻燃塑料,特别是卤锑体系阻燃塑料的生烟量更甚。在 20 世纪 70 年代,人们即已认识到烟是火灾中致人死命的首要危险因素之一,也严重延误火灾时抢救人民生命财产的时机。因此,自 20 世纪 80 年代起,抑烟就已成为对阻燃塑料的基本要求之一[1,2]。

众所周知,气相阻燃的作用机理主要是清除有助于火焰传播的活性自由基(如 H·、OH·及 O·),但此作用也能抑制燃烧中形成的烟前体的氧化反应,其结果是增加阻燃材料的生烟量,而在气相中发挥化学抑烟效能的抑烟剂通常会干扰气相阻燃。因此,气相阻燃与抑烟通常是互相矛盾的。

值得指出,生烟量不是材料的固有性质,试验测得的材料的烟密度与燃烧条件(如热流量、试样形状、有无火焰)以及试验环境状况(如周围温度、燃烧室的容积、通风等)有很大关系[3~5]。不过,高聚物的分子结构也是影响生烟量的因素之一[6,7]。

各种高聚物燃烧时的生烟量是很不相同的,能解聚成单体的高聚物(如缩醛、PMMA、尼龙 6 等)可良好燃烧,因而生烟量少;而芳香族高聚物燃烧时能生成芳香环的高聚物(如 PVC)则生烟量多。

以脂肪烃为主链的聚合物,特别是在脂肪烃主链上含有氧原子的聚合物,生烟量较低;主链上有苯环的聚合物生烟量较多;而多烯结构和侧链上带有苯环的聚合物生烟量更多些。这是因为多烯碳链可以通过环化及缩聚,生成石墨化炭粒;而侧链上有苯环的聚合物如聚苯乙烯燃烧时很容易生成共轭双键不饱和烃,而后碳链环化缩聚成炭,故生烟量高。

含有卤素的聚合物生烟量相当多,但不一定是卤素越多,生烟量越高。

随聚合物的热稳定性增高,其生烟量有下降趋势。例如聚碳酸酯及聚砜,热解时生烟量较少,这是由于凝聚相中炭的形成使挥发性产物减少,从而降低了生烟量。

　　向聚合物中引入杂原子,减少了易燃性,增加了生烟性,这可能与聚合物的挥发性分解产物的不完全氧化有关。

　　有趣的是,PVC 与聚偏二氯乙烯(PVDC)的生烟量差别很大,前者的烟密度是后者的 7 倍。这可能是由于两者的分解机理不同,PVC 在脱 HCl 后形成芳香环,而聚偏二氯乙烯则不是这样。表 7.1[6] 中所列的多种高聚物的最大比光密度 D_m 即说明了上述现象。表 7.2[8] 列有另一些高聚物的最大比光密度。但因此两表所列数据来源不同,所用的测试设备有异,所以彼此间没有严格的可比性。

表 7.1　不同高聚物的生烟性(以 Rohm Hass 公司的 XP 烟箱测定)[6]

高聚物	D_m	高聚物	D_m
缩醛	0	PVDC	98
PA6	1	PET	390
PMMA	2	PC	427
LDPE	13	PS	494
HDPE	39	ABS	720
PP	41	PVC	720

表 7.2　不同高聚物的生烟性(以 NBS 烟箱测定)[8]

高聚物	D_m	
	明燃	阴燃
PS(板材厚 6.35mm)	780	395
PTFE	53	0
PVC(板材厚 6.35mm)	780	315
ABS(板材厚 6.35mm)	780	780
RUPF(阻燃型)	500	170
PC(板材厚 6.35mm)	324	48
UP(玻纤增强,板材厚 2.80mm)	720	420

　　在此需要特别提出的是,一些经过阻燃处理(添加有阻燃剂)的高聚物,其生烟量往往增高。例如,通过捕获游离基在气相发挥阻燃作用的阻燃剂(如卤/锑体系)能抑制氧化而促进生烟,而一些有助于氧化的抑烟剂则干扰阻燃,即阻燃剂与抑烟剂的功能常彼此相悖。但某些填料[如 $Al(OH)_3$、$Mg(OH)_2$ 等]则同时具有阻燃和抑烟作用,而以一定量的硼酸锌代替卤/锑体系中的 Sb_2O_3,也可在降低生烟量的同时不致恶化材料的阻燃性。此外,膨胀型的涂料也具有延缓燃烧和抑烟的双重功效。

减少烟量的途径有两个,第一是采用本身生烟量较少的高聚物(通过高聚物结构设计及结构改性实现),第二是采用化学的或加入抑烟剂(或填料)的方法使塑料的生烟量降低。例如,酚-甲醛树脂燃烧时炭生成量高而烟生成量少,还有某些耐高温的热塑性塑料(主要是聚醚和聚砜)也属于这类生烟量少的高聚物。不过有些常用的塑料,其生烟量虽很高,但由于它们具有一系列的优点而不能被其他生烟量低的材料所取代。因此,第一个减少烟量途径的应用是相当有限的;而第二个途径中的化学法,也常因为费用较高而难于实际应用。所以,在塑料中添加抑烟剂(或填料)就成了常用的减少塑料生烟量的切实可行的措施。当然,在高聚物表面形成具有隔绝作用的多孔炭层也是一种抑烟途径。表 7.3[8] 列有各种抑烟方法及应用实例和可能的机理。本节限于讨论添加型抑烟剂的抑烟机理。

表 7.3　抑烟方法及应用实例[8]

方法	实例	适用的高聚物	可能的机理
添加抑烟剂	二茂铁	PVC	促进成炭和烟炱燃烧
添加抑烟剂	富马酸	PU 泡沫塑料	改变 PU 裂解模式
添加惰性填料	硅石	各种热塑性塑料和弹性体	不燃物的稀释作用
添加活性填料	氢氧化铝	各种热塑性塑料和弹性体	促进成炭,降低质量燃烧速度及稀释作用
表面处理	膨胀型涂层	各种塑料	表面隔绝,降低质量燃烧速度
结构改性	聚氨酯/异氰脲酸酯	—	—
结构改性	氯化聚氯乙烯	—	—

7.2　钼化合物的抑烟机理

三氧化钼及八钼酸铵中的钼为六价,其氧化态和配位数易于改变,这使得它们有可能作为阻燃剂及抑烟剂,且在固相而不是在气相起作用。钼化合物的抑烟作用很可能是通过 Lewis 酸(LA)机理促进炭层的生成和减少烟量。业已证明,三氧化钼的阻燃性能不受试样燃烧氧化介质的影响,且当含钼酸铵的 PVC 燃烧时,90％或 90％以上的钼系残留于炭层中。另外,当半硬质 PVC 中加有两份三氧化钼时,燃烧后保留在试料中的炭量增加了一倍以上。这些都是与固相阻燃机理相吻合的。有人认为,钼化合物加入 PVC 中时,它能以 Lewis 酸机理催化 PVC 脱 HCl,形成反式多烯,后者不能环化生成芳香族环状结构,而此类化合物乃是烟的主要成分。还有人认为,钼化合物能通过金属键合或通过碳氯键的还原偶合,形成交联聚合物链,而降低可燃物对火灾的贡献。也有人提出,钼化合物有可能将形成芳香族烟尘的母体牢固地键合在金属-芳香系复合物中。目前还不能完全确定钼化合物抑烟的确切机理[9~11]。

MoO$_3$ 对 PVC 抑烟主要在凝聚相中进行,其作用机理见反应式(7.1)[9]:

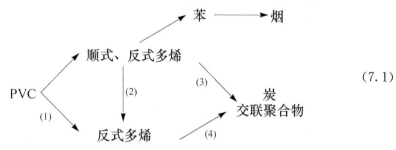

$$(7.1)$$

即六价钼的抑烟可能是由于下述三类反应而产生的催化作用:①PVC 脱 HCl 形成反式多烯;②顺式多烯异构化为反式多烯;③通过 Friedel-Crafts 烷基化反应或 Diels-Alder 环化反应使多烯交联。当 PVC 裂解形成大量反式多烯时,苯的生成量可降低,因为生成 1mol 苯至少需要 1mol 顺式双烯。

通过 Friedel-Crafts 反应而发生的碳阳离子交联可用下式说明,即 Lewis 酸从 PVC 中夺氯生成碳正离子,后者再烷基化为多烯,见反应式(7.2)[9]:

$$(7.2)$$

六价钼化合物主要是在 200℃左右时促进多烯的异构化(由顺式变为反式),而在高温下还发生多烯阳离子裂化反应,裂化将增加在气相中可供燃烧的燃料,减少生烟量,但提高火焰传播速度。因此,如果 Lewis 酸的酸性有限,对 PVC 的抑烟是有用的;但如 Lewis 酸的酸性过强,则可能对阻燃有负面影响。

MoO$_3$ 主要是作为 Lewis 酸偶联剂,而作为还原偶联剂的作用是不重要的,这已有很多证据。首先,还原偶联应能抑制 PVC 脱 HCl,但 MoO$_3$ 却能大大增加 PVC 的脱 HCl 速率,而这正是 Lewis 酸的功能。其次,Mo(Ⅳ)是不易被氧化的,因此也不能直接促进还原偶联。为了引起还原偶联,Mo(Ⅳ)必须热还原。最后,任何以 MoO₃ 或 MoO₂Cl₂ 处理的 PVC,都未能提供发生还原偶联反应的可靠证据。同样,一些高价铁化合物和某些金属盐也是 Lewis 酸抑烟剂。

7.3 铁化合物的抑烟机理

目前作为抑烟剂的铁化合物主要是二茂铁,它对 PVA 的可燃性及成炭性基本上没有影响,但对 PVC,可使其成炭率增加20%~60%,氧指数相对提高15%~19%。不过,二茂铁可大大减少这两种高聚物燃烧时的可见烟量。而对 PVC,在这方面的影响还与 PVC 的相对分子质量有关。热分析还表明,二茂铁可加速 PVC 的早期热质量损失及交联。

二茂铁可在气相,也可在凝聚相抑烟,而且与被抑烟的聚合物结构有关,特别与是否含卤素有关。例如,对 ABS,以二茂铁为抑烟剂时,主要在气相起作用;而对含氯的苯乙烯-丙烯腈-氯丁二烯三元共聚物,情况则正好相反,抑烟主要发生在凝聚相[9]。

二茂铁及其他两种有机铁化合物对含卤及不含卤的 ABS 型聚合物的作用见表 7.4[9]。表中数据说明,对不含卤的 ABS,烟的减少量与挥发的金属量间存在很好的相关性;而对含氯的苯乙烯-丙烯腈-氯丁二烯三元共聚物(ACS),情况则正好相反。这证明,铁化合物的抑烟作用对含卤高聚物,主要发生在凝聚相,而对非卤高聚物则主要发生在气相。

表 7.4 有机铁添加剂的抑烟作用[9]

高聚物	添加剂		D_m	D_m 降低量/%	挥发金属量/%
	类别	加入量(以铁计)/[g/(100g)]			
ABS	无	—	440	—	—
	二茂铁	5.0	130	70	100
	苯甲酰二茂铁	2.5	175	60	60
	乙酰丙酮铁	2.5	310	30	20
ACS	无	—	500	—	—
	二茂铁	5.0	380	24	100
	苯甲酰二茂铁	5.0	310	38	60
	乙酰丙酮铁	5.0	225	55	20

PVC 中二茂铁及其衍生物(下同)的抑烟机理之一是在气相中能引发形成高活性自由基(如 OH·)的反应,而自由基随后又可将烟微粒氧化为 CO,见反应式(7.3)[11]:

$$C(s)+OH· \longrightarrow CO+H· \tag{7.3}$$

　　另外,二茂铁及某些金属化合物(如 V_2O_5 和 CuO)能将 PVC 的某些分解产物部分转化为 CO,这也减少了烟的形成[12]。

　　还有,二茂铁和某些金属化合物也能通过钝化离子化的成核中心及其生长步骤而干扰形成烟炭的成核反应。此时首先是热离子化或催化离子化的金属进攻成核中心,随后是成核中心钝化。同时,由于二茂铁或某些金属化合物的作用可在燃烧早期发生,并促进 OH·自由基的形成,于是烟炱前体即稠环芳香族化合物可由于被氧化而减少或消失,即二茂铁及某些金属化合物可能会抑制在气相形成苯及其他芳香族化合物。

　　二茂铁及很多金属氧化物在凝聚相中的抑烟作用是促进 PVC 表面脱 HCl 和交联成炭反应[13]。在 HCl 及痕量氧存在下,二茂铁可形成二茂铁正离子,后者也可作为 Lewis 酸催化脱 HCl、交联和成炭。

　　强的 Lewis 酸 $FeCl_3$ 也被认为是含 PVC 系统的有效抑烟剂和成炭剂。$FeCl_3$ 是 Friedel-Crafts 型反应的催化剂,能与烷基氯进行偶联反应[反应式(7.4)],而使芳香族化合物留于凝聚相中以减少烟的释出和提高成炭率[11]。这样形成的具有活性的炭还可消除延续燃烧反应的自由基 H·和·OH。$FeCl_3$ 这样的 Lewis 酸已用于一系列高聚物中,包括多种聚酯、聚氨酯和 PS,可降低材料可燃性和提高成炭率。

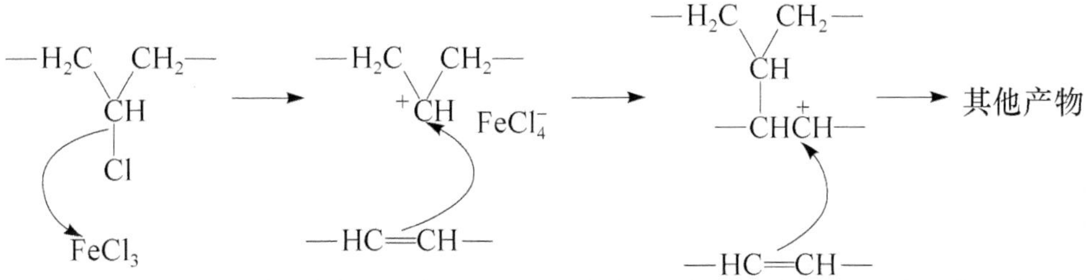

$$(7.4)$$

7.4　还原偶联抑烟机理

　　有一些含低价过渡金属的添加剂,可通过聚合链还原偶联机理而促进 PVC 交联抑烟。能促进偶联过程的抑烟剂是在 PVC 裂解时能产生零价金属的化合物,其中包括含亚磷酸酯或其他配位体的一价铜的络合物,一系列低价过渡金属的羰基化合物、甲酸盐及草酸盐,一价铜的卤化物等[14]。因为上述还原偶联剂的酸性低,因此它们不会促使炭层发生阳离子裂化。就这一点而言,以这类低价过渡金属还原偶联剂来代替 Lewis 酸交联剂用于 PVC 抑烟是有吸引力的。

　　某些在 200～300℃分解的二价过渡金属草酸盐及甲酸盐通常是 PVC 有效的

交联剂,故可用作其抑烟剂[15,16],它们可按下式反应还原生成零价金属[14]:

$$MC_2O_4 \longrightarrow M + 2CO_2(g) \tag{7.5}$$

$$M(O_2CH_2) \longrightarrow M + CO_2(g) + H_2O(g) + CO(g) \tag{7.6}$$

一系列的过渡金属甲酸盐及草酸盐已被用作 PVC 的抑烟剂,在 200～300℃ 分解的草酸盐和甲酸盐通常是更有效的交联剂。

含过渡金属的添加剂通过聚合链还原偶合机理促进 PVC 交联而抑烟时,在固体 PVC 中,此类交联可于 200℃ 下发生。当偶联剂为 Cu(0) 时,最可能发生的是烯丙基氯化物的还原偶联,但是其他并行的偶联也不能完全排除。发生还原偶联的明显证明是聚合物的快速胶凝,同时质量损失速度降低(以 TGA 测定),并形成双键(FTIR 检测)和放出 HCl(以酸碱滴定测定)[15,17,18]。为低价有机金属络合物所促进的简单烯丙基卤和苄基卤的还原均偶联反应可表示如反应式(7.7)～式(7.9)[14,15]:

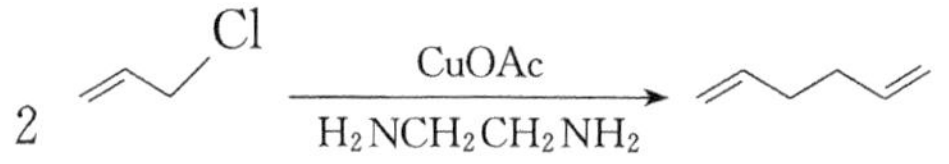

$$ \tag{7.7}$$

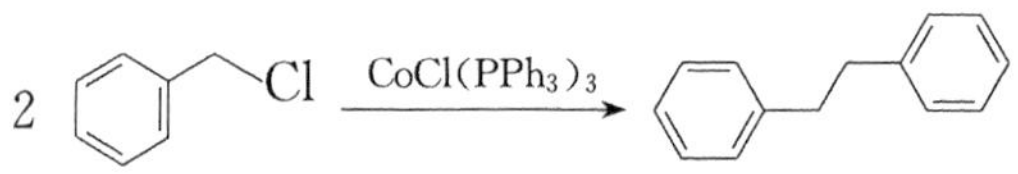

$$ \tag{7.8}$$

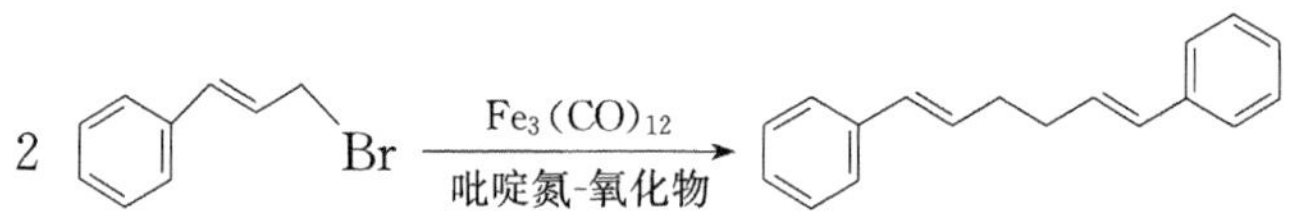

$$ \tag{7.9}$$

异构体

一些零价高活性金属粉末的悬浮物也能促进烯丙基卤及苄基卤的还原偶合,有时还能促进烷基卤和芳基卤的还原偶合,反应表示如反应式(7.10)[9,15]:

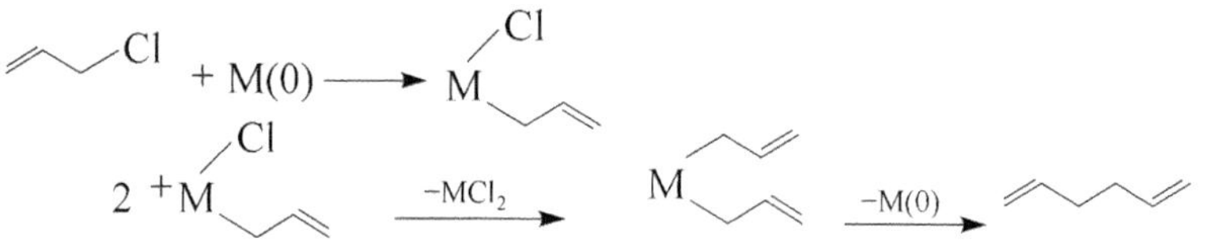

$$ \tag{7.10}$$

M=金属

上述偶联反应机理可能涉及有机卤化物对金属中心的氧化加成,此过程使金属的氧化态由 0→Ⅱ 或 Ⅰ→Ⅲ,并生成二卤化金属和二烷基金属化合物,后者又容易进行还原消去形成初始的金属和 C—C 键。但也有人提出过涉及自由基中间体的机理。

下述反应提出了一个 PVC 在裂解条件下进行的还原偶联过程,即假设在降解 PVC 产物中存在烯丙基卤基团,此即为脱 HCl 和形成多烯的反应中心。烯丙基卤在相邻聚合物链上的还原偶联即引起交联。此外,因为偶联使烯丙基卤不再具

反应性,因而可终止脱 HCl 沿聚合物链传递,见反应式(7.11)[9,15]:

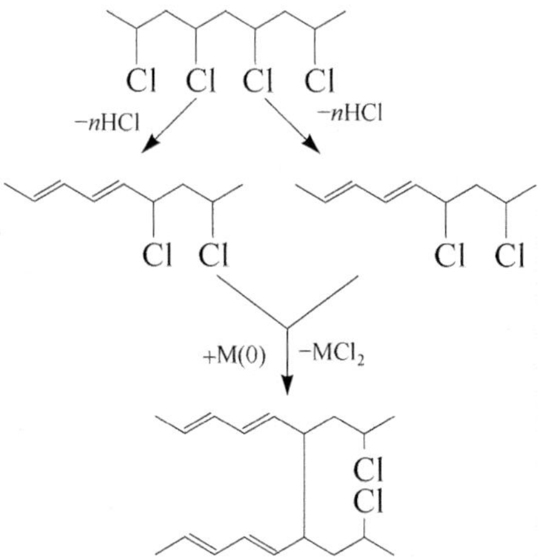

$$(7.11)$$

还原偶联抑烟比 Lewis 酸抑烟具有下述优点。首先,每一次还原偶合交联可同时停止两个多烯链的增长,从而可减缓聚合物的降解,特别是对烯丙基位置的反应可抑制聚合物的早期热降解。其次,非烯丙基位置也可能会发生一定程度的偶合,这可延缓 PVC 脱 HCl。而由于烯丙基偶联形成的较短的多烯链段可限制 PVC 裂解时苯及其他芳烃的生成量。再有,易于被还原的金属添加剂既是还原偶联剂,也是典型的弱 Lewis 酸,因而也能催化某些利于阻燃和抑烟的 Friedel-Crafts 交联,但不会促使炭层裂解[15]。

作为一个适用的还原偶联剂,一般应具备下述性能:①金属离子应较易被还原为零价金属;②在金属氧化物中,金属应为较低的氧化态,或金属络合物应有可氧化的配位体,且通过热还原消去,能生成低价或零价的金属;③金属离子应在远高于聚合物加工温度下才能被还原;④必须价廉,尽可能无色,且对高聚物配方无不良影响。⑤在 PVC 加工温度及加工时间内,应不致引起 PVC 过度交联。

铜化合物是以还原偶联机理对 PVC 抑烟最有效的添加剂之一。例如,铜化合物能大大减少 PVC 裂解时生成的苯量。而在 $200 \sim 300 ℃$,当 PVC 中有 Cu_2O 存在时,PVC 的交联度大大提高,生烟量降低。另外,一价铜及二价铜化合物也可作为弱酸催化剂,促进 Friedel-Crafts 烷基化。

一价铜络合物是最有潜在应用价值的偶联抑烟剂,它们的颜色好,其热稳定性可通过选择配体调节。铜的亚磷酸酯络合物抑烟剂对 PVC 的交联作用甚佳。

活性零价铜虽然也能催化 PVC 的链间还原偶联反应并导致聚合物交联而抑烟。即使在 $66 ℃$,活性零价铜也能令 PVC 强烈交联。但与聚合物简单混合的零价金属,不仅会引起聚合物的加工难度,而且不能作为很好的抑烟剂,因为这种金属粉会被其表面的空气所氧化,对抑烟十分不利。因此,有良好应用前景的 PVC 抑烟剂应当是热分解时放出游离金属的化合物。

7.5　镁-锌复合物的抑烟机理

　　镁-锌复合物在半硬 PVC 中的阻燃抑烟作用,主要在固相内进行,能催化固相分解,促进炭层的形成,改变炭层结构,减少挥发性碳氢化合物和苯的释出(降低 1/3～2/3),而将其大部分(70%)保留于炭层内。致密的和脆性较低的炭层的形成以及有机挥发物总量的降低,可以用来解释该添加剂的阻燃性能,而苯释出量的大幅度降低,则是该添加剂具有高效抑烟作用的主要原因。据推测,此复合物能与 PVC 释出的 HCl 反应,生成固态金属氯化物,后者可通过干扰氯原子与多烯(此多烯系在 PVC 热分解早期形成的)的再化合反应而发挥抑烟功能。氯原子与多烯再化合的情况在很大程度上决定键合结构的不规整性,因而能影响多烯键的裂解,改变 PVC 材料的发烟能力[1,19]。

7.6　其他抑烟剂的抑烟机理

　　某些金属(Ba、Sr、Ca)氧化物也可消除烟炱,因为它们在火中可催化氢分子及水分子裂解,生成 H·,而 H· 又可与水反应形成 OH·,OH· 则可按反应式(7.3)将烟炱碳氧化为 CO[见反应式(7.12)～式(7.15)][11]:

$$MO+H_2 \longrightarrow MOH+H· \tag{7.12}$$
$$MOH+H_2O \longrightarrow M(OH)_2+H· \tag{7.13}$$
$$M(OH)_2+(X) \longrightarrow MO+H_2O+(X) \tag{7.14}$$
$$H·+H_2O \longrightarrow OH·+H_2 \tag{7.15}$$

　　上述抑烟机理也适用于解释过渡金属和由二茂铁形成的氧化物(如 α-Fe_2O_3)的抑烟作用。

　　锡酸锌(ZS)及含水锡酸锌(ZHS)对很多合成高聚物,都能极有效地阻燃和抑烟,因为它们与含卤高聚物及含卤素阻燃剂的无卤高聚物均具有协同效应。ZHS 和 ZS 可减少材料燃烧时烟、CO_2 及 CO 的生成量,且低毒、安全、用量低。

　　ZHS、ZS 的作用机理尚不清楚,但它们可能以下述两种途径发挥作用:①通过交联促进成炭,减少可燃挥发物的释出;②挥发的锡化合物可作为气相反应催化剂,催化氧化火焰中的 CO 和烟炱。锡化合物的准确作用取决于它们的用量、系统中所含其他添加剂以及阻燃高聚物的结构和性能等[20]。

　　用非芳香键(如甲基丙烯酸甲酯或丙烯酸乙酯)代替 PS 键使不饱和聚酯交联,可明显降低其烟密度[21]。用某些羧酸(如富马酸、马来酸)使不饱和聚酯交联,对抑烟也很有效。能促进成炭的物质,也可作为不饱和聚酯的抑烟剂。例如,有机磷酸酯能使树脂脱水,加热时形成多磷酸,后者形成树脂的保护膜而抑烟。

在某些含氯的不饱和聚酯中,Fe_2O_3 可作为抑烟剂。因为在氯源存在下,如在海特(HET)酸阻燃的不饱和聚酯中,如加入 Fe_2O_3,则后者在加热时可转变成 $FeCl_3$。而是 $FeCl_3$ 是强 Lewis 酸,有助于不饱和聚酯交联并促进成炭。同时,$FeCl_3$ 也是 Friedel-Crafts 反应催化剂,能加速烷基氯和芳香族化合物之间的偶联反应,这可使芳香族化合物保留于凝聚相中,从而减少烟的释出[21]。

采用异氰脲酸酯、酰亚胺和碳化二亚胺可增加聚氨酯泡沫塑料在生产过程中的交联度,而这种交联结构有利于成炭和抑烟。采用固态的二羧酸,如马来酸、间苯二甲酸和 HET 酸,也能收到降低聚氨酯泡沫塑料生烟量的效果[22,23]。据报道,某些醇类,如糠醇,也是聚氨酯泡沫塑料有效的抑烟剂[24],其机理可能是这类醇能消除聚氨酯的热裂解产物聚异氰酸酯,而后者是浓烟的前体。另外,醇被氧化成醛,而醛则通过一个席夫(Schiff)碱与异氰脲酸酯及异氰酸酯反应,形成保留于凝聚相的交联结构。多种含磷化合物也能用于聚氨酯泡沫塑料以促进成炭和抑烟。还有,二茂铁、某些金属螯合物及四氟硼酸钾或四氟硼酸铵也是聚氨酯泡沫塑料有效的抑烟剂,因为它们在凝聚相具有 Lewis 酸的行为。

还有一些无机和有机铁化合物也可作为 PVC 及其共混物的抑烟剂。例如,水合氧化铁对 PVC-C/ABS 共混物的抑烟就非常有效,因为,一方面,原位生成的 FeOCl 和/或 $FeCl_3$ 能催化 Lewis 酸型的交联,并形成大量的炭;另一方面,$FeCl_3$ 与 PVC 和 PVC-C 分解时生成的苯反应,生成氯化芳香族化合物[25,26]。

8-羟基喹啉的重金属(Fe、Mn、Cr)盐、酞菁的铜盐和铅盐及自由基引发剂(如四苯基铅),均可与气相中的芳香族化合物反应,因而也可用于苯乙烯系塑料抑烟[27]。最近,还有人报道了一类新的金属氢氧化物[28]和热解硅胶[29]对苯乙烯系塑料的抑烟性能和机理。

将硅烷交联的某些共聚物加入 PE/金属氢氧化物体系中,能明显改善材料的阻燃性和抑烟性,这种方法也适用于其他一些塑料[30]。硼酸锌作为抑烟剂,可用于一系列的塑料,如 PVC、聚烯烃、聚硅氧烷、含氟塑料等。除抑烟外,硼酸锌还具有阻燃、抗阴燃、耐电弧的作用,也能促进成炭。

塑料的抑烟是一个很复杂的问题,需要了解烟形成的机理及如何控制材料燃烧过程,这方面已经取得了一些进展。例如,关于钼酸盐的抑烟工艺[4]、某些可能的化学抑烟的途径、抑烟和燃烧机理[5]、填料对烟和有毒气体生成量的影响等[31],都已发表了有关的综述性论文。

现在,阻燃和抑烟已得到同等的重视,一个生烟量高的阻燃材料不会在工程上有应用的价值,所以,抑烟剂及抑烟机理近年来受到塑料行业的高度关注。目前很多抑烟剂及其相关机理大多是针对聚氯乙烯进行的,但在其他塑料上也不断得到应用。今天已用于塑料的有效抑烟剂主要是钼化物(AOM、MOM 及 MoO_3)、铁化物(二茂铁)、金属氧化物、锡酸锌、镁-锌复合物等,2%～4% 的这类抑烟剂可使聚氯乙烯及苯乙烯系塑料的生烟量下降 30%～50%,并能适度提高塑料的阻燃性。

正在研发的低价过渡金属化合物是一类还原偶联抑烟剂,是抑烟剂中的新秀,其中的一些有可能代替某些 Lewis 酸型抑烟剂而用于 PVC 中。

参 考 文 献

[1] 欧育湘. 阻燃剂[M]. 北京:兵器工业出版社,1997:219-226.

[2] Whitman P A. Ammonium polyphosphate and melamine phosphate flame retardants [A]//第二届阻燃技术与阻燃材料最新研究进展研讨会论文集[C]. 北京,北京理工大学,2004:14-31.

[3] Stec A A,Hull T R,Lebek K,et al. The effect of temperature and ventilation condition on the toxic product yields from burning polymers [J]. Fire and Materials,2008,32(1):49-60.

[4] Innes J D,Cox A W. Smoke:Test standards,mechanisms,suppressants [J]. Journal of Fire Sciences,1997,15(3):227-239.

[5] Green J. Mechanisms for flame retardancy and smoke suppression. A review [J]. Journal of Fire Sciences,1996,14(6):426-442.

[6] 欧育湘,陈宇,王筱梅. 阻燃高分子材料[M]. 北京:国防工业出版社,2001:26-27.

[7] 薛恩钰,曾敏修. 阻燃科学及应用[M]. 北京:国防工业出版社,1998:71-72.

[8] 欧育湘. 实用阻燃技术[M]. 北京:化学工业出版社,2003:39-40,169.

[9] 欧育湘,李建军. 阻燃剂[M]. 北京:化学工业出版社,2006:37-39.

[10] 李建军,黄险波,蔡彤旻. 阻燃苯乙烯系塑料[M]. 北京:科学出版社,2003:84.

[11] Troitzsch J. International Plastics Flammability Handbook [M]. Munich:Hanser Publishers,2004:197-205.

[12] Descamps J M,Delfosse L,Lucquin M. An application of the self-ignition method of polymers. Antismoke additive induced glowing effect in the combustion of poly(vinylchloride) [J]. Fire and Materials,1980,4(1):37-41.

[13] Lawson D F. Investigation of the mechanistic basis for ferrocene activity during the combustion of vinyl polymers [J]. Journal of of Applied Polymer Science,1976,20(8):2183-2192.

[14] 欧育湘,吴俊浩,王建荣. 聚氯乙烯的还原偶联抑烟剂[J]. 高分子材料科学与工程,2003,19(4):6-9.

[15] Al-Malaika S. Chemistry and Technology of Polymer Additives [M]. New York:Blackwell Science Publishers,1999:195-216.

[16] Gorski A,Krasnicka A. Formation of oxalates and carbonates in the thermal decompositions of alkali metal formats [J]. Journal Thermal Analysis,1987,32(6):1895-1904.

[17] Hegedus L S,Thompson D H P. Reactions of π-allylnickel halides with organic halides. A mechanistic study [J]. Journal of the American Chemical Society,1985,107:5663-5669.

[18] Yanagisawa A,Hibino H,Habaue S,et al. Highly selective homocoupling reaction of allylic halides using barium metal [J]. Journal of Organic Chemistry,1992,57(24):6386-6387.

[19] 欧育湘,陈宇,韩廷解,等. 塑料用抑烟剂及抑烟机理的研究进展[J]. 中国塑料,2006,20(2):6-12.

[20] 王建荣,唐小勇,欧育湘. 锡酸锌软质聚氯乙烯的阻燃和抑烟作用[J]. 中国塑料,2003,17(4):76-78.

[21] Selley J E,Vaccarella P W. Controlling flammability and smoke emissions in reinforced polyesters [J]. Plastics Engineering,1979,35(2):43-47.

[22] Lawson D F,Kay E L. New developments in HFC-245fa appliance foam [J]. JFF/Fire Retardant Chemistry,1975,2:132-137.

[23] Doerge H P,Wismer M. Polyurethane foams with reduced smoke level [J]. Journal of Cellular Plastics, 1999,35(2):118-125.

[24] Ashida K,Ohtani M,Yokoyama T,et al. Epoxy-modified isocyanurate foams [J]. Journal of Cellular Plastics,1972,8(3):160-167.

[25] Carty P,White S. A review of the role of basic iron(III)oxide acting as a char forming/smoke suppressing/flame retarding additive in halogenated polymers and halogenated polymer blends [J]. Polymer Composites,1998,6(1):33-38.

[26] Carty P,Metcalfe E,White S. A review of the role of iron containing compounds in char forming smoke suppressing reactions during the thermal decomposition of semirigid poly(vinyl chloride) formulations [J]. Polymer,1992,33(13):2704-2708.

[27] Lawson D F,Kay E L,Roberts D F. Mechanism of smoke inhibition by hydrated fillers[J]. Rubber Chemistry and Technology,1975,48(1):124-131.

[28] Horn W E Jr,Stinson J M,Smith D R. A new class of metal hydroxide flame retardants. I. FR/SS performance in engineering thermoplastics [A]//Proceedings of the 50th Annual Technology Conference Society Plastics Engineering [C]. Detroit,1992:2020-2023.

[29] Chalabi R,Cullis C F,Hirschler M M. Mechanism of action of pyrogenic silica as a smoke suppressant for polystyrene [J]. European Polymer Journal,1983,19(6):461-468.

[30] Yeh T J,Yang H M,Huang S S. Combustion of polyethylene filled with metallic hydroxides and crosslinkable polyethylene [J]. Polymer Degradation and Stability,1995,50:229-246.

[31] Rothon R. Particulate-Filled Polymer Composites [M]. New York:John Wiley,1995:203.

第8章　研究阻燃机理的技术手段

8.1　锥形量热法

8.1.1　原理及可测定参数

锥形量热仪系美国国家标准局(NBS)(现改为美国国家技术与标准研究院NITS)的 Babrauskas 博士于 1982 年研制成功的[1],是目前广泛用于测定材料阻燃性能及阻燃机理的设备之一。图 8.1 是其基本结构示意图[2]。锥形量热仪的工作原理系通过测定材料燃烧时所消耗的氧量来计算试样在不同外界辐射热作用下燃烧时所放出的热量,因为高聚物燃烧时,每消耗 1kg 氧,将放出 13.1MJ 热量[3]。而且对大多数塑料及橡胶,此值都是大致相等的,因此可由此测定包括释热速率(HRR)在内的很多阻燃参数[3]:①最大释热速率或释热速率峰值(PHRR)是HRR 与时间关系曲线上的峰值,能反映燃烧的最大强度,表征燃烧的传播速度及程度,HRR 被视为预测燃烧危险性最重要的参数;②平均释热速率(mHRR)常指从试样引燃至燃烧 3min 的平均释热速率;③燃烧热效应(有效燃烧热 EHC、总释热量 THR);④质量损失速率(MLR);⑤生烟量(比消光面积 SEA,烟参数 SP＝SEA·PHRR);⑥燃烧性能指数(FPI)是引燃时间(TTI)对 PHRR 的比值,此值越高,燃烧危险性越小;⑦CO 及 CO_2 生成量;⑧成炭率;⑨引燃时间(TTI)是使材料整个表面产生持续有焰燃烧所需的时间,通常以目视测定。

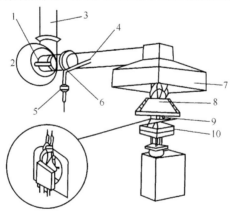

图 8.1　锥形量热仪基本结构示意图[2]

1-激光烟雾仪及温度计;2-废气鼓风机;3-温度计及差示压力计;4-烟灰采样管;
5-集灰器;6-废气采样管;7-排气罩;8-锥形加热器;9-电点火器;10-试样

8.1.2　操作

　　锥形量热仪工作时,系将试样置于加热器下部点燃。试样表面积 10cm×10cm,厚度可达 5cm。只要表面不是十分不规则,即可满足测试要求。加热器的辐射强度由 3 支平均分布的热电偶温度计控制,通常取为 25kW/m²、35kW/m²、50kW/m²、75kW/m² 或 100kW/m²[3]。测定时,试件与加热器的距离为 25cm,点火器置于试件上部 13cm 处。试件受热裂解生成的气体用电火花点燃后,形成的燃烧气体通过排气系统排走。连续测定氧浓度和排气系统流速,可得出释热速率与时间的关系。由排气系统中抽样,用气体分析器可分析废气中的氧、一氧化碳和二氧化碳含量。锥形量热仪的试样可水平或者垂直放置,但试样及其支持架均置于一极灵敏的天平上,以测定试样燃烧时的质量损失速率。锥形量热仪不适用于表面不平的试件,也不适用于很薄的试件和某些复合材料。锥形量热仪的取样系统、氧分析仪、温度控制器等均应定期标定。

　　锥形量热仪都装备有复杂而先进的测试系统(如激光光度计)和数据处理系统,可自动记录上述阻燃参数在测试过程中的变化情况,且用户还常根据自己的需要,将锥形量热仪与各种化学测量仪表联用,如在线傅里叶变换红外光谱仪(FTIR),后者可鉴定材料燃烧时生成的多种产物。也可由废气采样管收集废气试样,在气体分析器中分析其中的氧、一氧化碳和二氧化碳含量。已有文献汇集了由锥形量热仪测得的很多材料的释热速率值。还有人提出了一种简化的锥形量热仪,它以测定材料质量损失速率和温度来代替测定氧耗量。锥形量热仪测得的典型 HRR 曲线及 MLR 曲线见第 6 章。

8.1.3　特点

　　锥形量热仪具有下述优点[4]:①测定释热性时,不需要使反应绝热,而可令燃烧过程在敞开的条件下进行,且反应可目视;②锥形量热仪的设计对试件表面的热分布极其均匀;③采用单色光测定生烟性;④试件水平放置,不致有碍热分布。此外,锥形量热仪还可用于评估与燃烧危险性相联系的材料的综合性能,如材料的烟参数 S_p(最大释热速率与平均比消光面积的乘积或释热速率与比表面积的乘积)和烟因子 S_f(总生烟量与释热速率的乘积)。实验证明,由锥形量热仪测得的烟参数 S_p 可与大型燃烧试验测得的消光系数 C_e 相关联,见式(8.1)[2]:

$$\lg S_p = 2.24 \lg C_e - 1.31 \tag{8.1}$$

　　对锥形量热仪的测定结果,至少还存在下述另外四种相关性[4]:①比消光面积峰值与家具量热仪测得者平行;②简单燃料在锥形量热仪中燃烧的比消光面积与在大型试验中以相近的燃料燃烧速率测得者能良好关联;③由锥形量热仪数据预测的最大释热速率与相应的大型家具燃烧试验结果的相关性甚佳;④基于总释热量及点燃时间的函数能准确地预测有些墙壁衬里材料在大型试验中的相对闪燃时间。

锥形量热仪还能用于研究高聚物在燃烧时的热裂解及其有关的动力学,且所得结果比 TG 法所得结果更符合高聚物充分燃烧阶段的行为,因为锥形量热仪能提供更高的热量、加热速率及接近真实火灾时的热传递模式。

8.2　辐射气化装置

辐射气化装置(RGA)是 20 世纪末美国研发的,能用于模拟燃烧热辐射下高分子材料的固相热分解过程,以为推论阻燃机理提供佐证。该装置的结构示意图如图 8.2 所示[5]。

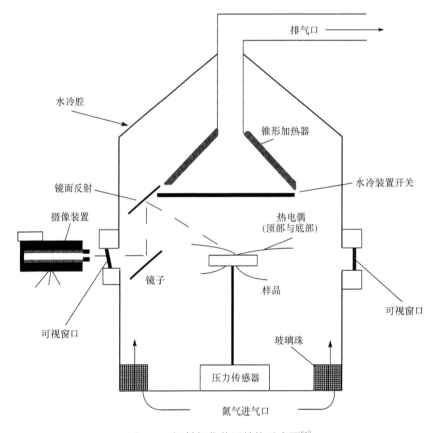

图 8.2　辐射气化装置结构示意图[5]

在 RGA 测定中,如使材料于单一惰性气体(如 N_2,不含空气)氛围中,材料只会发生单一的热裂解,而不发生氧化热裂解及燃烧,因而可避免燃烧火焰对材料固相热裂解的干扰。如 RGA 中的气氛含氧,则材料也可发生燃烧。

RGA 配有水冷装置,可随时停止热裂或燃烧,因而可取得一系列热裂或燃烧时间的固相残留物,这很有助于了解热裂或燃烧过程及分析阻燃机理。

RGA 可用于测定试样热裂解或燃烧的质量损失速率(MLR)及试样底表面的温度,所得 MLR 与锥形量热仪测得的释热速率(HRR)可以关联,因为 MLR 是由热裂或燃烧产生气态挥发物导致的,而气态产物中的可燃物与氧燃烧时释热。

与锥形量热仪一样,RGA 也是采用锥形加热器,以热电偶测温,可提供接近燃烧条件的热流强度。RGA 装有可视窗口及摄像装置,能随时观察试样在不同热裂或燃烧阶段的形貌。

在 RGA 中热裂或燃烧生成的气态产物可送往在线检测仪分离及鉴定,固相残留物则常采用广角 X 射线衍射(XRD)及透射电镜(TEM)观测。

辐射气化装置测得的 MLR 曲线见第 6 章。

8.3 激光裂解装置

激光能量密度大,所需升温时间短(100~500μs),这与高聚物的裂解速度相适应。此外,激光裂解器(LP)中二次反应少,故图谱相对简单。但 LP 所用试样的形状、色泽、用量等对结果均有影响。由于激光透入深度有限,试样量不宜过多,才能获得较好的再现性。还有,LP 的温度无法测量,也不能准确控制。图 8.3 所示的是可用于研究阻燃聚合物纳米复合材料阻燃机理的 LP 装置[6]。

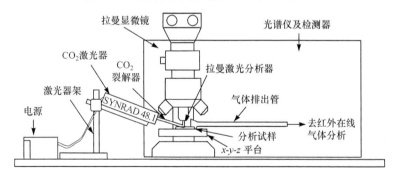

图 8.3 激光裂解装置[6]

图 8.3 所示的 LP 装有 CO₂ 激光器及拉曼显微镜,CO₂ 激光束射至试样后位于红外范围内,所以它能模拟燃烧对试样的作用。LP 装有通用的激光控制器,能通过脉冲宽度调节(PWM)控制激光器功率。激光器为标准频率 5kHz,功率则可变。通过栅格控制,可调节试样被激光照射的周期。裂解器装于底盘上,CO₂ 激光束采用一专门的反射镜使之聚焦于试样表面。试样在被激光照射前,系置于探

针的顶部,而探针则位于拉曼-衰减全反射红外(ATR)显微镜之下。

试样裂解生成的气态产物送往在线红外光谱仪分析,试样表面的化学变化及形貌则用拉曼显微技术或 ATR 技术监测。拉曼显微分析能表征试样的固相结构和多组分发生的相互反应。

试样表面的微观热变形及试样热导性系采用微观热分析仪测定。测定的温度范围是 $25\sim250$℃,加热速率为 5℃/s[6]。

扫描电镜(SEM)用于分析试样中的添加剂。

8.4　差热分析及差示扫描量热法

8.4.1　基本原理

差热分析(DTA)测定的是试样与参比物的温度差 ΔT 随温度 T 或时间 t 的变化,即将试样和参比物(如 α-Al_2O_3、硅氧烷)置于同温度下,加热或冷却,测得可用以分析试样热行为的 ΔT 对 T 或 t 作图的 DTA 曲线。

差示扫描量热仪则有热流型和补偿型两种。前者的原理类同于 DTA,但比DTA 能更准确地进行定量分析。后者则系测定保持试样与参比物温差为零时所需热量与温度 T 的关系。这种 DSC 的试样与参比物(可不用参比物,置一空皿即可)均需各自的加热器和检测器,不管试样变化发生吸热或放热,由于补偿器能增加或减少热量,使得试样及参比物两者在程序升温(或降温或恒温)过程中始终保持相同的温度。只需测定此补偿功率(相应于吸热量或放热量),即可得热流速率(dH/dt 或 dQ/dt)对温度(T)的曲线,即 DSC 曲线。热流型(A)及补偿型(B)DSC仪见图 8.4[7,8],典型的 DTA 及 DSC 曲线见图 8.5[9,10]。

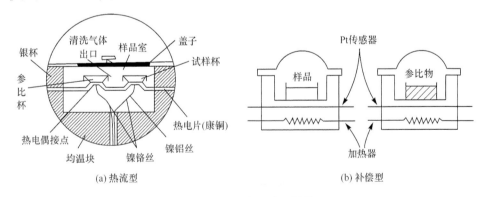

(a) 热流型　　　　　　　　　　　　　(b) 补偿型

图 8.4　DSC 仪示意图[7,8]

DTA 一般根据峰的位置定性测定试样转变温度,定量处理则精度较差,所以它多用于无机物的分析;DSC 的分辨率、再现性、准确性均优于 DTA,可用于定量

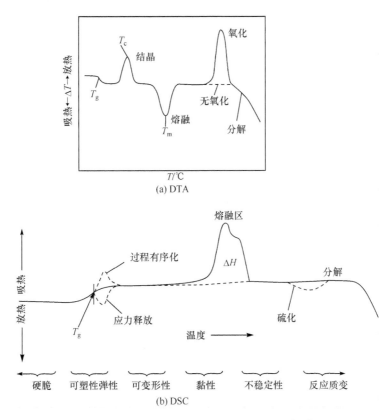

图 8.5　典型聚合物的 DTA 及 DSC 曲线[9,10]

处理,适合测定高聚物,所以下文所叙主要针对 DSC。不过 DTA 容许的测定温度高(可达 1700℃,超高温炉可达 2400℃;而 DSC 仅为 700℃)。由 DTA 及 DSC 曲线上峰的位置可确定相应变化的温度,由峰的面积可测定变化的热效应,由峰的形状可了解有关转变的动力学特征。

8.4.2　操作

固态及液态试样均可用于 DTA 及 DSC 测定,固体试样应尽可能密实均匀地铺平于皿内,以提高装填密度和减少试样与皿间的热阻。挥发性液体则要采用耐压密封皿。测定 DTA 及 DSC 时,可采用铝皿,但测定温度高于 500℃时,应采用耐高温皿(如铂、氧化铝、石墨)。

热分析仪使用前或使用一段时间后,应进行基线、温度和热量校正。基线应平直,不应有曲率及斜率,更不应有吸热峰或(和)放热峰。温度和热量系在所测定温度范围内根据标准纯物质的熔点及熔融热校正。

测定的主要影响因素有样品量、升温速率及气氛,这是测定结果中应注明的。

样品量一般为 3～5mg(可根据试样热效应变动),升温速度一般为 5～20℃/min,样品量及升温速度均会影响灵敏度、分辨率及测定温度。较低的升温速度及较多的样品量可获得较佳的分辨率及较佳灵敏度。不同升温速度下测定的高聚物的DTA 及 DSC 曲线是有差别的,升温速度提高时,峰温增高,峰形加宽。气氛最好为 N_2、Ar、H_2 等(有时也采用空气),流速一般为 10mL/min(宜恒定),惰性气氛可避免氧化反应及腐蚀。在空气氛和惰性气氛中的测定结果有所不同,两者的差异可解释某些高聚物的氧化反应。

8.4.3　应用

DTA 及 DSC 常用于测定高聚物的熔融/结晶转变温度(熔点 T_m 和平衡熔点 T_m^0)、玻璃化转变温度(T_g)、比热容及多组分聚合物的组成。

由 DSC 曲线确定高聚物 T_m 时,精度最高可达±1℃。一般是以峰前沿最大斜率切线与基线的交点 B 或直接以峰点 A 的温度为 T_m(见图 8.6)[11],但样品量及升温速率均影响峰温。升温速率快及样品量大均可使所测 T_m 增高。

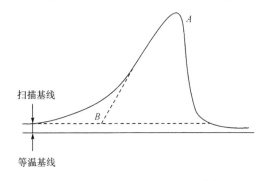

图 8.6　由 DSC 曲线确定 T_m[11]

T_m^0 是具有完善晶体结构的高聚物的熔融温度,一般由 Hoffman-Weeks 方程由 T_m 外推求得(无法直接测定),见式(8.2):

$$T_m = T_m^0 (1-\eta) + \eta T_c \tag{8.2}$$

式中,η 表征晶体热稳定性,其值为 0～1(η 值越小,晶体热稳定性越高);T_c 为试样结晶温度。

DSC 法测定 T_g 时,可取玻璃态基线外延线与转变区外延线的交点 B 的温度,或取比热容变化量一半值对应的 C 点温度作为 T_g(见图 8.7)[8]。

玻璃化转变是一个非平衡过程,升温速率越快(一般用 10～20℃/min),测得的 T_g 越高。

对多组分高聚物,以 DSC 法可测定各组分的相容性及高聚物的组成。对相容性,由 T_g 判定,如测得的多组分高聚物 T_g 值介于两纯组分 T_g 之间,而且只显示

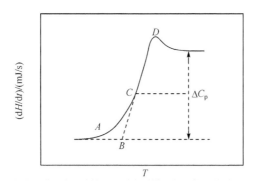

图 8.7　由 DSC 曲线确定 T_g[8]

一个 T_g 值,则可认为高聚物组分是相容的。如高聚物显示两个 T_g,则是不相容的。另外,如高聚物中含一种或多种结晶性聚合物,则可由结晶性高聚物的 T_m、T_c(结晶温度)、X_c(结晶度)及 X_v(结晶速率)在多组分聚合物中及纯态时的变化来判断相容性。例如,如某一结晶组分在多组分高聚物中的 T_m 较纯态时明显下降,则该系统可能为相容系统。至于多组分高聚物的组成,则可依据高聚物的情况,分别确定,见式(8.3)～式(8.5)。

1) 不相容、非晶相多组分聚合物

$$x_i = c_{pi}/\Delta c_{pi} \tag{8.3}$$

式中,x_i 为组分 i 含量(%);c_{pi} 为多组分高聚物中组分 i 在玻璃化转变区的比热容增量;Δc_{pi} 为纯组分 i 在玻璃化转变区的比热容增量。

由 DSC 法测得的试样吸热或放热速率 dH/dt 及升温速率 dT/dt,即可求得比热容 c,即 $dH/dt = cm \cdot dT/dt$(m 为试样质量)。

2) 相容、非晶相多组分聚合物

$$1/T_g = x_1/T_{g1} + x_2/T_{g2} \tag{8.4}$$

式中,T_g、T_{g1} 及 T_{g2} 分别为多组分聚合物、组分 1 和组分 2 的 T_g(℃);x_1 和 x_2 分别为组分 1 及组分 2 的含量(%)。

3) 不相容、含结晶组分多组分聚合物

$$x_i = \Delta H_{mb}/\Delta H_m \tag{8.5}$$

式中,ΔH_{mb} 及 ΔH_m 分别为结晶组分及多组分聚合物的熔融焓;x_i 为组分 i 含量。

8.5　热重分析

热重(TG)分析仪系测定物质在受热时,其质量随温度(或时间)的变化情况。质量常用热天平测定,而实际上是测定电流的变化,从而得到质量的变化。

热衷分析仪由加热器、控温器、微量热天平(为核心部分)、放大及记录装置等组成。图 8.8 是电磁式微量热天平结构示意图[11]。

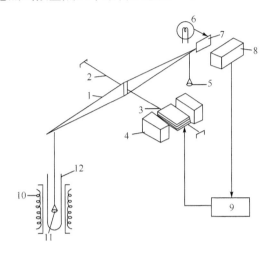

图 8.8　电磁式微量热天平示意图[11]
1-梁；2-支架；3-感应线圈；4-磁铁；5-平衡砝码盘；6-光源；
7-挡板；8-光电管；9-微电流放大器；10-加热器；11-样品盘；12-反应管

　　热重分析的试样皿有铝、玻璃、铂金、陶瓷等，可根据试样性质及测定温度选用。与 DCS 法类似，热重分析的影响因素有试样量、升温速率、气氛等。试样宜为细粒，一般为 $2\sim5$mg（热天平可测至 0.1μg），在皿中铺平。试样量过多时增大传质阻力及内部温度梯度。升温速率可为 $1\sim10$℃/min，升温速率过快，会引起温度滞后增大，分辨率恶化。气氛往往对 TG 曲线有明显的影响，特别是当气氛干扰被测物的热分解时，影响可十分严重。常用的气氛有空气、氮气，也可以是真空。气体流速一般为 40mL/min。流速大有利于传质及传热。另外，热重分析时被测物质热分解生成的挥发物再冷凝及再挥发以及浮力，也可对试样的失重造成偏差。

　　热重分析时测得的是 TG 曲线及 DTG（微商）曲线。

　　一般由测定的 TG 曲线可确定起始分解温度，分别失重 1％、3％、5％、10％、50％的温度，终止分解温度（见图 8.9）。起始分解温度是 TG 曲线开始偏离基线点 A 所示温度（外延起始分解温度为交点 B 所示的温度），终止分解温度是试样失重最大点 D 所示温度，在图 8.9 中 E、F、G 三点所示的温度下，试样分别失重 5％、10％及 50％。

　　DTG 曲线表征不同温度或不同时间时试样质量变化率，是一梯形曲线，由 DTG 曲线上可求得起始分解温度、最大分解速率的温度（峰温）、分解终止温度，能进行定量分析（峰面积相应于质量变化）和区分反应阶段（有助于分析分解机理）。典型的 DTG 曲线见第 6 章。

　　热重分析常用于评价高聚物的热稳定性、成分分析及热分解反应动力等，也可

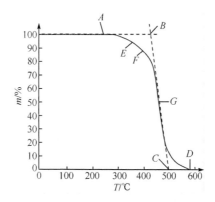

图 8.9　由 TG 曲线确定试样分解温度

A-起始分解温度；*B*-外延起始分解温度；*C*-外延终止分解温度；*D*-终止分解温度；

E-失重 5% 的温度；*F*-失重 10% 的温度；*G*-失重 50% 的温度（半寿温度）

用于研究高聚物中发生的某些化学反应。

　　分析不同高聚物热稳定性最常用、最简单的方法，莫过于比较它们的 TG 及 DTG 曲线，然后由它们的失重温度和失重速率评价其热稳定性。

　　由 TG 曲线分析高聚物的组成时，常根据 TG 曲线上的拐点（由多组分分阶段分解所致）。例如，比较图 8.10 所示单一 PP 及含填料 PP 的 TG 曲线可知，在 480～500℃时，单一 PP 已完全分解，但含填料 PP 此时残余质量仍为初始质量的 45%，故可初步认定 PP 中的填料含量约为 45%。在 750～800℃，含填料 PP 又有 3.5%～4.0% 的质量损失，估计这是由试样中含有的另一种填料所致。

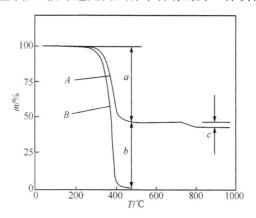

图 8.10　由 TG 曲线确定 PP 中填料含量[10]

　　用热重分析研究高聚物热分解动力学时，常采用多个升温法，即测得高聚物在几个不同升温速率下的 TG 曲线或 DTG 曲线，然后按动力学基本公式，采用积分法(Ozawa 法)或微分法(Kissinger 法)处理,即可作图求得热分解的活化能(E)、反应级数(n)与指前因子(A)。

8.6　动态热力学分析

动态热力分析(DMA)用于研究高聚物于一定温度范围内在振动条件下[交变应力(应变)作用下]动态力学性能的变化情况。表征动态力学性能的基本参数是储能模量 E'、损耗模量 E'' 及损耗因子 $\tan\delta$。研究材料动态力学性能就是要测量各种因素(内在的及外在的)对 E'、E'' 及 $\tan\delta$ 的影响。

DMA 能同时提供高聚物的弹性及黏性性能,测定转变温度(如 T_g)准确度高于 DSC,能在转变的温度或频率范围内连续测试,且高聚物的动态力学性能与其实际使用情况比静态者更接近。DMA 的形变模式有拉伸、弯曲、压缩、扭转、剪切等,振动模式也有多种,包括自由衰减振动、强迫共振、强迫非共振、声波传播四大类。

以强迫共振法为例,它是将周期性变化的力或力矩施加于试样上,然后测定试样的振幅。当施加力的频率与试样共振频率一致时,试样显示最大振幅。只要测得试样最大振幅时的共振频率,即可由已有公式计得模量及阻尼等。强迫共振法用的固定-自由振动仪器之一是振簧仪,其装置示意图见图 8.11[7]。

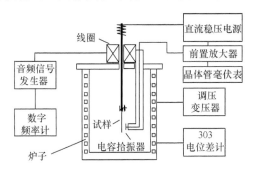

图 8.11　动态振簧仪装置示意图[7]

振簧仪的试样一端夹于振动器上,另一端自由。调节振荡器频率达试样固有频率时,试样振幅达到最大值。由检测器测得试样最大振幅时的共振频率 f_r,则可由式(8.6)～式(8.8)计得试样(片状)E'、$\tan\delta$ 及 E''。

$$E' = (38.24\rho L^4 f_r^2)/h^2, \quad E'' = (38.24\rho L^4 f_r \Delta f_r)/h^2 \qquad (8.6)$$

$$\tan\delta = \Delta f_r/f_r = E''/E' \qquad (8.7)$$

$$E'' = E'\tan\delta \qquad (8.8)$$

式中,E' 为储能模量,Pa;ρ 为试样密度,g/cm³;L 为试样自由端长,cm;f_r 为共振频率,Hz;h 为试样厚,cm;E'' 为损耗模量;Δf_r 为频率半高宽,即振幅为最大振幅的 $1/\sqrt{2}$ 或 $1/2$ 时两频率之差;$\tan\delta$ 为损耗角正切。

图 8.12 所示为线性无定形聚合物的动态热力学谱[11]。

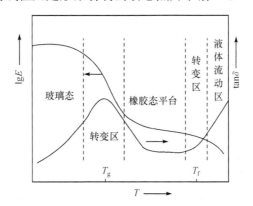

图 8.12　线性无定形聚合物的动态热力学谱[11]

DMA 所用试样可有不同形状,大小也可变,但尺寸应准确至 $\pm 0.1\%$,且试样应均匀、平整,无杂质及气泡。DMA 可进行温度(T)扫描、频率(f)扫描及时间(t)扫描,因为 DMA 的基本参数 E'、$\tan\delta$ 及 E'' 都是与 T、f 及 t 有关的。DMA 的温度谱可测得高聚物的 T_g、T_f(由高弹态转变为黏流态的温度)、T_m、T_β、T_γ、T_δ 等特征温度,而且可得到模量及阻尼等信息,故应用很广。DMA 的温度谱可用于研究高聚物的特征转变温度、耐温性(高、低温)、低温韧性、结构参数对性能的影响等,也可用于研究高聚物的某些工艺工程(如固化)及质量控制等。例如,可根据 E'-T 曲线或 $\tan\delta$-T 曲线确定 T_g。用 DMA 法确定 T_g 时,不仅准确、直观,还可在很宽的温度范围内测知高聚物 E' 及阻尼的变化,而将 T_g 与 E' 结合评价材料的性能更为全面及科学。

8.7　电子显微镜法

电子显微镜(EM)是电子束与试样相互作用产生的信息以成像的显微镜。EM 具有很高的放大倍数(约 10^6)和分辨能力(能分清邻近两个质点的最小距离,$0.1\sim0.2$nm),一般光学显微镜根本不能与之相比。EM 是研究高聚物结构的有力工具。

EM 有多种,本书只论述透射电镜(TEM)和扫描电镜(SEM)。

8.7.1　透射电镜

TEM 系由直接投射电子及弹性或非弹性散射的投射电子成像和衍射。

　　TEM 主要由光源、物镜和投影镜三部分组成,这与光学显微镜类似,不过是以电子束代替光束,磁透镜代替玻璃透镜。

　　分辨率、放大倍数及衬度(反差)是 TEM 的三大要素。TEM 的孔径越大,电子波长(取决于加速电压)越短,分辨率越高。TEM 的放大倍数是肉眼分辨率(约 0.2mm)与电镜分辨率(0.2nm)之比,为 10^6。关于衬度,除与试样各处参与成像的电子数有关外,还受试样厚度及密度的影响。试样越厚和密度越大的试样,图像越暗。

　　TEM 只能测定固体试样,试样必须纯净,不应含易挥发性组分,且在观察时间内不会受电子束损伤。

　　TEM 用试样厚度一般小于 100nm,载于金属网上,对有些很小的试样,还必须有透明支撑膜(如塑料膜)。对不导电的高聚物,宜在试样表面镀金属膜,以尽量减少表面电荷积累。为了增加反差,有时试样还需要染色(如 OsO_4 染色)。为了成像清晰,有时试样还要经过一些特殊处理。

8.7.2　扫描电镜

　　与 TEM 相比,SEM 的放大倍数广,可从 20 倍到 10 万倍;焦深大,图像具立体感;制样简便,样品的电子损伤小。SEM 特别适用于研究高聚物的表面形貌,即使是表面粗糙的试样,SEM 图像也细致清晰。所以 SEM 是研究高聚物三维表面结构的重要手段。SEM 系用二次电子加背景散射电子成像。

　　SEM 的三大要素也是分辨率、放大倍数及衬度。

　　SEM 的试样只需用双面胶纸粘于铝座上即可,但应注意粘接技术及细节,以使试样表面电荷能导走而不致积累。

　　对 SEM 试样本身的要求与 TEM 试样基本上是相同的,但 SEM 试样不仅制备简单,而且有一些现代 SEM 仪,如所谓环境扫描电镜(ESEM),它们能模拟环境工作方式,对非导电高聚物也不需镀金属膜,且可观察含水、含油试样,还可进行试样热模拟及力学模拟的动态变化研究。

　　图 8.13[8] 及图 8.14[9] 分别为 TEM 及 SEM 的结构示意图。

8.7.3　在高聚物研究中的应用

　　EM 用于研究晶态及非晶态高聚物和多相复合体系(共混物、复合材料等)的形态结构,也可用于研究两相体系的增韧机理。

　　在阻燃高聚物领域,EM 的应用十分广泛,当与 XRD 联用时,则能提供关于材料结构的更多信息。如对阻燃聚合物/无机物纳米复合材料,高聚物大分子链插入无机填料(如蒙脱土)片层间,形成插层型或剥离型的复合材料,由 TEM 图即可明显看出。典型的 EM 图见第 6 章。

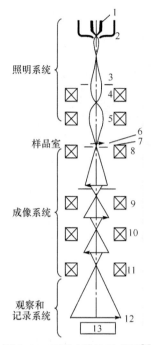

图 8.13　TEM 结构示意图[8]

1-灯丝；2-栅极；3-加速阳极；4-第一聚光镜；5-第二聚光镜；6-样品；7-物镜光阑；
8-物镜；9-中间镜；10-第一投影镜；11-第二投影镜；12-荧光屏；13-照相机

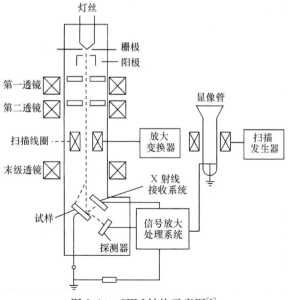

图 8.14　SEM 结构示意图[9]

　　另外,光学显微镜也可用于观察炭层的表面。图 8.15 是 PU、PU/EG 及 PU/APP三种涂料在 800℃下处理 15min 后残余炭的光学显微镜图片[12]。

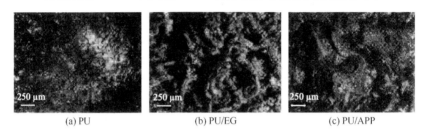

　　　　　　(a) PU　　　　　　　　　(b) PU/EG　　　　　　　　(c) PU/APP

图 8.15　三种涂料在 800℃处理 15min 后所得残余炭的光学显微镜照片[12]

　　对 PU 涂料,残余炭表面有裂缝;对 PU/EG 涂料,残余炭表面主要为 EG 片;对 PU/APP 涂料,残余炭有很大区域已变形但未见明显裂缝。

8.8　大角 X 射线衍射法

8.8.1　原理及设备构造

　　X 射线法分为大角($2\theta = 5°\sim165°$)X 射线衍射法(WAXD)及小角($2\theta = 5°\sim7°$)X 射线散射法(SAXS)。本书只论述大角 X 射线衍射法。

　　当 X 射线照射晶体时,晶体中的原子可在不同方向发射出散射的 X 射线(原子成为次生 X 射线源),但只有在散射线的光程差等于入射 X 射线波长的整数倍方向时,散射线的强度才能由于叠加而增强,可由实验观测。而在其他方向上,散射线则减弱或抵消。强度得以最大加强的光束,称为 X 射线的衍射线,该光束的方向则称为衍射方向。X 射线衍射遵循布拉格(Bragg)定律,见式(8.9):

$$2d\sin\theta = n\lambda \tag{8.9}$$

式中,n 为衍射级数,是整数;λ 是 X 射线的波长,是已知数;θ 是衍射角,可由实验测得。因而由布拉格公式即可求得晶面间距 d。

　　多晶 X 射线衍射所用的 X 射线应是单色的。在高聚物的测定中多用铜靶。

　　实验中记录 X 射线的方法有照相法(使底片感光)和计数器法,其中正比计数器是基于电离气体产生的电流强度与 X 射线强度成正比,闪烁计数器基于将 X 射线打击晶体产生的荧光进行光电转换。

　　X 射线衍射的多晶衍射法,指试样为多晶体或多晶聚集体的大角 X 射线衍射分析,可分为多晶照相法及多晶衍射法。

　　多晶照相又称粉末照相,系用特制相机以特种胶片记录试样的衍射方向和衍射强度,由照相底片的特征可直观定性判断试样的结晶情况(有无结晶、晶粒取向、取向程度等)。多晶衍射法系利用 X 射线的气体电离效应,并经过一系列的转化、放大和甄选,得到有关衍射方向及衍射强度的图谱,根据图谱的峰位、峰形及强度分析(可定量)试样的物相、结晶度、晶粒大小、晶粒取向等。多晶衍射仪由 X 光管、测角仪和计数器组成。典型的衍射图见第 6 章。

目前,多晶衍射法在很多方面已取代了多晶照相法。

X 射线衍射仪结构示意图如图 8.16 所示[8]。

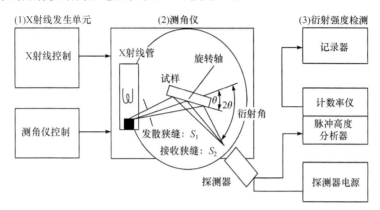

图 8.16　X 射线衍射仪结构示意图[8]

多晶 X 射线衍射法在高聚物中可用于:①定性鉴定(与参比物的图谱比较);②物相分析(是否有结晶、结晶类型);③结晶度(结晶取向、晶粒大小、多晶型)等的测定等。

8.8.2　在阻燃机理研究中的作用

X 射线衍射常用于分析有序结构,但 IFR 形成的炭层主要是无序的。不过对于研究一些含层状添加剂(EG、MNT)的 IFR 系统的炭化过程,它仍然是一种有用的手段。

文献[13]测得的 PA6、黏土(未经改性)、PA6/黏土(5%)以及 PA6/黏土在辐射气化装置(N_2 气氛,热流 50kW/m^2)中质量损失不同阶段(4 点)所得残留物的 X 射线衍射曲线(见图 8.17,共 7 条)[13]。

对比上述各试样的 XRD 曲线可知,PA/黏土中含 γ 结晶相(PA6 为 α 结晶相),这是由于硅酸盐有助于形成 γ 相,即黏土改变了 PA6 基质的结晶结构。PA6/黏土的燃烧残余物与原 PA6/黏土相比,后者的 PA6γ 结晶相减少,黏土层间距降低。对质量损失达 38% 时的残余物,其中的 PA6 特征已消失。但残余物中黏土层间距还总是大于原来黏土的层间距,这说明在残余物中,黏土层间可能捕获了一些有机物。残余物的 XRD 曲线也表明,PA6/黏土在高温下能生成少量极其耐热的具有石墨结构的物质(见 2θ 为 26.5°及 27.38°处的峰)。

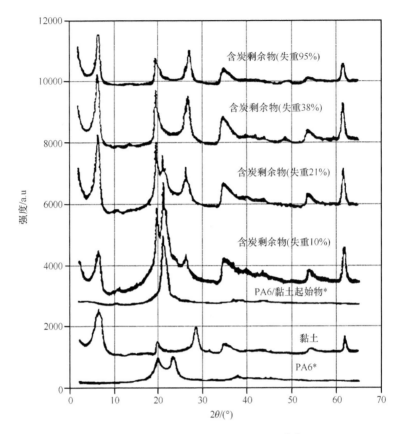

图 8.17　多种物料的 X 射线衍射图[13]
PA6 及 PA6/黏土的图示强度仅为测定值的 10%

8.9　X 射线光电子能谱

8.9.1　一般原理及设备构造

　　X 射线光电子能谱(XPS)也称 ESCA(化学分析光电子能谱,但现已不常用此名称),是常用于分析材料表面的有力手段,也是研究高聚物阻燃机理的重要方法之一。

　　XPS 的测定特征是能量,系以单色 X 射线作用于试样,试样可发射出光电子,电子能谱仪对此光电子的能量响应而得到数据,将强度(通常表示为计数或计数/秒)与电子能量作图,即 XPS 谱(图 8.18)。

　　电子动能(E_k)是能谱仪可测得的物理量,但 E_k 与所用 X 射线的光电子能量有关,所以不能反映被测物质的内在特性,而电子结合能(E_B)则更能识别电子。

实际上，$E_B = h\nu - E_k - W$($h\nu$ 为光子能量，W 为能谱仪功函数)。因为式中右边的三项均是已知的或可测的，通过能谱仪的检测系统及数据处理系统很易于求得电子结合能，所以 XPS 采用的电子能量是 E_B。原子(离子、分子)周围化学环境不同，E_B 有所变化，此即 XPS 中的所谓化学位移现象。这就是说，不同化学环境的原子的 XPS 能量都有小的差异，周期表中几乎所有元素都存在化学位移(零点几电子伏到几个电子伏)。化学位移是 XPS 分析的技术基石。

　　所有电子结合能小于光子能量的电子，在 XPS 图谱上都能显示，所以 XPS 图谱能精确再现原子的电子结构。除 H 及 He 外，XPS 能检测所有元素。图 8.18[14]是磷/氮化合物阻燃棉纤维燃烧后残炭的 N1s 的 XPS 谱。

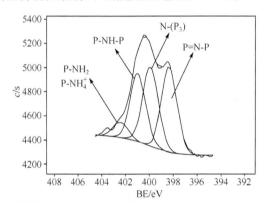

图 8.18　磷/氮化合物阻燃棉纤维燃烧后残炭 N1s 的 XPS 谱[14]

　　全扫描 XPS 谱提供的主要信息是元素及其化学键(元素化学态)，可用于金属、半导体、陶瓷及有机物，可定性及定量分析，试样可为固体(粉体、纤维等)或黏性液体，但试样表层不能有污染(可去污处理)，分析深度为 3~10nm，深度分辨率约 1nm。

　　XPS 设备包括超高真空系统、进样系统、X 射线源、能量分析器、检测器、扫描及记录系统等，其结构示意图见图 8.19[8]。

　　XPS 可用于研究材料表面元素种类、元素存在状态及化学键合情况，也用于研究材料表面的几何结构(如晶态、非晶态)、表面原子运动(如扩散、振动)及表面电子结构(空间分布及能量分布)等。

8.9.2　在阻燃机理研究中的应用

　　对了解阻燃材料燃烧后形成的炭层的化学组成，了解阻燃系统在凝聚相的作用，XPS 也是一个有力的工具[15]。与 ssNMR 相似，XPS 既能提供某一元素的信息，也能提供炭层元素组成的详细情况，可作为 ssNMR 的补充。例如，对含氮化合物，^{15}N ssNMR 难以鉴定 N 的周围环境，因为 ^{15}N 的丰度仅 0.4%，所以一般信

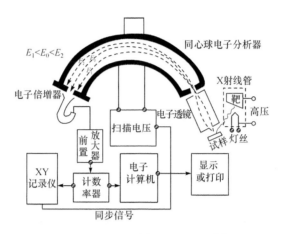

图 8.19　XPS 谱仪结构示意图[8]

号很弱。IR、^{13}C NMR 及 ^{1}H NMR 也不能直接用于鉴定炭层中的氮基物质。但对研究炭层中的含氮化合物,XPS 则是一个方便的分析手段。而且来自 XPS 的信息,还能鉴定保护炭层降解时生成的被氧化中间体[16]。

对环氧树脂/APP/聚乙烯-聚酰胺系统,文献[17]曾通过 XPS 研究来改良该系统中的添加剂。结果表明,若系统改用二氧化锰和硼酸钙,可在膨胀涂层的表面形成无机结构,而含金属的碳管状体则有利于形成一定结构的泡沫焦炭。它们由于热性能(如热容)和机械性能的改善而提高了系统的阻燃效能。

用 XPS 分析含 EG 的炭层[18],可提供炭层的元素组成,碳富集的情况及炭层的氧化性能。表 8.1[18] 是含 EG 及不含 EG 的膨胀涂料(涂料原组成为丙烯酸树脂/APP/PER/MA)形成的炭层的元素组成。在含 EG 涂料的炭层中,碳的富集度很高,在火焰中抗氧化性强。

表 8.1　含 EG 及不含 EG 涂料形成的炭层的元素组成[18]

试　样	O 含量/%	C 含量/%	P 含量/%
含 EG 涂料	18.8	74.7	6.4
不含 EG 涂料	40.2	51.8	8

8.10　红外光谱及激光拉曼光谱

8.10.1　红外光谱

红外(IR)光谱是分子振动光谱,其辐射能量远小于紫外光。红外只能激发分子内原子核之间振动和转动能级的跃迁,即测定这两种能级跃迁的信息来研究分子结构。红外光波长为 $0.75\sim100\mu m$,分为近红外、中红外及远红外。由于中红外最能鉴别有机物分子结构及化学组成,所以应用最为广泛。一般所说的红外光谱也就是指中红外光谱,其波数范围为 $4000 \sim 400 cm^{-1}$。

　　传统的红外分光光谱仪扫描速率慢,灵敏度低,后来发展的傅里叶变换红外光谱(FTIR)仪,可同时测定所有频率的信息,扫描时间短,灵敏度和分辨率高,目前广为应用。

　　红外光谱图的纵坐标为线性透光率或线性吸光度,横坐标为光的波数(cm^{-1})。

1. 光谱仪原理及结构

　　一般为双光束自动扫描仪,由光源、样品池、单色器、检测器、放大器和记录器等组成,其工作原理及结构如图 8.20 所示[19]。

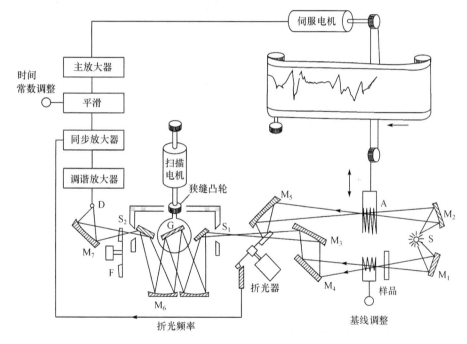

图 8.20　光栅型双光束红外光谱仪的工作原理及结构示意图[19]

　　自光源 S 发射出的红外光,被反射成两束强度相等的收敛光,一束通过样品池(测试光),另一束通过参比池(参比光)。随后,这两束光再交替通过入射狭缝 S_1 进入单色器,经光栅 G 色散后,再经狭缝 S_2 由滤光器聚焦在检测器 D 上。样品不产生红外吸收时,两束光具有相等的强度;而当样品产生红外吸收时,两束光的强度则不同,其中参比光信号强,但经光梳 A 遮住部分光线后,可与测试光能量相等。达到平衡时,检测器不再输出交变信号。

由于单色器光栅的转动,使单色器的波长在红外区域内连续改变,而记录纸速度与单色器光栅转动速度是匹配的,于是随样品对各波长红外吸收强度的不同,参比光路上光梳遮光程度也随之变化,光梳与记录笔联动,在谱图上画出特定波长的透光率。

2. 图谱解析

解析图谱前,宜对未知试样的色泽、气味、溶解度、热分析、元素组成(定性鉴定)等有所了解,以有助于图谱解析。

解析红外谱图的三要素是谱峰位置、形状和强度。图 8.21 是阻燃 HIPS 的 FTIR 图谱[11]。

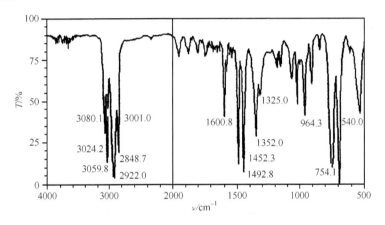

图 8.21　阻燃 HIPS 的 FTIR 图谱[10]

谱峰位置即谱带的特征振动频率,据此可确定试样中特定官能团,而指纹区则可用于确定化合物的精细结构。谱带形状可用以研究分子缔合、分子对称性、旋转异构、互变异构等。谱带强度与分子振动时偶极矩的变化率及分子含量有关,是定量分析的基础。实际上,解析红外图谱时,往往只需要图谱中若干谱带提供的信息即可对试样分子结构作出判断,但要考虑取代基效应对官能团频率的影响和试样中杂质及水对谱带的干扰。

解析谱图最简单的方法是把样品谱图和已知标样谱图对照,但不同的制样条件会影响谱带位置、形状和强度。可根据基团频率特征大致确定被测试样类别,也可采用否定法和肯定法来判断未知试样中存在何种基团。

3. 制样技术

1) 固体试样

(1) KBr 压片法,是最常用的方法。该法是将约 1mg 样品与约 100mg 干燥的溴化钾在玛瑙研钵内研细调匀,然后压成几乎透明的薄片。

（2）研糊法,将 2～5mg 样品研磨成细粒,再滴加 1～2 滴石蜡油（Nujol）或氟化煤油或六氯-1,3-丁二烯进一步研磨至成均匀的糊状物,然后将其置于氯化钠晶片间即可。

（3）粉末法,将样品研细后,悬浮于易挥发的溶剂中,然后在盐窗上将溶剂挥发掉,即可形成均匀的薄层试样。

2）液体试样

将试样滴于两片抛光的盐窗间形成液膜,即可用于测试。

在测定高聚物的红外光谱时,因为高聚物吸收能力强,所以应制备很薄的试样,对能溶高聚物,也可选择适当的溶剂制成液体试样。

红外光谱用于定性鉴定高聚物的种类、混合高聚物的分离与分析,也可用于根据光吸收率定律定量测定高聚物的链结构（各结构的比例、接枝率等）,还可用于研究聚合反应机理及动力学。

红外光谱的偏振红外、衰减全反射（ATR）、光声光谱（PAS）等近代技术,更加扩宽了红外光谱的应用范围,其中的 ATR 是以多次（30～50 次）反射光叠加后的强度对波长作图所得的图谱（其峰型和峰位置与 FTIR 仅略有差异）,是分析材料表面（如表面接枝改性）的有力工具,可变角的 ATR-FTIR 还可用于研究不同深度表层的区域结构。

8.10.2　激光拉曼光谱

1. 一般原理

拉曼（Raman）光谱是散射光谱。当单色光射入试样（气体、液体或透明晶体）时,会产生散射光,其中与入射光频率相同者为瑞利散射,其他频率者则位于瑞利光两侧（但它们的强度只为瑞利光的 10^{-4},入射光的 10^{-8}）,称为拉曼散射。拉曼散射中波长大于瑞利光的称为斯托克斯线,小于瑞利光的称为反斯托克斯线。斯托克斯线或反斯托克斯线与入射光频率之差称为拉曼位移。由于斯托克斯线比反斯托克斯线的强度大得多,所以拉曼光谱中多以前者为基研究拉曼频率位移（$\Delta \nu$）。

拉曼光谱测定的是 $\Delta \nu$（$\Delta \nu$ 与入射光频率无关）,拉曼光谱即以 $\Delta \nu$ 为横坐标,散射强度为纵坐标做的图。图 8.22 是 PP 的拉曼光谱,为供比较,该图还附有 PP 的红外光谱[11]。

拉曼光谱很弱,所以宜用强度很大的激光作为光源,以增强拉曼散射光的强度,即激光拉曼光谱。由于激光不仅强度大,且方向性强,发射角小,可聚焦于小面积,所以极少量试样（0.5μm）即可得到可用的拉曼光谱图,但常限于定性鉴定,定

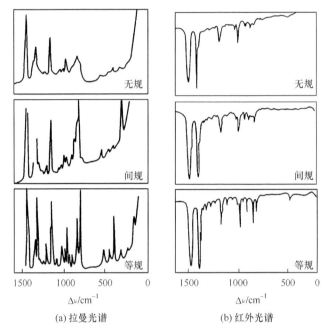

(a) 拉曼光谱　　　　　　　　　(b) 红外光谱

图 8.22　PP 的拉曼光谱及红外光谱（1600cm^{-1}以下）[11]

量分析则较少应用。这是因为,尽管由拉曼散射的强度可估测出被测试样分子浓度,但影响因素很多,定量分析需用内标法或对比法。

当然,拉曼光谱也可应用傅里叶变换技术,构成傅里叶变换拉曼光谱(FT-Raman),于是可通过多次累加提高信噪比。

拉曼光谱仪的构成与红外光谱仪类似,也是由光源(激光)、样品池、单色器及检测器/记录器等组成。

拉曼光谱与红外光谱均为分子振动谱,两者能反映类似的信息,两者用于定性的要素也是相同的,即频率、强度和峰形,不过对拉曼光谱,还有一个退偏振比(去偏振度),它表征分子对称性振动模式的高低。红外光谱与拉曼光谱既相似又不相同,如将两者比较,则红外的吸收频率相当于拉曼的 $\Delta\nu$,而两者中的多条谱带都相应于分子中某一官能团的振动。对大多数官能团,红外中的伸缩振动频率与拉曼中的 $\Delta\nu$ 在数值上相当接近;但两者产生的机制迥异,红外是吸收,拉曼是散射;红外是由分子振动引起偶极矩变化产生的,而拉曼是由诱导偶极矩变化产生的,所以红外对极性基团敏感,而拉曼则对非极性基团敏感。两者提供的信息可以互补,对有些基红外易于检测,而另一些则拉曼易于检测。所以常将红外光谱与拉曼光谱对照比较(图 8.22)。

拉曼光谱对样品的性状限制小,所需样品量极微,也可直接测定水溶液(因水的拉曼散射极弱),对分子中某些红外中强度较弱的官能团,在拉曼中的散射则较为强烈,所以有时拉曼能得到较丰富的谱带。

拉曼光谱可用于高聚物的定性鉴定、结构分析(构型、构象、结晶性等),也可用于高聚物的定量分析及研究反应过程和热降解。

2. 在阻燃机理研究中的应用

激光拉曼光谱(LR)也能用于鉴定不同的炭层结构。在这方面,它能与ssNMR相辅相成。关于 LR 在阻燃机理研究中的应用,文献[20]有很好的综述。例如,石墨的 LR 就能提供很多有关石墨电子结构及内部缺陷,从而有关炭化过程的信息[21,22]。

文献[23]曾采用 LR 研究了用于 LLDPE 的无卤 IFR 形成的膨胀炭层的结构。对几个试样在管式炉中于空气流中热降解生成的残余物的 LR 表明,因为材料中含膨胀型石墨(EG),所以在约 1575cm⁻¹ 处显示一个单峰。对 LLDPE/NP28(一种 P/N 化合物)系统,则在约 1575cm⁻¹ 及 1350cm⁻¹ 处有 2 个宽峰,前者即归属于结构有序、无内部缺陷石墨中的 C—C 振动。不同 IFR 燃烧后形成的炭层结构是不同的,可能是有序的石墨,也可能是无序排列的系统。

文献[24]曾采用 LR 研究了未处理及用硅烷处理的棉纤维的热稳定性。经硅烷处理的棉纤维的 LR,在 LR 的 3200~3500cm⁻¹ 范围内,显示的峰越来越强,且越来越窄,这说明在有序相内,—OH 浓度增加,结晶度提高。在结晶相内,是不能发生硅烷化反应的,其结晶度的提高是由链段的运移动引起的,而无定形相中次级化学键的减少则有助于这种移动。上述结构变化说明硅烷处理提高了棉纤维的热稳定性,因为无定形相中的—OH 对热降解比有序相中的—OH 更敏感。

ssNMR 只能原位应用,而 LR 则可用于测定加热试样的表面所发生的变化。例如,文献[25]曾采用 LR 研究了在用于 PP 的 APP(75)/多元醇(25)系统中加入纳米 MMT 及硼硅烷(BSil)后对材料表面的影响及界面改性行为,结果表明 MMT 的协效作用有限,但 BSil 效果良好。

图 8.23[20,25]是 PP/MMT(4%)及 PP/MMT(4%)/BSil(2%)两系统经加温处理表面的 LR。对于前者,加温处理对 LR 无明显变化;而对于后者,加温处理使其LR 中出现为 BSil 包覆的 MMT(富集于表面)的峰。当 MMT 被 BSil 包覆后,其表面能大为降低,使其易迁移至表面,并在表面形成稳定面柔性的保护层,可提高阻燃效率。

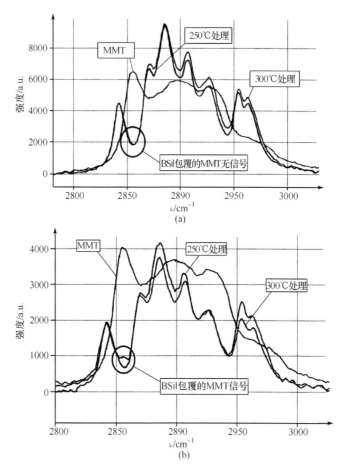

图 8.23　PP/MMT(4％)及 PP/MMT(4％)/BSil(2％)表面的拉曼光谱[20,25]

在 250℃及 300℃处理 2min 后

8.11　核磁共振光谱

核磁共振光谱是用频率为兆赫数量级的,波长很长、能量很低的电磁波照射分子,这种电磁波能与暴露在强磁场中的磁性原子核相互作用,引起后者在外磁场中发生磁能级的共振跃迁,从而产生吸收信号,这种吸收称为核磁共振光谱(NMR)。

NMR 是用于鉴别分子结构和组成的最有用的工具之一。只要有足够的分辨率,NMR 可以不用已知标样,而直接从谱峰面积得出定量计算结果。一般的NMR 所用试样为溶液,固体核磁则可测定固体试样。

用于研究有机物的 NMR,通常是质子和碳-13 核磁谱,分别表示为[1]H NMR

（或 P NMR）和^{13}C NMR。

8.11.1　核磁共振仪

图 8.24 为脉冲傅里叶-核磁共振（PFT-NMR）仪的结构示意图[26]，由磁铁（永久磁铁或电磁铁）、射频发射系统、信号接收系统及信号控制、处理与显示系统、探头和样品座组成。

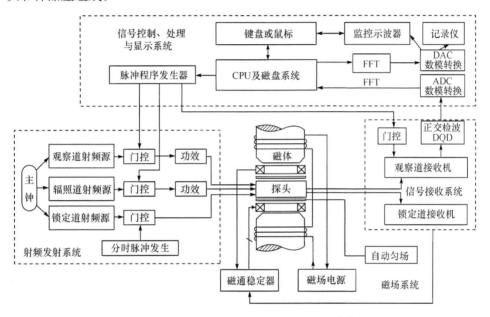

图 8.24　PFT-NMR 仪工作原理示意图[26]

8.11.2　质子核磁谱

^{1}H NMR 谱图提供的主要信息有：①化学位移值（δ），确认氢原子所处的化学环境及核磁环境；②耦合常数（J），推断与相邻氢原子的关系与结构；③吸收峰面积 s，确定分子中各类氢原子的数目比。图 8.25 是间规立构 PS 的 ^{1}H NMR 图谱[10]。

1. 化学位移 δ

δ 用来表征 ^{1}H NMR 谱中各不同化学环境的 ^{1}H 共振峰的位置相对于某一标准物（通常为四甲基硅烷，TMS）共振峰位置的距离。不能精确地测定 δ 的绝对值，一般以相对值表示，即以标准物的峰为原点，以其他 ^{1}H 峰与原点的相对距离为 δ 值（ppm）。

有机化合物中各种 ^{1}H 的 δ 值取决于它们的电子环境。如果磁场对 ^{1}H 的作

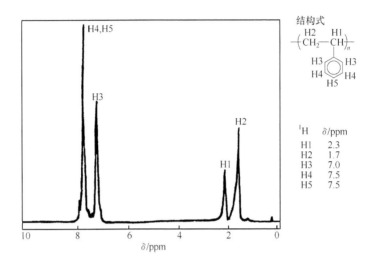

图 8.25　PS(间规立构)的 ^{1}H NMR 图谱[10]

用受到周围电子云的屏蔽,共振信号就出现在高场;如果 ^{1}H 受到的是去屏蔽作用,共振信号就出现在低场。

2. 偶合常数 J

J 是用来度量自旋-自旋偶合的参数,它是由于质子不仅受到外部磁场的作用,而且还受到邻近质子自旋而产生的电磁场作用而产生的。它导致核磁单峰分裂为多重峰,J 就是分裂谱线间的距离,根据 J 可以推测彼此偶合的核的相对位置。

3. 峰面积 s

s 表征核磁共振信号的强度,即吸收峰下的面积,s 值与产生这组信号的质子数成正比。将 s 值比较,就能确定各种类型质子相对数目。核磁共振信号的面积是用电子积分仪来测量的,在谱图上通常用阶梯曲线表示,该线由低场向高场画,阶梯高度与 s 成正比。如果已知化合物的分子式,则由 s(或阶梯高度)可确定各种质子的实际数目。

4. 图谱解析

通过上述三个信息,特别是 δ 和 J 与分子结构间的关系,便可解析 ^{1}H NMR 图谱。下述是一般的图谱解析程序:①由各峰信号的相对面积求出不同基团的氢原子数之比;②由 δ 确定基团,先单峰,而后耦合峰;③采用其他实验技术进一步确定结构,如加入重水可判断氢键位置等。

对于一些较复杂的谱图,仅依靠 ¹H NMR 难于确定分子结构,此时需要与其他分析手段相互配合。

另外,一种更常用、更简便的方法是将未知试样的图谱与已知化合物的标准图谱比较,以确定未知试样的种类。

8.11.3　碳-13 核磁谱

¹³C NMR 对研究化合物中碳的骨架结构和碳的归属是十分有用的。

¹³C NMR 与 ¹H NMR 相比,前者灵敏度低,这是因为 ¹³C 的磁旋比只有 ¹H 的 1/4,同时 ¹³C 天然同位素丰度仅为 1.1% 左右,因此 ¹³C 谱的灵敏度仅为质子谱的 1/6000。另外,¹³C NMR 的化学位移范围约为 300ppm,比 ¹H NMR 大 20 倍,因此分辨率较高。还有,用 ¹³C NMR 可直接测定分子骨架,并可获得 $C{=}O$,$C{\equiv}N$ 和季碳原子等在 ¹H NMR 谱中测不到的信息。

碳谱和氢谱一样,可通过吸收峰的强弱、峰的位置和峰的自旋-自旋分裂及耦合常数来确定化合物结构。但由于采用了去耦技术,使峰面积受到一定的影响,因此与氢谱不同,由碳谱峰面积不能准确地确定碳数,而最重要的判断因素是化学位移。

在碳谱中,各基团化学位移的顺序与氢谱大体一致。图 8.26 是间规立构 PS 的 ¹³C NMR 图谱[10]。

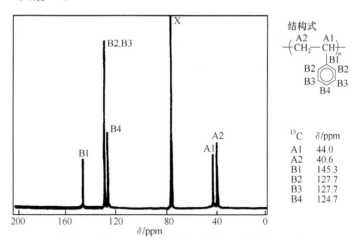

图 8.26　PS(间规立构)的 ¹³C NMR 图谱[10]

8.11.4　测定核磁图谱的操作

试样应有足够的纯度,固体样品必须配成溶液(固体核磁除外)。一般制备 0.4mL 约 10% 的样品溶液,加 1%~2% TMS 作为内标。对黏度不大的液体样品,可直接测定。

常用 4mm 样品管,如样品量很少,可采用 0.025mL 的微量管。

所用溶剂应不含质子,沸点低,与样品不起作用,且对试样要有足够的溶解度。常用氘代溶剂,如 D_2O、$CDCl_3$、CD_3COCD_3、CD_3SOCD_3 等。也可采用非氘代溶剂,如 CCl_4、CS_2 等。

8.11.5　固体核磁

有关固体核磁(ssNMR)在阻燃机理研究中的作用,可见文献[20]。

因为阻燃系统中涉及的很多物系(包括燃烧残余物)不溶于一般核磁测定时所用溶剂,所以只能用固体核磁测定其图谱。特别是对研究 IFR 生成的炭层组成及结构,ssNMR 是一种强有力的分析手法,它能测定材料遇火时其结构的化学组成与时间及温度的关系[20]。例如,APP 衍生物与硼酸(HBO_3)联用于环氧树脂涂层时,其热降解机理即曾采用[11]B ssNMR 及[31]P ssNMR 研究。图 8.27 是单一 HBO_3 及 APP/HBO_3 混合物加热至 450℃时的[11]B ssNMR 谱[20,27],该图还附有氧化硼及硼磷酸盐的同类图谱。比较这四种谱线可知,APP/HBO_3 加热至 450℃时,生成了硼磷酸。图 8.28 是 APP/HBO_3 在不同温度下测得的[31]P ssNMR 图谱[20,27],并与硼磷酸谱作了比较。硼磷酸在 $\delta=-30ppm$ 处显示了 B—O—P 键的强峰,而 APP/HBO_3 在 95℃ 及 150℃下的图谱,其中没有 $\delta=-30ppm$ 的峰,说明此时没有硼磷酸生成;而在 300℃ 及 450℃下的图谱,在 $\delta=-30ppm$ 处的峰则很强,而其他处的峰均已消失,说明此时 APP 中的磷已全部转化为硼磷酸。所以,APP/HBO_3 用于环氧树脂涂层时,形成的炭层由于含有硼磷酸盐而具有优良的机械强度及耐热性,同时与被阻燃基材结合良好。

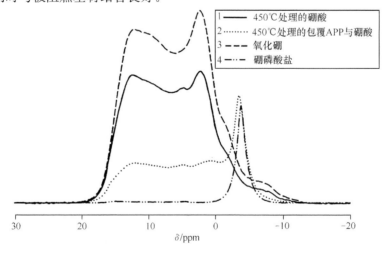

图 8.27　^{11}B ssNMR 图谱[20,27]

1-450℃下的 HBO_3;2-450℃下的 APP/HBO_3;3-氧化硼;4-硼磷酸盐

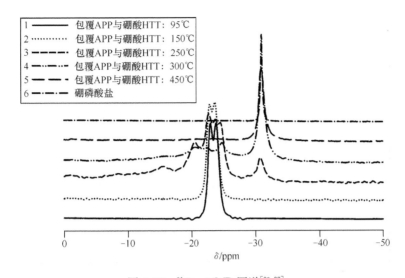

图 8.28　^{31}P ssNMR 图谱[20,27]

1-95℃下的 APP/HBO$_3$；2-150℃下的 APP/HBO$_3$；3-250℃下的 APP/HBO$_3$；

4-300℃下的 APP/HBO$_3$；5-450℃下的 APP/HBO$_3$；6-硼磷酸盐

^1H ssNMR 也可用于研究炭层的结构[28]。因为材料燃烧时生成的炭层 20 是非均相的,含有移动性不同的区域,因而可通过分子动力学研究得到有关的信息。例如,对用于聚烯烃的 APP/PER 系统,不含或含有分子筛时,在不同热处理温度(HTT)下的自旋-网络弛豫时间(t_1)及其变化规律很不相同(见图 8.29)[20]。

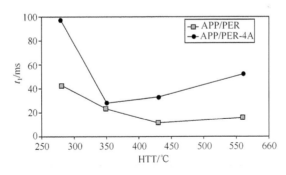

图 8.29　PO/APP/PER 及 PO/APP/PER/4A 的 t_1 值与 HTT 的关系[20]

图 8.29 表明,上述两系统的这类关系曲线是不同的。对于 APP/PER/4A 系统,HTT 为 280℃时的 t_1 值为 APP/PER 系统的 2 倍,因为这两类系统在此温度下形成的物质结构不同。低的 t_1 值说明物质的分子运动受阻,结构比较刚性。HTT 在 280～350℃时,两系统的 t_1 值均随 HTT 升高而下降,但含 4A 系统的下降幅度大于不含 4A 的系统;在 350℃时,两系统的 t_1 值几近相同。这是因为在较

高温度下,两系统均主要含堆积状的多环芳香族化合物,两者的结构相似。但在更高温下,含 4A 系统的 t_1 值恒大于不含 4A 者。这两种 IFR 的炭化过程是不同的,分子筛有助于分子运动,所以形成的炭层更具可移动性。APP/PER/4A 与 APP/PER 相比,前者仍能保持炭层可移动的温度高于后者,这有利于前者形成的炭层具有较好的阻燃性能,它们不易产生和传播裂缝,且比较能承受应力。

8.12　质　　谱

有机物分子在真空下受强电流轰击后,可生成分子离子(同位素离子)及由于化学键裂解而生成多种碎片离子,使这些离子分离,记录其质量及强度,并按质量比大小排列,即形成质谱(MS)图,可据以进行物质的成分及结构分析。这种方法称为质谱法。

MS 仪的应用范围广,灵敏度高(可达 $50\mu g$),分析速度快(可多组分同时检测),且只需微克量级的样品(固、液、气均可应用)。

质谱仪主要由真空系统、进样系统、离子源、分析器、检测器及记录器组成。

MS 的关键技术是样品的电离。有多种电离技术,如传统的电子轰击电离(EI)、电喷雾技术电离(ESI),近年发展的基质辅助激光解吸电离(MALDI)等。将 MALDI 与飞行时间质谱相结合同 MALDI-TOF-MS 不依赖任何标样,能精确测定聚合物的相对分子质量,进而得到结构单元、端基和相对分子质量分布等信息。其原理见图 8.30[9]。

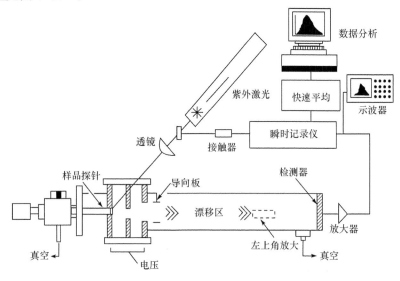

图 8.30　MALDI-TOF-MS 仪工作原理示意图[9]

　　MS 仪的重要参数是分辨率(表征相邻两峰被分离的程度),相邻两峰相交的峰谷高度为峰高的 10％时,可认为两峰分开。低分辨率者离子峰的质量只能为整数位,高分辨率者可达小数点后四位。

　　MS 结果可用图谱或表谱表示。以图谱表示时,横坐标为质荷比(m/e),纵坐标为离子强度(多为相对丰度)。图 8.31 为 PMMA 的 MS 图[11]。因图 8.31 由 $m/e=33$ 开始扫描,故未显示 $m/e=31$ 的碎片峰。

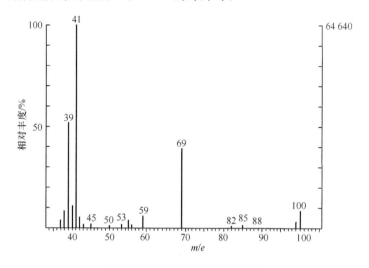

图 8.31　PMMA 的 MS 图[11]

　　MS 图中最为人重视的信息是化合物的相对分子质量(图中的分子离子峰),此峰必须是 m/e 最高的离子,必须是奇电子离子,必须能生成重要的碎片离子。但这只是必要条件,要可靠认定分子离子峰,还需用其他方法(如氮规则、与相邻峰间的质量差等)加以佐证。有时不能看到分子离子峰,或峰强度太低,此时可更换实验技术(如降低轰击电子能量、加大试样量等)加以改进。

　　MS 图可用于确定化合物的相对分子质量及组成式,确定化合物上的取代基,提出化合物的结构式(常结合其他图谱),MS 也可用于研究化合物的裂解机理。

　　MS 与 GC 联用(GC-MS)更是实现有机化合物分离及结构鉴定的强有力手段。但对高聚物,宜先裂解,而后以 GC 分离,MS 离解,再分析碎片离子以认证结构。

8.13　色　　谱

8.13.1　原理

　　色谱分离是一种物理化学分离方法,样品分离是在固定相和流动相中进行的。

样品随流动相进入固定相,由于各组分物化特性不同,它们与固定相之间的相互作用力不同,因此在两相(固定相和流动相)中具有不同的分配。在一定温度下达到平衡时,组分在固定相和流动相中的浓度比,称为分配系数 K。K 值不同的组分,在两相间反复多次分配,即得到分离(图 8.32)[10]。

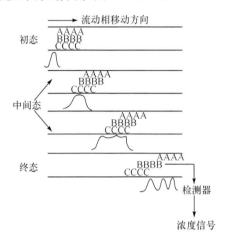

图 8.32　色谱分离示意图[10]

测定时,随柱后样品流出浓度(或质量)的不同,检测系统可以转化成电信号,得到如图 8.33 所示的色谱图(图中各物理量的意义见 8.13.4 节)[10]。

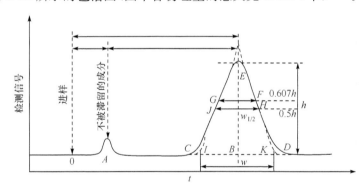

图 8.33　气相色谱图[10]

色谱图的横坐标为分析时间或流动相流出体积,纵坐标为检测器响应信号,是柱后样品流出浓度(质量)的表征。流出组所产生的响应信号的微分曲线称为色谱曲线。

色谱图的解析可通过下述三个方面进行:①色谱峰的位置。与组分的分子结构有关,是定性分析的主要依据,反映色谱的热力学过程。②色谱峰的大小和形状。表示样品中各组分的含量,是定量分析的主要依据,反映色谱的动力学过程。

③色谱的分离。表示样品中各组分能否分开。

8.13.2 薄层色谱

薄层色谱(TLC)分析是在涂有固定相的玻璃板上将物质层析分离,即将点有被分离物质的这种玻璃板的一边放入某种溶剂(展开剂)中时,每一个组分会沿固定相向上迁移一段距离,可求得其比移值 R_f。R_f 是 TLC 定性鉴定的基础(见图 8.34)[29]。

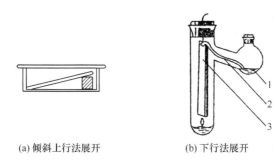

(a) 倾斜上行法展开   (b) 下行法展开

图 8.34　TLC 示意图[29]
1-溶剂;2-滤纸条;3-薄层板

将样品点到几个薄层板上,放入几种展开剂中展开,通过准确确定样品点的位置,就可辨别试样的种类。如样品有两个或更多个 R_f 值,则可证明样品是混合物或不纯。

TLC 快速,不需精密复杂的装置,几分钟内就能同时分析多个样品。

TLC 一般仅用于定性鉴定,但如采用一种能使样品复现的设备和能定量分析样品点的紫外(UV)检测器,也能进行要求十分精确的定量分析。

TLC 的缺点是其理论塔板数小于精密色谱仪,且分辨率极低,所以往往不能有效地分离 R_f 值相近的化合物。

TLC 展开剂的选择主要取决于试样的化学结构,有时可选用两种以上的展开剂。

紫外灯和化学反应等显色技术能快速检定 TLC 板上的点。常用的紫外显色法是用一定波长的紫外光照射薄层板,适用于很多塑料添加剂的显色。还可以采用碘、碘铂酸钾和 2,6-二氯苯醌-4-氯酰亚胺喷雾显色剂与试样发生反应产生特定的色点,以确定试样在薄层板上的位置,再计算出 R_f 值。

8.13.3 高效液相色谱

高效液相色谱(HPLC)是将试样溶液送入装有固定相的色谱柱中,由于试样各组分在流动相和固定相上的亲和力和(或)分配系数不同而将试样分开。

HPLC 设备比较复杂、价格昂贵,且通常需要专业人员才能操作和维护。

1. HPLC 条件

HPLC 分离试样时,应选择适宜的固定相和洗脱剂(流动相)。反相色谱可选用非极性固定相,极性溶剂流动相。而正相色谱的固定相宜选用极性材料,流动相宜选用非极性溶剂。另外,柱子和流动相的选用还应根据试样的化学性质。早期多用正相 HPLC,但现在反相 HPLC 已成为优先选用的操作方式。

大多数反相色谱采用梯度洗脱方法,即将流动相的极性变化视为时间的函数。此法的优点是提高了分离分辨率,能得到比较锐利的峰,所以可在较短时间完成测定。

HPLC 的另一个重要参量是流动相的流动速率。洗脱剂的流速对分离结果有明显的影响。例如,有些以正相色谱和恒流色谱难于分离的组分,通过程序变流方法可将它们完全分离。

2. HPLC 设备

HPLC 由输液系统、进样系统、色谱柱和检测器组成(图 8.35)[29]。如采用梯度洗脱,输液系统必须能同时供应两种或者两种以上的溶剂。将色谱柱恒温能提高色谱的重现性;而采用短而小的连接管可使死区保持最小,提高色谱分辨率;将填充材料粒径减小到 $3\mu m$,可使色谱分辨率更加提高。

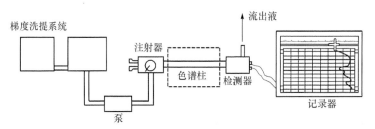

图 8.35　HPLC 系统示意图[29]

3. 检测技术

紫外检测器仍是 HPLC 最主要的也是最适合于常用试样的检测设备,因为很多试样能吸收紫外光。紫外检测器的检测浓度可小到 $1\sim10mg/L$。新的光电二极管阵检测器也可检测到样品的紫外/可见光谱吸收峰。另外,折射率和光散射检测器可用于分析没有发色团的分子。

目前的 HPLC 分析仪,应用外标方法定量分析,如果不考虑提取步骤中的可变因素,平均分析误差可不超过 2%。如要求更为精确的分析结果,可采用内标法。

8.13.4　普通气相色谱

1. 结构与分离条件

有些试样既可以用 HPLC,也可以用气相色谱(GC)分离。GC 的应用也非常广泛,因为很多试样具有较高的挥发性,且高温下应用的 GC 色谱柱已很成熟。但GC 难于鉴定每个所分离的组分,且只能分析在一定温度下能气化的蒸气样品。

GC 是一种高效、快速的分离技术,特别是由于近年空心毛细管柱的发展,GC可在很短时间内分离含几十种甚至上百种组分的混合物,这是其他分析、分离方法所不能比拟的。

与 HPLC 相反,GC 以气体为流动相传送样品。因为没有梯度输液泵及溶剂,所以 GC 较 HPLC 简单。而且,GC 色谱柱的理论板数比 HPLC 的更大,所以对样品的分离效果更佳。

因为 GC 只需要氦气(或氢气)作为载气将气化的样品传送到检测器,所以费用低。又由于 GC 设备没有活动部件,所以设备耐用。

以火焰离子检测器(FID)与高效毛细管色谱柱连接的 GC,浓度 20mg/L 的溶液即足以进行试样的常规分析。调节样品的注射量,GC 检测的灵敏可优于HPLC。FID 对几乎所有有机化合物都很敏感,但 GC 有时也使用其他检测器。图 8.36 是 GC 系统结构示意图[26]。

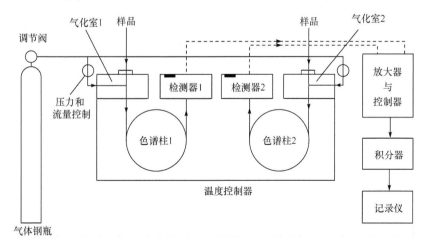

图 8.36　GC 系统结构示意图[26]

GC 的缺点是有些挥发性低的样品经几次进样后,峰的面积就逐渐减小,甚至可能消失。另外,GC 得到的峰要比 HPLC 的多,峰辨认比较困难。还有,GC 色谱柱的连续使用会使柱中的涂层流失,导致柱内出现更多的活性中心,使分析速度减慢甚至使柱子报废。

正如 HPLC 一样,色谱柱的涂层极性不同,可分离试样的种类也不同。,现在已能生产出理论板数非常高因而分辨率极好的毛细管色谱柱。目前生产的色谱柱内径只有 $0.3\sim0.5mm$,其涂层厚度只有 $0.10\mu m$,这样就大大减小了由于高温所引起的色谱柱的流失,实现中速到快速的分析。

普通 GC 常用于分析高聚物单体中的杂质、高聚物中的挥发性物质,也可用于测定聚合反应中原料浓度的变化和反应中释出的挥发物的量,以研究反应动力学。

2. 图谱分析

GC 峰一般可用下面两个参数来描述:①峰高 h。从峰最大值到峰底的距离,即图 8.33 中的 BE。②峰宽 w。在图 8.33 中峰两侧拐点(F、G)作切线,与峰底相交的两点间的距离(图中 IK)。有时为了测量上的方便,也可用半高峰宽来表示,即峰高一半处的峰宽($w_{1/2}$,图 8.33 中的 JH)。峰高是与柱效有关的重要参数,反映组分在色谱柱中的运动情况,与组分在气相中的扩散和固定相中的传质状况有关,同时也受色谱操作条件的影响。

GC 定性的主要依据是组分的保留值。当色谱条件一定时,组分的保留值是不变的。因此,最简便又可靠的方法,是在相同色谱条件下(包括进样量),用已知组分和未知组分的保留值相对比,若不一致,则可肯定不是同一组分;若一致,则有可能是同一组分。另外,也可依照文献中组分的保留值来对照定性,但这种依照保留值来定性的方法,只是必要条件而并不充分。另一种方法是利用 GC、MS 及 FTIR 联用定性,这既能发挥各自优点,又能互补各自缺点,使定性更为可靠。

GC 法用于定量分析既准确又方便,是依据色谱峰的峰高或峰面积来决定分析物的含量。但由于同一检测器对不同物质具有不同的响应值,因而含量相同的两种组分在通过同一检测器时,所得到的信号强度可能不同,故必须引入相对响应值(s)或校正因子(f)进行校正。定量计算方法很多,目前最广泛应用的有归一化法、内标法、外标法及叠加法四种。每种方法都有其特定的应用条件和对仪器的特殊要求,应根据分析对象选用不同的方法,或配合使用。

8.13.5 其他气相色谱

1. 反相气相色谱

反相气相色谱(IGC)是采用以被测高聚物固定相、惰性气体(加有探针分子)为流动相的测定方式。它测定探针分子(为挥发性低分子)在两相中的分配,从而测知高聚物的性能、探针分子与高聚物的作用等。

任何类型的 GC 都可用于 IGC,关键是装柱和选择探针分子。IGC 图谱只有一个峰(保留时间 t_R 或保留体积 V_R,通常为比保留体积 V_g)。IGC 一般测定的是 V_g 随温度 T(或流速)的变化,以 $\lg V_g$ 对 $1/T$ 作图,得到保留图(见图 8.37)[30],它是直线(对低分子化合物)或 Z 形线(对高聚物),由保留图可分析高聚物的一些性质。

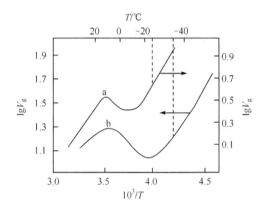

图 8.37　聚乙烯的 IGC 保留图[30]

a-LDPE(探针分子为正戊烷);b-HDPE(探针分子为 2-甲基丁烷)

IGC 可用于测定高聚物的 T_g 及 T_m、结晶度、低聚物相对分子质量,还可用于研究高聚物溶液热力学及聚合物的表面性质。

2. 反应气相色谱

反应气相色谱(RGC)是将高聚物分解成挥发性产物,或用特定化合物与键上官能团反应生成挥发性产物,然后以 GC 分析产物,从而测知高聚物的某些性能,如单体在高聚物链中的分布等。一些易于降解的高聚物(如聚酯、聚酰胺等)均适于用 RGC 分析。

3. 裂解气相色谱

裂解气相色谱(PGC)是将高聚物裂解为可挥发的大分子产物,然后以 GC 分析产物,从而测知原高聚物的组成、结构和性质。PGC 与 IR、NMR 及 MS 联用,可准确定性鉴定裂解产物,是研究高聚物的一种应用广泛且重要的手段。

PGC 就是在普通 GC 进样处加装一裂解器,有管式裂解器、热丝或带状裂解器、激光裂解器等多种。

PGC 用于高聚物的定性鉴定及区分共聚物与共混物,也可用于共聚组成的定量测定(如链接结构的含量、立构规整度、相对分子质量评估等)。

8.13.6　凝胶渗透色谱

　　凝胶渗透色谱(GPC)是柱液固色谱,是测定高聚物相对分子质量及相对分子质量分布快速而有效的方法。

　　GPC 分级系根据体积排除原理,即高聚物中的大分子首先从柱中被流动相洗脱,其次是中等分子,再次是小分子,最后是高聚物中一些添加剂的最小分子。这样实现分离过程,并由检测器记录得到 GPC 图谱。

　　GPC 仪主要由高压泵、进样器、控温系统、分离柱(色谱柱)、检测器、数据处理装置等组成。

　　用于 GPC 的试样应纯净,不含杂质及水分,否则会干扰试样的色谱峰。试样液的浓度一般为 0.05%～0.3%(不需要准确测定),进入进样器前需过滤(有些GPC 仪配有在线过滤器)。

　　GPC 图为高聚物各级分浓度(纵坐标)对相应保留时间(横坐标)作图所得的曲线(见图 8.38)[30],根据此曲线及校正曲线[通常用标样 PS(分散度小于 1.05 的PS)建立校正曲线,但实际上只能进行普适校正],按公式计算被测高聚物的相对分子质量及相对分子质量分布。还可将色谱峰面积积分可制得 GPC 积分曲线,从而测得试样中达到某一相对分子质量时的总含量。

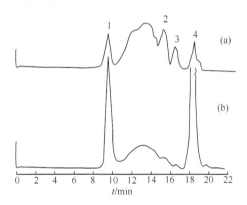

图 8.38　丁苯橡胶型黏合剂的 GPC 曲线[30]

(a) UV 监测;(b) 示差折光(RI)监测

1-高相对分子质量树脂;2,3-添加剂;4-溶剂(四氢呋喃)

　　GPC 常用于测定高聚物相对分子质量及其分布,检测高聚物中的助剂(助剂的相对分子质量很小,在 GPC 图中可与高聚物明显分开)及杂质,定量测定多组分试样的组成,制备相对分子质量分布窄的高聚物等。GPC 还可根据反应过程中生成物或反应物相对分子质量的变化,用于跟踪聚合反应或研究反应动力学。

8.14 测定炭层膨胀度及炭层强度的方法

详细表征和测定材料燃烧所形成炭层的特性是非常重要的,因为炭层与材料的阻燃性息息相关。但在阻燃领域,还未见全面叙述测定炭层结构及特性方法的综述。而且,有很多基本问题,例如,为什么有的高聚物成炭、有的则不成炭、怎样增加成炭量、怎样提高炭层质量、高聚物纳米复合材料的成炭情况如何等均尚未能得到充分回答。显然这是与人们尚缺乏适宜的测定技术有关的。

本章前述中的很多技术均可用于测定炭层的结构及组成,本节将叙述测定炭层膨胀度及炭层强度的方法[20]。

8.14.1 膨胀度

对于 IFR 系统,形成炭层是必不可少的条件,而炭层的膨胀度则对其阻燃性能有十分重要的影响,但高的膨胀度则不一定就意味着优异的阻燃性,因为炭层结构(如气泡的大小及分布)也与膨胀炭层的热性能有关。文献[12]、[31]叙述了测定膨胀度及其与温度关系的方法,测定所用设备为平行板式流变仪[20],试样可加或不加载。

图 8.39[20,31]是测得的四种环氧树脂基阻燃膨胀涂料(IF1、IF2、IF3 及 IF8)及不含阻燃剂的同种涂料的膨胀度与温度的关系曲线。四种阻燃涂料所用的两种主要阻燃剂是硼酸和 APP 衍生物,后者的磷含量为 20%。

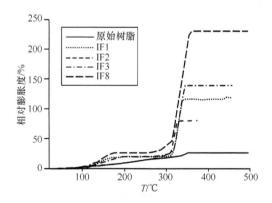

图 8.39 流变仪测得的四种膨胀型阻燃涂料的不同温度下的膨胀度[20,31]

硼酸可作为膨胀剂,脱水后生成三氧化二硼,后者有助于形成类玻璃膨胀层,且可增高物料黏度,延缓气体进入火焰中。

对不阻燃的涂料,在高温下也几乎没有膨胀。四种阻燃涂料在 300~350℃ 达最大膨胀度,这是由于树脂本身降解及 IFR 所产生的气体在物料中被捕获造成的。表8.2[31]是涂料膨胀度与其阻燃性的关系。一个性能良好的膨胀阻燃涂料，达到失效的时间应尽可能长，这种涂层的保护作用最好。

表 8.2　四种膨胀型阻燃涂料的阻燃性能[31]

试　样		UL1709 试验		
		失效时间/min	相对膨胀度/%	流变仪测得的膨胀度/%
不阻燃涂料		5	0	26
阻燃涂料	IF1	11.3	500	99
	IF2	18.2	550	116
	IF3	30	730	139
	IF4	38.1	1164	190

表8.2的UL1709试验中的相对膨胀度是根据试样试验前后的厚度比得出的。

据文献[32]报道，膨胀度也可在锥形量热仪中采用红外照相仪（通过成像分析）测得，其试验装置见图8.40[32]。对涂覆于钢板上的环氧树脂基阻燃膨胀型涂料，在锥形量热仪（热流35kW/m²）中试验时膨胀度是最大的。

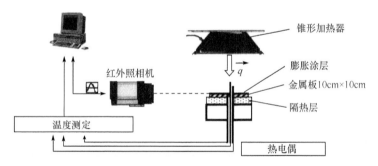

图 8.40　在锥形量热仪中以红外照相仪测定膨胀度的实验装置简图[32]

采用动态条件下的成像分析，IFR的膨胀度可以定量化测定[32]，但是假定物料的膨胀是均匀的。

对钢板上的环氧树脂基阻燃涂料，在锥形量热仪中试验时，在起始阶段（400s前），物料膨胀度迅速增加，而在随后的较长时间内（400～800s）趋于近似稳定[32]。

在锥形量热仪（外部热流35kW/m²）用热电偶测得的钢板上环氧树脂基阻燃膨胀型涂料的温度与时间的关系时，在试样底部，600s后的温度仅略高于200℃，而钢板件受热时的临界温度一般为500℃左右[33]。在起始阶段（200s前），温度上升很快，因为这是膨胀保护层尚未形成，而在随后阶段（200～400℃），温度上升缓慢，且在400～800℃，温度几乎不变，这时已形成膨胀保护层。

8.14.2　强度

炭层的性质,特别是炭层的强度,是影响炭层保护能力的重要因素之一。但炭层暴露于火中时,它会受到内部及外部压力。如炭层性脆、有裂缝或坍塌,则炭层的防火能力将受损或丧失,所以测定炭层强度的技术也是一个值得研究的课题[20]。

测定承受压力炭层强度的方法之一也是采用流变仪(测定装置示意图见图 8.41[31,32]),其原理如下:将试样置于流变仪的烘箱中,加热至所需温度,令试样在无外界干扰下膨胀。试样膨胀后,使流变仪上板与试样接触,并往下直接推动上板,使试样受压。移动上板所需压力与流变仪上下两板间距离有关,应力随两板间距变化。在炭层破裂前,上板下行所需的力取决于炭层内单个气泡的强度,而当炭层一破裂,上板下行所需力急剧增加,因为这时被压的是炭层本身[34]。

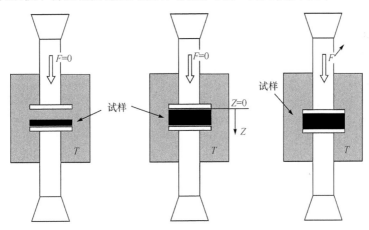

图 8.41　炭层强度测定装置示意图[31,32]

在含 IFR 的高聚物(EVA/PA6/APP)中加入球形的 SiO_2 纳米颗粒不能改善炭层强度,但加入层状的有机改性 MMT 及 LDH 则能明显提高炭层强度。炭层强度越高,出现裂缝的概率越小,延缓传热及传质的能力越高,阻燃性越好。另外,如前面所指出的,含 IFR 高聚物的典型 HRR 曲线上有两个吸热峰,第一个峰是由于形成膨胀保护炭层,第二个峰则对应于膨胀炭层的热降解。炭层的强度越高,第二个峰出现的时间越长,阻燃效能越好。例如,出现第二个峰的时间,含 SiO_2 的配方均为 300s,含 MMT 的配方增至 500s[20,34]。

参 考 文 献

[1] 贾修伟.纳米阻燃材料[M].北京:化学工业出版社,2005:161.
[2] 欧育湘,韩廷解,李建军.阻燃塑料手册[M].北京:国防工业出版社,2008:726-727.

［3］欧育湘,李建军.材料阻燃性能测试方法［M］.北京:化学工业出版社,2007:139-142.

［4］张军,纪奎江,夏延致.聚合物燃烧与阻燃技术［M］.北京:化学工业出版社,2005:431-438.

［5］Gilman J W. Flame retardant mechanism of polymer-clay nanocomposites ［A］//Morgan A B, Wilkie C A. Flame Retardant Polymer Nanocomposites ［M］. Hoboken:John Wiley & Sons,Inc. , 2007:67-87.

［6］Szabo A, Marosfoi B B, Anna P, et al. Complex micro-analysis assisted design of fire-retardant nano-composites. Contribution to the nanomechanism ［A］//Hull T R, Kandola B K. Fire Retardancy of Poly-mers. New Strategies and Mechanisms［M］. Cambridge:The Royal Society of Chemistry, 2009:74-91.

［7］杨海洋,朱平平,何平笙.高分子物理实验［M］.合肥:中国科学技术大学出版社,2008:101,144.

［8］张兴英,李齐方.高分子科学试验.第二版［M］.北京:化学工业出版社,2007:45,46,60,68,73.

［9］何曼君,张红东,陈维孝等.高分子物理.第三版［M］.上海:复旦大学出版社,2008:291,327,334.

［10］李建军,黄险波,蔡彤旻.阻燃苯乙烯系塑料［M］.北京:科学出版社,2003:223,224,287,293.

［11］杨睿,周啸,罗传秋,等.聚合物近代仪器分析.第三版［M］.北京:清华大学出版社,2010:40,57,133, 165,167,174.

［12］Duquesne S,Delobel R,Le Bras M, et al. A comparative study of the mechanism of action of ammonium polyphosphate and expandable graphite in polyurethane ［J］. Polymer Degradation and Stability, 2002, 77(2):333-344.

［13］Kashiwagi T, Harris Jr R H, Zhang X, et al. Flame retardant mechanism of polyamide 6-clay nanocompsites ［J］. Polymer, 2004,45(3):881-891.

［14］Gaan S, Sun G, Hutches K, et al. Flame retardancy of cellulosic fabrics. Interactions between nitrogen additives and phosphorus-containing flame retardants ［A］//Hull T R, Kandola B K. Fire Retardancy of Polymers. New Strategies and Mechanisms ［M］. Cambridge:The Royal Society of Chemistry, 2009: 294-306.

［15］Duquesne S, Le Bras M , Jama C, et al. X-ray Photoelectron spectroscopy investigation of fire retarded polymeric materials. Application to the study of an intumescent system ［J］. Polymer Degradation and Stablity, 2002,77(2):203-211.

［16］Thomas K M. The release of nitrogen oxides during char combustion ［J］. Fuel, 1997,76(6):457-473.

［17］Kodolov V I, Shuklin S G, Kuznetsov A P, et al. Formation and invistygation of epoxy intumescenet compositions modified by active additives ［J］. Journal of Applied Polymer Science, 2002,85(7): 1477-1483.

［18］Wang Z, Han E, Ke W. Influence of expandable graphite on fire resistance and water resistance of flame-retardane coatings ［J］. Corrosion Science, 2007,49(5):2237-2253.

［19］冯金城.有机化合物结构分析与鉴定［M］.北京:国防工业出版社,2003:21.

［20］Duquesne S, Bourbigot S. Char formation and characterization ［A］. Wilkie C A, Morgan A B. Fire Retardancy of Polymeric Materials. 2nd Edition［M］. Boca Raton:CRC Press, 2009:239-299.

［21］Dresselhaus M S, Dresselhaus G, Saito R, et al. Raman spectroscopy of carbon nanotubes ［J］. Physics Reports,2005,409(2):47-99.

［22］Reich S, Thomsen C. Raman spectroscopy of graphite ［J］. Philosophical Transcations of the Royal Society A, Mathematical, Physical and Engineering Science,2004,362(1824):2271-2288.

［23］Qu B. Xie R. Intumescent char structures and flame-retardant mechanism of expandable graphite-based halogen-free flame-retardant linear low density polyethylene blends ［J］. Polymer International,2003, 52(9):1415-1422.

[24] Anna P, Zimonyi E, Márton A, et al. Surface treated cellulose fibres in flame retarded PP composites [J]. Macromolecular Symposia, 2003,202:245-254.

[25] Marosi Gy, Márton A, Szép A, et al. Fire retardancy effect of migration in polypropylene nanocomposites induced by modified interlayer [J]. Polymer Degradation and Stability, 2003,82(2):379-385.

[26] 陈培榕,李景虹,邓勃. 现代仪器分析实验与技术. 第二版[M]. 北京:清华大学出版社,2011:177,233.

[27] Jimenez M, Duquesne S, Bourbigot S. Intumescent fire protective coating. Toward a better understanding of their mechanism of action [J]. Thermochimica Acta, 2006,449(1-2):16-26.

[28] Bourbigot S, Le Bras M, Delobel R, et al. Synergistic effect of zeolite in an intumescence process:Study of the carbonaceous structures using solid-state NMR [J]. Journal of the Chemical Society, Faraday Transactions, 1996,92(1):149-158.

[29] 欧育湘,李建军. 阻燃剂[M]. 北京:化学工业出版社,2006:450-451.

[30] 董炎明. 高分子材料实用剖析技术[M]. 北京:中国石化出版社,1997:261,264.

[31] Jimenez M, Duquesne S, Bourbigot S. Multiscale experimental approach for developing high-performance intumescent coatings [J]. Industrial and Engineering Chemistry Research, 2006,45(13): 4500-4508.

[32] Boutbigot S, Duquesne S. Intumescence-based fire retardants [A]//Wilkie C A, Morgan A B. Fire Retardancy of Polymeric Materials. 2nd Editon [M]. Boca Raton:CRC Press, 2009:129-162.

[33] Gosselin G C. Structural fire protection,predictive methods [A]//Proceedings of the Building Science Insight. ottawa,1998.

[34] Duquesne S, Lefebvre J, Bourbigot S, et al. Nanoparticles as potential synergists in intumescent systems [A]//Paper Presented at the ACS 228th Fall National Meeting, Division of Polymeric Materials, Science and Engineering Session—Fire and Materials [C]. Philadelphia,2004.

附　　录

附录一　常见高聚物的中英文名称及缩写

缩写	英文名称	中文名称
ABS	acrylonitrile-butadiene-styrene copolymer	丙烯腈-丁二烯-苯乙烯共聚物
ACS	terpolymer of acrylonitrile-chlorinated polyethylene-styrene	丙烯腈-氯化聚乙烯-苯乙烯共聚物
ALK	alkyd resin	醇酸树脂,聚酯树脂
ASA	acrylic-styrene-acrylonitrile copolymer	丙烯酸(酯)-苯乙烯-丙烯腈共聚物
BA	butadiene-acrylonitrile copolymer	丁二烯-丙烯腈共聚物
BS	butadiene-styrene copolymer	丁二烯-苯乙烯共聚物
CA	cellulose acetate	乙酸纤维素
CAB	cellulose acetate butyrate	乙酸丁酸纤维素
CB	cellulose butyrate	丁酸纤维素
CN	cellulose nitrate	硝酸纤维素
COP	copolyester	共聚酯
CP	cellulose propionate	丙酸纤维素
CPE	chlorinated polyethylene	氯化聚乙烯
CPVC	chlorinated polyvinyl chloride	氯化聚氯乙烯
CSPER	chlorosulfonated polyethylene rubber	氯磺化聚乙烯橡胶
CTA	cellulose triacetate	三乙酸纤维素
CTFE	chlorotrifluoroethylene polymer	聚三氟氯乙烯
CV	viscose rayon	黏胶纤维
EAA	ethylene-acrylic acid copolymer	乙烯-丙烯酸共聚物
EBA	ethylene-butyl acrylate copolymer	乙烯-丙烯酸丁酯共聚物
EC	ethyl cellulose	乙基纤维素
EEA	ethylene-ethyl acrylate copolymer	乙烯-丙烯酯乙酯共聚物
EMA	ethylene-methyl acrylate copololymer	乙烯-丙烯酸甲酯共聚物
EMAA	ethylene-methacrylic acid copolymer	乙烯-甲基丙烯酸共聚物

缩写	英文名称	中文名称
EMAAI	ethylene-methacrylic acid ionomer	乙烯-甲基丙烯酸离子键树脂
EPDM	ethylene propylene terpolymer rubber	三元乙丙橡胶
EP,EPR	epoxy resin	环氧树脂
EPS	expandable polystyrene	膨胀聚苯乙烯
ETFE	ethylene-tetrafluoroethylene copolymer	乙烯-四氟乙烯共聚物
EVA	ethylene-vinyl acetate copolymer	乙烯-乙烯醋酸共聚物
EVOH	ethylene-vinyl alcohol copolymer	乙烯-乙烯醇共聚物
FEP	fluorinated ethylene-propylene copolymer	氟化乙烯-丙烯共聚物
FPUF	flexible polyurethane foam	软质聚氨酯泡沫塑料
GPS	general purpose polystyrene	通用聚苯乙烯
HDPE	high-density polyethylene	高密度聚乙烯
HMW-HDPE	high-molecular-weight high-density polyethylene	高相对分子质量高密度聚乙烯
IBIP	copolymer of isobutylene and isoprene	异丁烯-异戊二烯共聚物
IR	isoprene rubber	异戊二烯橡胶
LCP	liquid crystal polymer	液晶聚合物
LDPE	low-density polyethylene	低密度聚乙烯
LLDPE	linear low-density polyethylene	线性低密度聚乙烯
LPE	linear polyethylene	线性聚乙烯
MF,MFR	melamine formaldehyde resin	蜜胺甲醛树脂
MIPS	medium-impact polystyrene	中抗冲聚苯乙烯
MOD	modacrylic fiber	改性腈纶纤维
NBR	acrylonitrile-butadiene rubber	丁腈橡胶
NR	natural rubber	天然橡胶
PA	polyamide	聚酰胺
PAA	polyarylamide	聚芳酰胺
PAI	polyamide-imide	聚酰胺-酰亚胺
PAN	polyacrylonitrile	聚丙烯腈
PAR	polyarylate	聚芳酯
PAS	polyarylsulfone	聚芳砜
PB	polybutene or polybutylene	聚丁烯
PBD	polybutadiene	聚丁二烯

缩写	英文名称	中文名称
PBDR	polybutadiene rubber	聚丁二烯橡胶
PBI	polybenzimidazole	聚苯并咪唑
PBMA	poly-n-butyl methacrylate	聚甲基丙烯酸正丁酯
PBN	polybutylene naphthalate	聚萘二甲酸丁二醇酯
PBSF	polybutene sulfone	聚丁烯砜
PBT	polybutylene terephthalate	聚对苯二甲酸丁二醇酯
PC	polycarbonate	聚碳酸酯
PCR	polycholoroprene rubber	氯丁橡胶
PDMS	polydimethylsiloxane	聚二甲基硅氧烷
PE	polyethylene	聚乙烯
PEEK	polyether ether ketone	聚醚醚酮
PEI	polyetherimide	聚醚酰亚胺
PEK	polyetherketone	聚醚酮
PES	polyethersulfone	聚醚砜
PET	polyethylene terephthalate	聚对苯二甲酸乙二醇酯
PF,PFR	phenol formaldehyde resin	苯酚甲醛树脂
PHB	poly-p-hydroxy benzoic ester	聚苯酯
PHSF	polyhexene sulfone	聚己烯砜
PI	polyimide	聚酰亚胺
PIB	polyisobutene	聚异丁烯
PMP	poly(4-methylpentene-1)	聚-4-甲基戊烯-1
PMS	poly methylstyrene	聚甲基苯乙烯
PO	polyolefin	聚烯烃
POE	polyethylene oxide	聚环氧乙烷
POM	polyformaldehyde, polyoxymethylene	聚甲醛
POP	polypropylene oxide	聚环氧丙烷
POR	phenoxy resin	苯氧树脂
PP	polypropylene	聚丙烯
PPE	polyphenylene ether	聚苯醚
PPO	polyphenylene oxide	聚苯醚
PPS	polyphenylene sulfide	聚苯硫醚
PPSF	polypropene sulfone	聚丙烯砜

续表

缩写	英文名称	中文名称
PR	phenolic resin	酚树脂
PS	polystyrene	聚苯乙烯
PSF,PSU	polysulfone	聚砜
PSI	polysilicone	聚硅酮,聚硅氧烷
PTFE	polyterafluoroethylene	聚四氟乙烯
PTHF	polytetrahydrofuran	聚四氢呋喃
PU	polyurethane	聚氨酯
PUF	polyurethane foam	聚氨酯泡沫塑料
PUR	polyurethane rubber	聚氨酯橡胶
PVA	polyvinyl alcohol	聚乙烯醇
PVAL	polyvinylacetate	聚乙酸乙烯酯
PVB	polyvinylbutyral	聚乙烯醇缩丁醛
PVC	polyvinyl chloride	聚氯乙烯
PVCA	polyvinyl chloride-acetate	聚氯乙烯-乙酸酯
PVDC	polyvinylidene chloride	聚偏二氯乙烯
PVDF	polyvinylidene fluoride	聚偏二氟乙烯
PVF	polyvinyl fluoride	聚氟乙烯
PVFO	polyvinyl formal	聚乙烯醇缩甲醛
PX	poly-p-xylylene	聚对亚二甲苯
RP	reinforced plastics	增强塑料
RPUF	rigid polyurethane foam	硬质聚氨酯泡沫塑料
SAN	copolymer of styrene-acrylonitrile	苯乙烯-丙烯腈共聚物
SANR	styrene-acrylonitrile-resin	苯乙烯-丙烯腈树脂
SBE	styrene-butadiene elastomer	苯乙烯-丁二烯弹性体
SBP	styrene-butadiene copolymer	苯乙烯-丁二烯共聚物
SBR	styrene-butadiene rubber	丁苯橡胶
SBS	styrene-butadiene-styrene block copolymer	苯乙烯-丁二烯-苯乙烯嵌段共聚物
SI	silicone	聚硅氧烷,硅酮
SIR	silicone rubber	硅橡胶
SMA	styrene-maleic anhydride copolymer	苯乙烯-马来酸酐共聚物
SMMA	styrene-methyl methacrylate copolymer	苯乙烯-甲基丙烯酸甲酯共聚物
TEO	thermoplastic elastomeric olefin	热塑性聚烯烃弹性体

续表

缩写	英文名称	中文名称
TFEVDF	copolymer of tetrafluoroethylene-vinylidene fluoride	四氟乙烯-偏二氟乙烯共聚物
TFEP	copolymer of tetrafluoroethylene and propylene	四氟乙烯-丙烯共聚物
TPE	thermoplastic elastomer	热塑性弹性体
TPU	thermoplastic polyurethane	热塑性聚氨酯
UFR	urea formaldehyde resin	脲醛树脂
UHMWPE	ultrahigh-molecular-weight polyethylene	超高相对分子质量聚乙烯
ULDPE	ultralow-density polyethylene	超低密度聚乙烯
UP,UPE	unsaturated polyester	不饱和聚酯
XLPE	cross-linking polyethylene	交联聚乙烯
XLPO	cross-linking polyolefin	交联聚烯烃

附录二　与阻燃及防火有关的重要名词(中英文)

英文名称	中文名称	英文名称	中文名称
actual calorific value	实际热值	early fire hazard	火灾早期危害
afterflame	续燃	ease of ignition	易点燃性
afterflame time	续燃时间	evaluation of toxicity	毒性评估
afterglow	阴燃		
afterglow time	阴燃时间	fire hazard	火灾危害性
area burning rate	面积燃烧速率	fire hazard assessment	火灾危害评估
		fire hazard testing	火灾危害试验
burned area	烧毁面积	fire-induced environment	火导致的环境效应
burned length	烧毁长度	fire initiation	火引发
burning behavior	燃烧性能	fire integrity	整体着火性
burning dripping	燃烧熔滴	fire load	火灾荷载
		fire load density	火灾荷载密度
calorific potential	热势	fire model	火模型
charring	炭化	fire parameter	火灾参数
combustibility	可燃性	fire performance	火性能
combustibility class	可燃性等级	fire protection	防火
combustion	燃烧	fire resistance	阻火性
combustion characteristic	燃烧特征	fire risk	火灾危险性
combustion product	燃烧产物	fire safety engineering	火灾安全工程
combustion toxicity test	燃烧毒性实验	fire safety regulation	防火安全法规
critical radiant flux	临界辐射热流量	flame	火焰
		flame combustion	有焰燃烧
damaged area	烧损面积	flame propagation	火焰传播
damaged length	烧损长度	flame retardancy	阻燃性
deflagration	爆燃	flame retardant	阻燃的
dose-response and time-response relationship	剂量响应和时间响应关系	flame retardant chemical	阻燃剂
		flame retarded	经阻燃处理的
dynamic method	动态法	flame spread	火焰蔓延(传播)
		flame spread rate	火焰传播速率

英文名称	中文名称	英文名称	中文名称
flame spread time	火焰蔓延时间	ignition source	点火源(引火源)
flameless combustion	无焰燃烧	ignition temperature	点燃温度
flammability	可燃性	ignition time	点火时间
field model	场模型		
fire	火	laboratory -scale test (bench test)	实验室试验
fire behavior	着火性能		
fire classification	火灾分类	large (full)-scale test (real-scale test)	大型试验
fire danger	火灾危险		
fire effluent	火灾流出物	light absorbance	光吸收率
fire growth	火成长	light transmission	光透过率
flash temperature	闪燃温度	liner burning rate	线性燃烧速率
flash temperature (flash point)	闪点	low combustibility	低燃性
flash	闪燃	mass burning rate	质量燃烧速率
flash over	轰燃	minimum ignition time	最小点燃时间
full-scale room test	整室试验	modeling fire growth	模拟火成长模型
fully developed fire	完全着火		
furniture fire model	家具火模型	non-combustibility	不燃性
		optical density of smoke	烟雾光密度
glowing combustion	灼热燃烧	oxygen consumption combustion heat	耗氧燃烧热
gross calorific value	总热值		
		pyrolysis	热解
heat emission	热发散	radiant flux	辐射热流量
heat release	释热	radiation	辐射
heat release rate	释热速率	reaction to fire	对火反应
heat transfer	传热	secondary effects of fire	火的次级效应
heat of combustion	燃烧热	self heating	自热
horizontal burning	水平燃烧	self ignition	自引燃
		self propagation of flame	火焰自传播
incandescence	白炽	small-flame action	小火焰作用
ignitable	可着火的	smoke	烟
ignition	点燃	smoke developing behavior	烟发展性能

续表

英文名称	中文名称	英文名称	中文名称
smoke generation	生烟性	surface combustion	表面燃烧
smoke obscuration	光衰减	surface flash over	表面闪燃
smoke production	产烟性	surface spread of flame	火焰表面传播
smoke production rate	产烟速率	thermal decomposition	热分解
smoke release	烟释出	thermal degradation	热降解
smoke toxicity	烟毒性	thermal insulation	隔热
smouldering	发烟燃烧	time-temperature curve standardized	标准温度时间曲线
soot	烟炱		
specific extinction area (SEA)	比消光面积	time to ignition (TTI)	引燃时间
		total heat release	总释热量
specific optical density	比光密度		
spontaneous combustibility	自燃性	vertical burning	垂直燃烧
spontaneous ignition temperature	自燃温度		
		zone model	区域模型
static method	静态法